科学新悦读文丛

EULER'S GEM

The Polyhedron Formula and the Birth of Topology

欧拉的宝石

从多面体公式到拓扑学的诞生

[美] 大卫 · S. 里奇森◎著
(David S. Richeson)
章自尧◎译

人民邮电出版社
北京

图书在版编目（CIP）数据

欧拉的宝石 ：从多面体公式到拓扑学的诞生 / (美) 大卫·S.里奇森著 ； 章自尧译. -- 北京 ： 人民邮电出版社，2024.8
（科学新悦读文丛）
ISBN 978-7-115-63469-6

Ⅰ. ①欧… Ⅱ. ①大… ②章… Ⅲ. ①欧拉(Euler, Leonhard 1707-1783)—数学公式—普及读物 Ⅳ. ①O1-49

中国国家版本馆CIP数据核字(2024)第010345号

◆ 著　　　[美]大卫·S.里奇森
译　　　章自尧
责任编辑　张天怡
责任印制　陈　犇

◆ 人民邮电出版社出版发行　　北京市丰台区成寿寺路 11 号
邮编　100164　　电子邮件　315@ptpress.com.cn
网址　https://www.ptpress.com.cn
涿州市京南印刷厂印刷

◆ 开本：720×960　1/16
印张：18.5　　　2024 年 8 月第 1 版
字数：281 千字　　　2024 年 8 月河北第 1 次印刷
著作权合同登记号　图字：01-2023-3903 号
审图号：GS 京（2024）1094 号

定价：69.80 元

读者服务热线：(010) 81055410　印装质量热线：(010) 81055316
反盗版热线：(010) 81055315
广告经营许可证：京东市监广登字 20170147 号

内容提要

莱昂哈德·欧拉的多面体公式 $V-E+F=2$ 被数学家们誉为第二优美的数学定理。从足球和宝石到美妙的穹顶建筑，这一公式描述了许多物体的结构。本书围绕欧拉多面体公式及其数学思想，从古希腊数学讲起，直到当代拓扑学的前沿研究，介绍了这一公式的发现及其对拓扑学研究的深远影响。书中包括丰富的插图与例子，展示了多面体公式的许多优雅而出人意料的应用，例如说明为什么地球上总有一些无风的地方，如何通过数树来测量林地的面积，以及为任何地图涂色需要多少支蜡笔，等等。在书中，读者将看到一群质疑、完善多面体公式和为这个非凡定理的发展做出贡献的杰出数学家，在数学史的长河中，他们都为多面体的研究和拓扑学的发展做出了自己的贡献。

本书适合对数学，尤其是拓扑学及数学史感兴趣的读者阅读。

序（普林斯顿科学文库版）

“要么我疯了，要么这里就是地狱。”

“都不是，”球体平静地回答，“这是知识，这是三维空间：再次睁开你的眼睛，试着仔细看看吧。”

于是我又看了看。瞧，一个新世界！

——埃德温·阿博特，《平面国》，1884 年

在我小时候，孩子们的普遍共识是世界上有一批擅长数学的人和一批擅长写作的人——这两个群体不但没有交集，而且彼此间横亘着巨大的鸿沟。我数学学得不错，也乐在其中；因此，我的写作水平欠佳——我就是这么告诉自己的。虽然我在写作课上表现不俗，但这个信念还是伴随了我许多年。

后来，当我成为研究生并开始写关于数学的内容时，我意识到我其实善于写作，而且——哟！——也喜欢写作。我把杂乱无章的事实用符合逻辑的方式组织起来，从细节中提取出整体框架，并把它们用既合理又便于理解的文字呈现给读者。这为我带来了巨大的快乐。而且我发现，仔细检查我写的东西，重读它并使它变得更简练，也会让我生出满足感。

在研究生阶段，我多次因莱昂哈德·欧拉的多面体公式和欧拉示性数而感到惊讶。$V-E+F$ 这个表达式似乎无处不在。它既是基础的，又是深奥的；既富理论趣味，又有实际用途。它成了一直陪伴我的朋友。我意识到，由于这颗宝石常常出现在数学的前沿领域，不仅一般人，甚至很多数学专业的学生都对它感到陌生。于是我想到，应该有一本关于欧拉公式的书，而我就该是那个写书的人。之前我从未产生过写书的想法——这件事不在我的人生计划清单上，但我突然就兴奋了起来。我开始

发动一场头脑风暴——罗列所有我知道的跟欧拉多面体公式（简称欧拉公式）相关的话题。我也去学校图书馆翻遍了每一本记载着这个公式的杂志和图书。

很快我就发现，有趣的不仅是这部分数学知识，还有它背后的历史。欧拉做了什么呢？为什么这个公式有时和笛卡儿或庞加莱的名字联系在一起？为什么古希腊人没有发现这个公式？它是如何从一个几何学定理转化成一个拓扑学定理的？有哪些有趣的人物为它的发展做出过贡献？我虽然读过一些关于数学史的书，但没有受过这方面的专业训练。因此，我一头扎进了文献的海洋中。读得越多，我对这个领域的喜爱就越深。我甚至还在我的大学里设计并教授了几门数学史课程。

我面临的奇怪挑战之一就是确定欧拉对这个公式的贡献到底是什么。我只能找到其他数学家对欧拉公式的证明，外加一些模糊的叙述，说欧拉本人的证明是有瑕疵的。欧拉写文章时用的是拉丁文，所以我找到了我在迪金森学院的同事兼朋友——古典学者克里斯·弗兰切塞——来帮我进行逐句翻译。于我而言，阅读欧拉原文的经历是一种惊喜，也让我眼界大开。他的证明的确有一个瑕疵，但很容易修正。

这时候，我只是把写书当作一项副业。我的大部分时间仍然花在教学，以及和我的长期合作者吉姆·怀斯曼一起研究拓扑学和动力系统上。但是，渐渐地，我在写书上也有了进展。考虑良久之后，我才确定了这本书面向的读者群体是谁。一开始，我几乎是以写教材的方式来写它的——每一章的结尾甚至有习题。但我一直很喜欢普林斯顿大学出版社所出版的那些数学书。它们针对的是普通大众，却没有削减数学内容。其中很多书的作者也是数学家，而不是那些在专业知识深度方面无法与他们匹敌的新闻记者。所以，我最终决定仿照普林斯顿大学出版社的书目来创作我自己的书。

当然，我的书涵盖了一些非常前沿的主题——拓扑学、动力系统、微分几何、图论等。是什么让我认为我可以把它写得能让一般人读懂呢？毕竟，在《时间简史》（1988）的前言中，斯蒂芬·霍金写道，“有人告诉我，我放进书里的每一个公式都会让书的销量减半。”而我的整本书都是关于一个方程的！

最终，我没有采纳那条来自霍金的编辑的建议。我认为展示真正的数学是没有问题的。我相信自己的判断，也相信读者们的水平。我不会居高临下地和他们说话。

我不会仅仅因为那些美妙而有趣的数学知识难以可视化或涉及方程就对它们避而不谈。在我看来，一名学生直到本科生或研究生阶段才接触到的数学知识并没有那么复杂——至少它背后的思想没那么复杂。我把寻找多种途径以便读者理解这些数学知识视作一种挑战。我花了很多时间来绘制一些可能会对读者有帮助的图。我向不同的听众群体讲解了书中的内容，还把其中的一些段落搬进了我的数学史课程。人们给出的即时反应是不可替代的。你可以清楚地看到，在你解释完某个东西后，你的听众是点头表示听懂了还是两眼茫然地望着你。

但我还是没有真的指望有人会来读这本书。多年来，我都在写那种只有少数同领域的专家才会阅读的研究性文章，所以当我得知这本书引发的反响时，不禁目瞪口呆——它收到了非常正面的评价；它还获得了美国数学协会颁发的欧拉图书奖，并被授予了“一本杰出的数学书”的称号；它被翻译成了其他语言；而且最重要的是，人们真的在读它！我很享受读者的反馈——不管他们是数学家、学生，还是热爱数学但没有从事数学研究的人。写书的过程如同一种自私的追寻，我只是去调查那些激起我兴趣的话题。但这本书的成功说明其他人也对书中的观点产生了兴趣。

事后看来，我本应该料到读者会喜欢这本书——因为我的题材是绝佳的。人们喜爱拓扑学——橡皮膜几何学、单侧曲面、高维空间等。他们热爱多面体，也热爱欧拉公式。而且，近些年来，拓扑学经历了复兴——它是一门“很酷”的学科。2003 年，格里戈里 · 佩雷尔曼证明了庞加莱猜想（也称庞加莱猜测），即数学中最著名的问题之一。随后，他拒绝了菲尔兹奖和一百万美元的克莱数学研究所千禧年大奖。和其他很多数学分支一样，拓扑学也从一门纯学术、纯理论的学科变成了一门实用且可计算的学科。如今，很多图书、杂志和会议都在探讨如何将拓扑学应用到各个领域，例如网络、数据分析、某些问题的定性解、机器人科学、蛋白质折叠和数字成像等。

除此之外，当时也是以欧拉为主题进行写作的完美时机。我们在 2007 年庆祝了他的三百周年诞辰，因此人们已经开始谈论这位堪比艾萨克 · 牛顿、卡尔 · 高斯和阿基米德却名气稍逊的天才了。最后，现存的文献中有一个空白：虽然很多人都写过与欧拉多面体公式有关的内容，但是没人写过这样一本书——一本将古希腊至今的

2500年相关历史铺陈开来的书。

对于《欧拉的宝石》为我打开的种种大门，我一直心怀感激。我被邀请就我的书发表演讲，遇到了很多有吸引力的人，也收获了从事新职业的机会。例如，我被选为美国数学协会的大学生杂志《数学地平线》——一本源源不断地把有趣的数学和引人入胜的数学家故事输送给大众的杂志——的编辑。这可谓是我对数学的爱和说理写作之间的一段美好姻缘。

我想感谢我在普林斯顿大学出版社的编辑薇姬·卡恩，她始终相信我和我的计划。当一位读者在报告里直言不讳地指出我的书应该以1750年欧拉的证明来收尾，并且应该删掉所有的拓扑学内容时，她对我十分体贴。讨论了这条批评后，我们意识到问题出在期望上：我应该在一开始就更好地让读者了解这本书的主题。这需要两个小的改动——加上一个副标题（从多面体公式到拓扑学的诞生），以及写一篇介绍全书内容的序。这似乎奏效了——后续的读者评价里再也没有出现同样的批评了。

《欧拉的宝石》与阿尔伯特·爱因斯坦、理查德·费曼、乔治·波利亚、赫尔曼·外尔、斯蒂芬·霍金、罗杰·彭罗斯等杰出科学家和数学家的著作一起入选了"普林斯顿科学文库"系列书目，这是我莫大的荣幸。我真希望回到过去，对童年的自己说："别相信那句谎话，一个人是可以同时成为数学家和作家的。"

大卫·里奇森

美国宾夕法尼亚州　卡莱尔

2018年12月

序

数学家就是一台把咖啡转化为定理的机器。

——奥尔弗雷德·雷尼（保罗·埃尔德什多次引用）

大四那年春天，我跟一个熟人说我即将从秋天开始攻读数学博士学位。他问我："你在研究生阶段要干什么呢？研究非常大的数？还是计算出圆周率的小数点后更多位？"

这段亲身经历告诉我，一般大众对于数学是什么知之甚少，对于数学家所研究的内容也没什么概念。他们为新的数学还在被创造而震惊。他们认为数学只是数的科学，或者是一系列以微积分为尽头的课程。

然而，我其实从未沉迷于数本身。心算不是我的强项。我可以不用计算器就算出每个人该分摊多少晚餐钱或者该付多少小费，但是花的时间和其他人一样长。微积分也是我最不喜欢的大学数学课。

我享受寻找模式——越可视的越好——和拆解错综复杂的逻辑论证的过程。我办公室的书架上摆满了解谜类和脑筋急转弯类的书籍，书页的边缘有很多我童年时用铅笔做的记号。这些题目包括移动三根火柴棍来构造另一种形式，在满足某些规则的条件下找到一条网格通道，切开某个图形把它重新拼成正方形，在某张图中添加三条线从而把它分成九个三角形，以及其他类似的智力题。对我来说，这就是数学。

正因为喜欢空间的、可视的和逻辑的谜题，我总是被几何学吸引。但在大四时，我发现了拓扑学这个迷人的领域。它通常被理解为对非刚性形状的研究。它把优美的抽象理论和具体的空间变换结合在一起，完美契合了我的数学偏好。拓扑学宽松而灵活的观念让人感觉舒适。相比之下，几何学就显得有些刻板和保守了。如果说几何学是西装革履，那么拓扑学就是牛仔裤配 T 恤衫。

这本书既讲拓扑学的历史，又是拓扑学的赞歌。故事从拓扑学的萌芽时期开始——古希腊人的几何学、文艺复兴时期的数学家和他们对多面体的研究。随后，它讲到了十八、十九世纪的学者们对形状的仔细思考，以及他们是如何对那些不满足几何学的刚性限制的形状进行分类的。最后，故事结束于二十世纪早期发展起来的现代拓扑学。

学生时代，我们是从课本中学习数学的。课本所呈现的数学严密而有逻辑：定义、定理、证明、例子。但数学并不是这样被发现的。人们要经历许多年才能充分理解一个数学主题，然后写出一本结构紧凑的教材。纵观数学被创造的过程，有缓慢的小进展，有大飞跃，有错误，有改正，也有不同领域间建立起的联系。本书便展示了激动人心的数学发现过程——众多聪明的头脑思考、怀疑、提炼、推动，并且改变了前人的成果。

我没有直接简述拓扑学的历史，而是选择用欧拉多面体公式（简称欧拉公式）来当导游。1750 年，欧拉公式被发现，标志着几何学开始向拓扑学转型。本书将以欧拉公式为线索，看它是怎样从一个新奇的结果“进化”为一个深刻而实用的定理的。

欧拉公式是一个理想的导游，因为它能带你游览那些一般人无法进入的奇妙场所。追随欧拉公式的脚步，我们可以看见数学中最有趣的一些领域——几何学、组合数学、图论、纽结理论、微分几何、动力系统和拓扑学。这些美妙的主题是一名典型的学生——甚至数学专业的本科生——未必会接触到的东西。

在这趟旅程中，我也能愉快地向读者介绍一些历史上最伟大的数学家：毕达哥拉斯、欧几里得、开普勒、笛卡儿、欧拉、柯西、高斯、黎曼、庞加莱和其他很多人——他们都对拓扑学乃至整个数学做出了重要贡献。

阅读本书不需要什么正式的预备知识，一名学生能在一般的高中数学课里学到的东西——代数学、三角学、几何学——就够了，但其实它们大都跟书中讨论的内容无关。本书在理论上是自给自足的，但在少数情况下需要用到高中数学知识，讲到时我会提醒读者。

不过，可别被我的话给误导了——书中提到的有些想法是相当复杂的，既抽象又难以可视化。读者必须乐于仔细阅读逻辑论证，并调动抽象思维。读数学书和读小说不同，读者应该准备好时不时地停下来，思索每一句话，重读证明过程，努力想出其他例子，认真查看文本间的插图，寻找整体框架。

当然，本书的结尾没有作业和期末考试题。跳过困难的部分没什么好感到羞耻的。如果某个麻烦的证明太难以理解，翻看下一个话题就好。这并不会使本书的剩余部分变得无法阅读。读者也许想要把疑难页的页角折起来，以便日后回顾，这也是可行的。

我认为，本书的读者自主地选择了这本书。任何一个想阅读它的人都应该能读到它。它的受众不是所有人，因为那些不能理解和欣赏数学之美的人根本就不会拿起它。

我的宝贵优势在于，我不是在写一本教材。我竭尽全力用诚实而严密的方式讲解数学，但我也省略了一些恼人的细节，因为它们给人带来的困惑比它们所阐释的东西要多得多。通过这种方式，我就可以在维持理论高度的同时更着墨于思想、直觉和整体框架。对于本书中很多迷人的数学思想，我不得不只粗浅地谈及。但任何一个对缺失的细节感兴趣的读者都可以去查询附录 B 中的推荐阅读材料。

尽管这本书的读者范围很广，但本书也是为数学家而写的。它的部分内容和其他书有重合，但那些书中没有哪一本能完全涵盖本书的内容。本书的末尾列出了很多结果的原始出处。它应该可以帮助学者们更深入地挖掘相关主题。

本书的结构如下。第二章到第六章讲述了欧拉之前的时代看待多面体的方式。这几章的重点是一类最著名的多面体，也就是正多面体。第七章、第九章、第十章、第十二章和第十五章介绍了欧拉公式及其在其他刚性多面形状上的推广形式。这段讨论会一直把我们带到十九世纪中期。第十六章、第十七章、第二十二章和第二十三章重点介绍了人们从十九世纪末起是怎样从拓扑学角度理解欧拉公式的。这些章会探讨曲面和更高维的拓扑对象。

本书也涉及欧拉公式的多种应用。第八章谈到了欧拉公式的一些简单应用。第十一章、第十三章和第十四章的重点是图论。第十八章到第二十一章主要讲述曲面、曲面和欧拉公式的关系，以及它们在纽结理论、动力系统和几何学方面的应用。

我希望读者们能享受阅读本书的过程，就像我享受写作的过程一样。它对我来说是一个巨大的解谜游戏——一个学术版的寻宝游戏。找到散落的碎片，再把它们拼成一个统一的故事，这在我眼中既是挑战也是乐趣。我热爱我的工作。

大卫 · 里奇森

迪金森学院

2007 年 7 月 6 日

目录

引言

哲学被写在这部鸿篇巨制——我指的是宇宙——中，我们随时都能翻阅它。但如果不首先学着解读书中的语言和文字，就没有人能够读懂。这语言是数学，这文字则是三角形、圆及其他几何图形。若是没有它们，人们甚至不可能理解书中的一丝一毫；若是没有它们，读者将在幽暗的迷宫里一直徘徊。

——伽利略

他们都错过了它。古希腊人——诸如毕达哥拉斯、特埃特图斯、柏拉图、欧几里得和阿基米德这些痴迷于多面体的数学大家——错过了它。杰出的天文学家约翰内斯·开普勒对多面体的美如此敬畏，以至于基于它们构造了一个太阳系模型，但他也错过了它。数学家兼哲学家勒内·笛卡儿在研究多面体时只要从逻辑上再往前迈几步就能发现它了，可他也还是错过了它。上述数学家和他们的许多同行都错过了这个关系式。它简单到可以被解释给任何一个小学生听，但也重要到成为现代数学体系里的一部分。

伟大的瑞士数学家莱昂哈德·欧拉（1707—1783）——他的姓氏读音听起来像是“涂油工”——却没有错过它。1750 年 11 月 14 日，在一封给自己的朋友——数论学家克里斯蒂安·哥德巴赫（1690—1764）——的信中，欧拉写道：“据我所知，这些立体测量学（立体几何）中的一般性质还没有被任何人注意到，这令我感到震惊。”欧拉在信中描述了他的观察结果，又在一年后给出了一个证明。这个结果是如此地基本和重要，以至于人们现在称它为“欧拉多面体公式”（简称欧拉公式）。

多面体是一种如图 I.1 所示的三维对象。它由一些平坦的多边形面构成。每一对相邻的面相交于一条叫作棱的线段，而每一组相邻的棱则交于一个拐角，或者说一个顶点。欧拉注意到顶点数、棱数和面数（分别用 V、E 和 F 表示）总是满足一个简单而优雅的算术关系（即欧拉公式）:

$$V-E+F=2$$

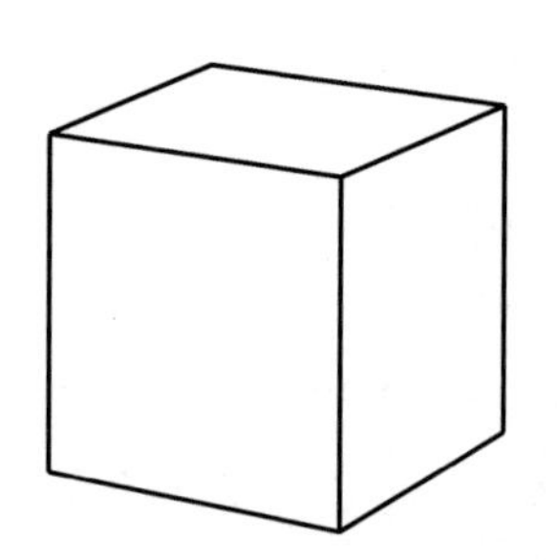

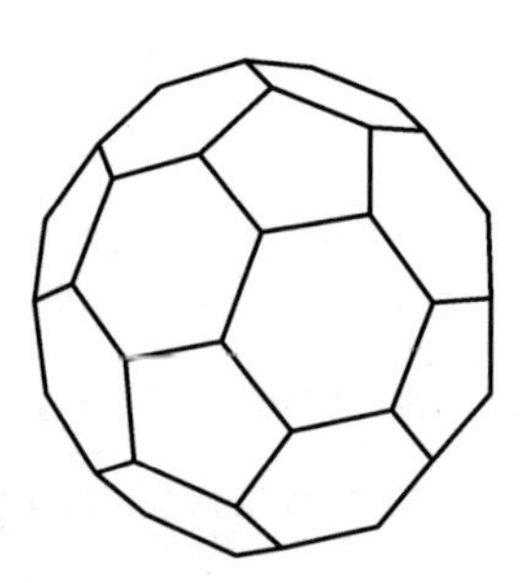

图 I.1　立方体和足球（截角二十面体）都满足欧拉公式

立方体大概是最广为人知的多面体了。快速数一数，可以发现它有 6 个面：顶端的正方形、底部的正方形和侧面的 4 个正方形。这些正方形的边界构成了棱。我们总共能数出 12 条棱：顶端的 4 条、底部的 4 条和侧面沿垂直方向的 4 条。顶端的 4 个拐角和底部的 4 个拐角则是立方体的 8 个顶点。因此，立方体的 V=8，E=12，F=6，并且显然有

$$8-12+6=2$$

对于图 I.1 中的足球状多面体来说，要数清这 3 个数值更困难一些，但我们还是可以得知它有 32 个面（12 个正五边形和 20 个正六边形）、90 条棱和 60 个顶点。同样，

$$60-90+32=2$$

除了研究多面体，欧拉还开创了“位置几何学”这一领域，也就是今天的拓扑学。几何学是对刚性对象的研究，着重测量面积、角度、体积和长度这样的量。拓扑学——俗称“橡皮膜几何学”——研究的则是可塑的形状。一位拓扑学家的研究对象不一定得是刚性的或几何的。拓扑学家的兴趣在于确定连通性、检测孔洞和调查扭曲程度。当狂欢节里的小丑把一个气球拧成小狗的形状时，气球仍然是原来的那个拓扑实体，但在几何学上它已经变得极为不同。然而，当一个孩子用铅笔扎破气球，在上面留下一个洞之后，气球从拓扑学上来讲就改变了。从图 I.2 中我们能看到三个拓扑曲面的例子——球面、甜甜圈状的环面和扭曲的默比乌斯带。

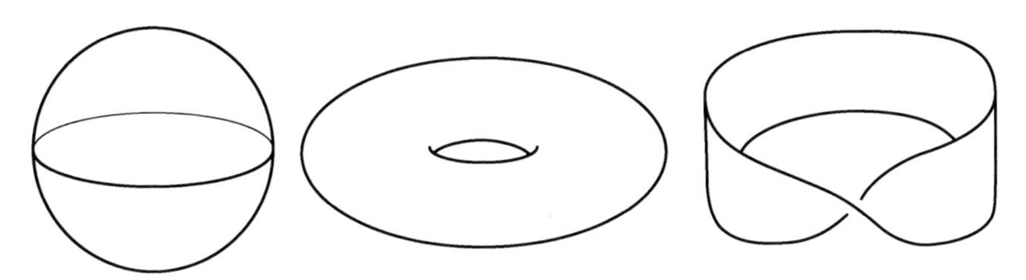

图 I.2 拓扑曲面：球面、环面和默比乌斯带

在拓扑学这个年轻的领域中，学者们被欧拉公式所吸引，并且想把它应用到拓扑曲面上。一个明显的问题随之而来：拓扑曲面上的顶点、棱和面在哪里呢？为此，拓扑学家舍弃了几何学家所设的刚性规则，允许面和棱变得弯曲。在图 I.3(a) 中，我们看到一个球面被分成了“矩形”和“三角形”区域。这种划分是通过画出 12 条交汇于两极的经线和 7 条纬线来实现的。整个球体上有 72 个弯曲的矩形面和 24 个弯曲的三角形面（三角形面在北极和南极附近），共计 96 个面。与此同时，棱有 180 条，顶点有 86 个。因此，如同多面体的情形那样，我们发现

$$V-E+F=86-180+96=2$$

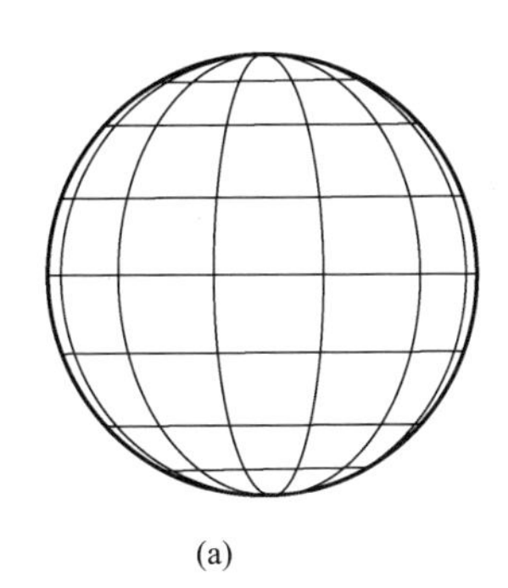

(a)

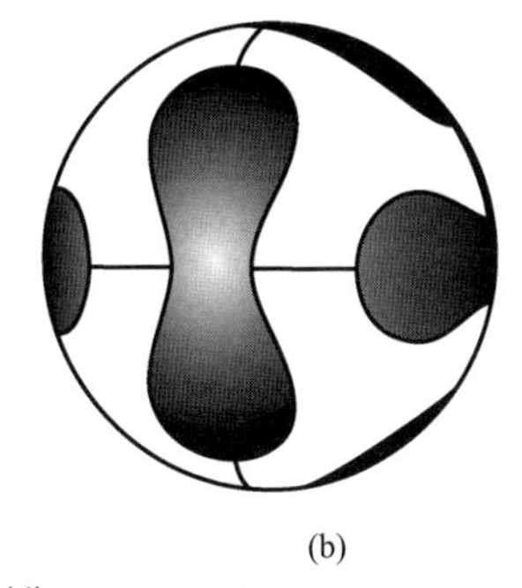

(b)

图 I.3 球面的两种划分

类似地，2006 年世界杯的用球由六块四条边的沙漏形球皮和八块畸形的六边形球皮组成，如图 I.3(b) 所示。它同样满足欧拉公式（V=24，E=36，F=14）。

现在，我们不禁会猜想欧拉公式适用于所有的拓扑曲面。然而，如图 I.4 所示，如果把一张环面分成弯曲的矩形面，我们会得到一个惊人的结果。这种划分方式是，绕着环面的中心空洞画 2 个圆，并绕着它的管状部分画 4 个圆。由此，我们有了 8 个 4 条边的面、16 条棱和 8 个顶点。仿照欧拉公式，我们算出

$$V-E+F=8-16+8=0$$

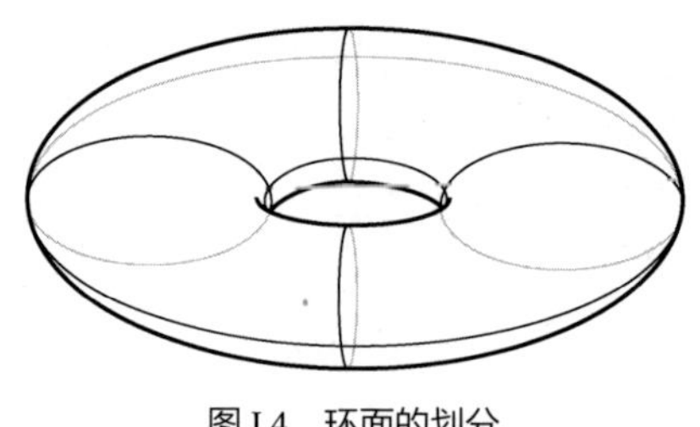

图 I.4　环面的划分

而不是等于预料中的 2。

假如对环面做一种不同的划分，我们会发现上述交错和仍然等于 0。这就给了我们一个环面版的新欧拉公式：

$$V-E+F=0$$

我们可以证明，每一种拓扑曲面都有它“自己的”欧拉公式。不管我们把一张球面分成 6 个面还是 1006 个面，只要运用欧拉公式，我们总会得到 2。类似地，如果我们把欧拉公式应用到环面的任何一种划分上，我们就会得到 0。这些特殊的数值可以用来区分不同的曲面，就像轮子的个数可以用来区分公路上的不同车辆一样。每一辆小轿车都有四个轮子，每一辆牵引挂车都有十八个轮子，而每一辆摩托车都有两个轮子。如果一辆车的车轮数不是四，那么它就不是小轿车；如果一辆车的车轮数不是二，那么它就不是摩托车。同样的道理，如果一张曲面的 $V-E+F$ 不等于 0，那么以拓扑学的观点来看，它就不是环面。

$V-E+F$ 这个量是形状的一个固有特征。用拓扑学家的语言来说，它是曲面的一个不变量。由于不变性是一个强大的性质，我们把 $V-E+F$ 叫作曲面的欧拉数。球面的欧拉数是 2，环面的欧拉数则是 0。

此时看来，每张曲面都有自己的欧拉数这一事实似乎只是个数学奇闻而已。当你手拿足球或远眺短程线穹顶时，即使想到它也不会觉得有多么酷。但事情并非如此。我们将会看到，欧拉数在多面体的研究中是一种不可或缺的工具，更不用说对拓扑学、几何学、图论和动力系统而言了。而且，它还有一些非常优雅且出人意料的应用。

一个数学中的纽结看起来像是一根缠成一团的绳子，如图 I.5 所示。如果一个纽结能在不被切断或重新粘连的情况下变成另一个纽结，那它们本质上就是相同的。

就像欧拉数可以用来分辨曲面那样，稍稍再调动一点聪明才智，我们就能用它来分辨纽结。利用欧拉数，我们可以证明图 I.5 中的两个纽结是不同的。

图 I.5　这两个纽结相同吗

从图 I.6 中我们可以看到一张地球表面在某个时刻的风向模式图。在这个例子中，有一个离智利海岸不远的无风点。它位于那个沿顺时针旋转的风暴的中心平静处。我们可以证明，无论何时，地球表面总有至少一个点是无风的。这不是基于对气象学的理解，而是基于对拓扑学的理解。这个点的存在性是用一个被数学家们称为“毛球定理”的结果推导出来的。如果我们把风想象成地球表面的一缕缕毛发，那么地球表面总有一个点的头发是翘起来的。更通俗的说法是“你不能帮椰子梳好头”。到了第十九章，我们会看到欧拉数是怎样让我们建立起这个大胆的论断的。

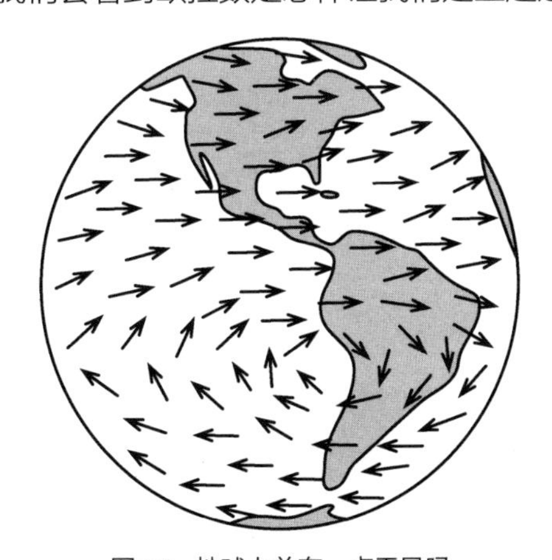

图 I.6　地球上总有一点无风吗

在图 I.7 中，我们看到一个点阵中的多边形。这个点阵中相邻两点的间距为单位长度，多边形的顶点则正好位于某些格点处。令人惊奇的是，我们可以通过数点来精确计算出这个多边形的面积。我们会在第十三章借助欧拉数推导出一个优雅的公式，它用多边形边界上的点数（B）和多边形内部的点数（I）算出了多边形的面积：

$$\text{面积} = I+B/2-1$$

利用这个公式，我们得知图中多边形的面积为 5+10/2−1=9。

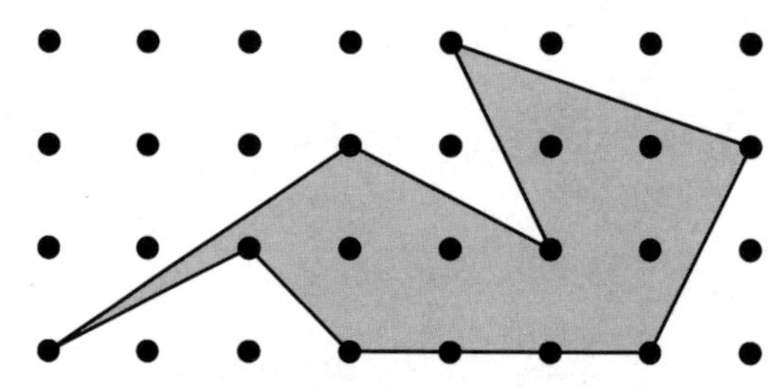

图 I.7　可以用数点的方式计算阴影多边形的面积吗

曾有一个古老而有趣的问题，问的是用多少种颜色来给地图上色才能使每一对共享边界的相邻区域有不同的颜色。让我们拿一张无色的地图，然后用尽可能少的蜡笔给它涂色。你很快就会发现，其中大多数区域都可以只用三种颜色的蜡笔就涂好色，但要真正地完成任务还是需要第四种颜色。例如，由于内华达州被奇数个州所环绕，你需要三种颜色的蜡笔来给后者上色——接着你会需要第四种颜色来给内华达州本身上色（见图 I.8）。如果我们够聪明，那我们就不需要第五种颜色——四种颜色就足以给整个地图上色了。长久以来，人们一直猜测所有的地图都可以用四种或更少的颜色涂好色。这个“臭名昭著”又异常棘手的问题如今以“四色问题”的名字被人们所熟知。我们将在第十四章中回顾它的迷人历史，并看看它最后是如何在 1976 年被人们用一种有争议的方式证明的——欧拉数在其中发挥了重要作用。

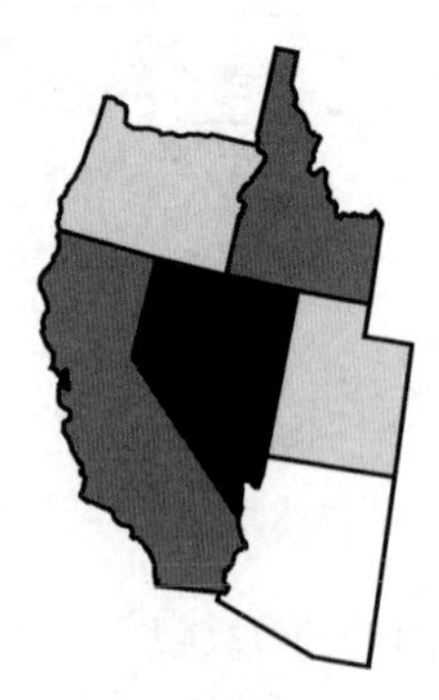

图 I.8　我们能只用四种颜色给地图上色吗

石墨和钻石是两种完全由碳原子构成的物质。1985 年，三位科学家——罗伯特·柯尔，理查德·斯莫利和哈罗德·克罗托——震惊了科学界，因为他们发现了一类新的全碳分子。他们把这些新分子称为富勒烯，借用了设计出短程线穹顶的建筑师巴克敏斯特·富勒的名字。之所以这样命名，是因为富勒烯是一种结构类似于短程线穹顶的多面体状分子。凭借对富勒烯的发现，他们三人被授予了 1996 年的诺贝尔化学奖。在一个富勒烯中，每个碳原子恰好和三个碳原子相邻，而碳原子的环则构成了五边形和六边形。一开始，柯尔、斯莫利和克罗托只找到了由 60 个和 70 个碳原子构成的富勒烯，但其他富勒烯也在后来被发现。最常见的富勒烯是被他们称作“巴克敏斯特·富勒烯”的足球形分子 C_{60}（见图 I.9）。出人意料的是，就算不懂任何化学知识，只掌握了欧拉公式，我们也能断言某些构型在富勒烯中绝对不可能存在。例如，不管分子大小如何，每个富勒烯一定恰好包含 12 个五边形的碳原子环，虽然六边形碳环的个数可以有所不同。

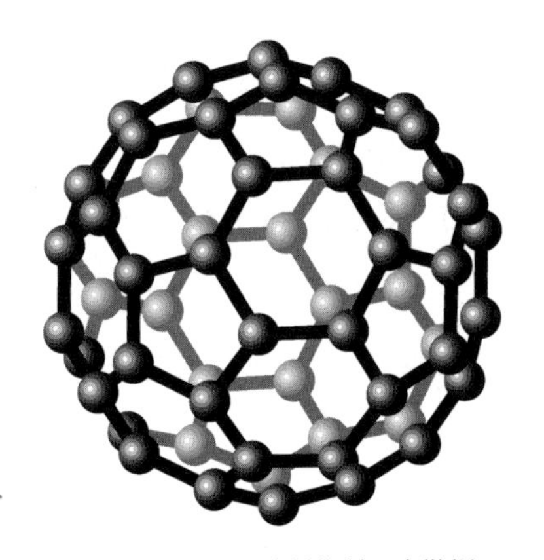

图 I.9 C_{60}，即巴克敏斯特·富勒烯

数千年来，人们一直被美丽而诱人的正多面体所吸引——它们的每个面都是完全相同的正多边形（见图 I.10）。古希腊人发现了这些对象，柏拉图把它们吸收进了自己的原子论，而开普勒则基于它们构造了一个太阳系模型。这些多面体的一个神秘之处是它们的种类太少了——除了图中的五种外，再没有别的多面体满足正则性的严格限制了。欧拉公式最优雅的应用之一便是可以快速证明有且仅有五种正多面体。

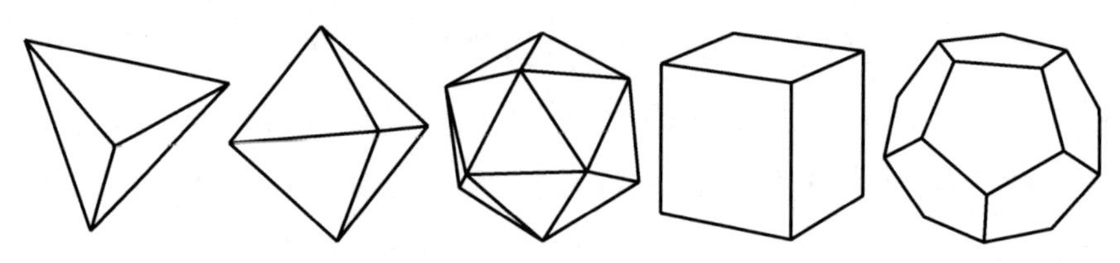

图 I.10 五种正多面体

尽管欧拉公式既重要又优美，它却基本上不被普通大众所知。学校的标准课程中没有它。一些高中生也许知道欧拉公式，但很多学数学的学生直到本科阶段才会遇到它。

数学声誉是一种奇特的东西。有些数学成果之所以著名是因为它们被刻进了年轻学生的脑海中：毕达哥拉斯定理（即勾股定理）、一元二次方程求根公式、微积分基本定理。另外一些数学成果出现在聚光灯下是因为它们解决了一个悬而未决的著名问题。费马大定理困扰了人们三百多年，直到安德鲁 · 怀尔斯 1993 年用他的证明震惊世界。四色问题在 1852 年被提出，但到 1976 年才被肯尼思 · 阿佩尔和沃尔夫冈 · 哈肯证明。大名鼎鼎的庞加莱猜想于 1904 年被提出，是克莱数学研究所的千禧年大奖难题之一——那七个问题是如此重要，以至于任何能解决其中之一的数学家都将获得一百万美元。格里沙 · 佩雷尔曼在 2002 年给出了一个庞加莱猜想的证明，因此他可能会被授予这笔奖金。除此之外，还有一些数学事实是由于它们的跨学科魅力（例如自然界中的斐波那契数列）或历史重要性（例如素数有无穷多个，π 是无理数）而被人们所熟知的。

欧拉公式也应该像上述数学成果一样声名远扬。它有缤纷多彩的历史，它的相关理论也凝聚了众多世界上最伟大的数学家的贡献。它是一个深刻的定理。一个人的数学素养越高，他就越能领略到欧拉公式的深刻之处。

这是欧拉的美丽定理的故事。我们将追溯它的历史，展示它是如何在古希腊人的多面体和现代的拓扑学之间架起一座桥梁的。我们会罗列它在几何学、拓扑学和动力系统中的许多惊人而有欺骗性的形式。我们也会给出一些需要用欧拉公式来证明的定理。我们将会明白，这个长期不被关注的公式为何能成为数学中最受喜爱的定理之一。

第一章

莱昂哈德·欧拉和他的三个“大”朋友

读读欧拉，读读欧拉吧，他是我们所有人的老师。

——皮埃尔·西蒙·拉普拉斯

我们对夸大事实的情况早已司空见惯。电视购物节目、广告牌、体育解说员和流行音乐家们经常向我们抛出“最伟大”“最好”“最鲜艳夺目”“最快”和“最闪耀”这样的冲击性词汇。这些词已经丧失了它们的字面含义——它们被频繁地用于普通的产品售卖或是取悦观众的过程中。因此，当我们说莱昂哈德·欧拉（见图 1.1）是历史上最有影响力和最多产的数学家之一时，读者也许会变得目光呆滞。然而，我们并没有在夸大事实。人们普遍认为，欧拉和阿基米德（公元前 287—前 212）、艾萨克·牛顿（1643—1727）、卡尔·弗里德里希·高斯（1777—1855）一样，都是按重要性和影响力可以排进历史前十——或者前五——的数学家。

图 1.1 莱昂哈德·欧拉

在 76 年的人生中（1707—1783），欧拉取得的数学成果足以写成整整 74 卷的著作，这超过了其他任何一位数学家。到全部被出版为止（他去世后的 79 年间，新的材料都还在涌现），他的所有著作共计 866 种，有论述最前沿主题的书和文章，有基础教科书，有写给未受科学训练者的书，还有技术手册。这还没有把他预计多达 15 卷的书信集和笔记算进去——它们仍处于编纂中的状态。

然而，欧拉的地位之所以重要，并不是因为他的著作卷帙浩繁，而是因为他对数学做出了深刻而有开创性的贡献。欧拉不只是某个特定领域的专家，他也是伟大的全才之一：他的专长横跨多个学科。在分析学、数论、复分析、微积分、变分法、微分方程、概率论和拓扑学领域，他都发表过有影响力的文章，也出版过图书。这还不包括他在应用科学——例如光学、电磁学、力学、流体力学和天文学——方面的贡献。此外，欧拉身上还有一项在过去和现在的顶级学者中都十分稀缺的特质：他是一流的讲解者。和之前时代的数学家不同，欧拉写作时用的是清晰、简明的语言，这使得他的著作在专家和学生看来都具有可读性。

欧拉是一个温和而不事张扬的人，他的生活完全以自己的大家庭和工作为中心。他曾先后住在瑞士、俄国、普鲁士，最后又去了俄国。他和许多十八世纪的重要思想家都有书信往来。他的职业生涯和三个欧洲的“大”统治者联系在一起——彼得大帝、腓特烈大帝和叶卡捷琳娜大帝。这些领导者的功绩之一就是建立或复兴了自己国家的科学院。正是这些科学院给了欧拉支持，使他能把时间花在纯粹的研究上。而他们三人期望从欧拉那里得到的全部回报便是偶尔利用他的科学专长解决一些国家事务，并凭借他的名望赢得世人对自己国家的赞誉。

1707 年 4 月 15 日，莱昂哈德·欧拉出生于瑞士巴塞尔，父亲是保罗·欧拉，母亲是玛格丽特·布鲁克·欧拉。此后不久，全家就搬到了附近的小镇里恩。在那里，保罗找了一份加尔文宗牧师的工作。

欧拉最初受到的数学训练来自他的父亲。虽然保罗并不是数学家，但他曾在著名的雅各布·伯努利（1654—1705）那里学过数学。当时，他和雅各布的弟弟约翰（1667—1748）都是巴塞尔大学的学生，寄宿在雅各布家。雅各布·伯努利和约翰·伯努利同属那个后来在数学史上最被景仰的家族。在长达一个多世纪的时间里，伯努利家族在数学的发展历程中扮演了重要角色，其中至少有八人为数学做出了巨大贡献。

欧拉不到十四岁时便开始正式在巴塞尔大学学习。这对那个年代的大学生来说并不是一个不寻常的年龄。巴塞尔大学的规模相当之小——学校里只有几百名学生和十九名教授。保罗希望自己的儿子走上牧师的道路，因此欧拉学习了神学和希伯来语。但他的数学能力却无可否认，并且很快吸引了父亲的朋友约翰·伯努利的注意。这时，约翰已经是欧洲的顶尖数学家之一了。

约翰是个傲慢无礼的人，有着强烈的好胜心，这引发了很多众所周知的竞争（包括他与哥哥的竞争，以及与自己儿子的竞争）。不过，他却认可了小欧拉卓越的天赋，并鼓励后者钻研数学。欧拉后来在自传中写道："如果我遇到了一些障碍或困难，我可以在每周六下午不受限制地拜访他，而他会和善地向我解释任何我不懂的东西。"这些课程对欧拉数学技巧的成熟起到了非常重要的作用。

尽管欧拉已开始在数学学习中崭露头角，保罗却仍希望自己的儿子成为牧师。十七岁那年，欧拉拿到了哲学硕士学位。约翰担心数学的门徒会被教会夺走，因此他站了出来，明确地对保罗说欧拉有成为伟大数学家的潜力。出于对数学的喜爱，保罗的态度缓和了。欧拉虽然放弃了牧师的职位，但他在余生中始终都是一名虔诚的加尔文宗的信徒。

十九岁时，欧拉达成了自己的第一个数学成就。他从理论上分析了船桅的理想放置方式，在法兰西科学院赞助的一项高声誉竞赛中获得了二等奖，或者说"优秀奖"。这一壮举对任何一个青少年来说都是不可思议的，对他这个从未亲眼见过海上船只的瑞士年轻人而言就更是如此。在这项竞赛中，欧拉没有得到最高奖——那就跟在今天荣获诺贝尔奖差不多——但他后来一共有十二次在不同的场合获得过最高荣誉。

欧拉降生之时，在巴塞尔东北方 1000 英里[1]处，俄国沙皇彼得大帝（1672—1725）正在主持圣彼得堡的修建工作。这座城市动工于 1703 年，建于一片沼泽地上，紧靠涅瓦河的波罗的海入海口。彼得大帝逼迫劳工们同时修建圣彼得堡和彼得保罗要塞，后者是涅瓦河中一座岛上的战略要地。他喜爱这座新城市，称它为他的"天堂"，还用自己的主保圣人的名字来给它命名。尽管大多数俄国人，尤其是政府官员，对这个寒冷潮湿之地并不抱有彼得的那种情感，但他还是把俄国的首都从莫斯科迁到了圣彼得堡。年轻的欧拉此时还完全料想不到，在他生命中的一大段时光里，这座城市都将是他的家。

彼得大帝身材雄伟（见图 1.2），有接近 7 英尺[2]高。他精力充沛，自学成才，意志坚定，在 1682 年到 1725 年间都是俄国的领导人。他以无情的改革而闻名，开启

---

[1] 1 英里 = 1.609 千米。

[2] 1 英尺 = 0.3048 米。

了俄国从封建农业国家到强大帝国的转变。他的目标是俄国政府、文化、教育、军事和社会的现代化，也就是西方化，这在很大程度上都实现了。正如一位俄国历史学家所写：“转眼间，不需经院哲学、文艺复兴和宗教改革，俄国便从一个狭隘的、宗教的、准中世纪的文明跃进到了理性时代。”

图 1.2　俄国的彼得大帝

在西方化的进程中，彼得想对俄国的教育体系进行革新。事实上，除了强大的东正教会提供的最低程度教育之外，俄国的教育系统在彼得上台之前可谓并不存在。因此，俄国没有科学家。由于教会的强势，俄国人害怕对世界进行科学的解释，反而更偏好传统的宗教解释。彼得意识到，俄国的国际形象需要提升，外国人对俄国人的刻板印象——厌恶科学——需要被驱除。他也知道，拥有科学项目对于建立和维系一个强大的国家来说是至关重要的。

彼得拜访了成立于 1660 年的英国皇家学会和成立于 1666 年的法兰西科学院。在那里，他的所见所闻令他印象深刻。他也仰慕 1700 年在戈特弗里德·莱布尼茨（1646—1716）的建议下成立的新柏林科学院。莱布尼茨是一位声名卓著的数学家，他和牛顿都被认为是微积分的发明者。这些研究院并不是大学；它们“致力于探索新知识，而非传播已有的智慧”。研究院的成员是学者而非教师，他们的首要目标是推动人类知识的进步。

彼得想要创立一所堪比巴黎、伦敦和柏林的科学院的研究院，而且想把它建在他的新城市圣彼得堡。他向莱布尼茨寻求了建议。在接近二十年的时间里，他和莱布尼茨进行过多次关于教育改革和创立科学院的对话，有些是通过书信，有些则是面对面的。

1724 年，彼得终于完成了在圣彼得堡创立科学院的计划，这是他的教育改革探索中最后也最雄心勃勃的一步。然而，他不能让他的研究院完全效仿欧洲其他国家的做法。因为俄国没有本土科学家，所以他必须劝说那些有才能的外国科学家到圣彼得堡来工作。而且，由于俄国没有大学教育体系，这所科学院也必须发挥大学的作用。科学院收到的命令之一便是对俄国人进行科学训练，使得这个机构不必一直依赖外国人。

彼得没能看到自己的努力开花结果，他于 1725 年早早去世。不过，幸亏有女皇叶卡捷琳娜一世（1684—1727）——彼得的第二任妻子，科学院计划才得以继续。彼得死后的数月里，外国学者们陆续到来，科学院也在当年年底召开了第一次会议。彼得是幸运的，因为叶卡捷琳娜一世欣然接受了创办科学院的想法。在之后的年月里，科学院并不总能得到俄国领导人的支持。从彼得去世到叶卡捷琳娜大帝（1729—1796）加冕的三十七年间（1725—1762），俄国出现过六个统治者，而科学院总是任由这些固执己见的强人摆布。

最初，科学院雇用了十六位科学家：十三个德国人、两个瑞士人和一个法国人——没有俄国人。德国人的人数优势和俄国人的缺乏为日后的紧张局势埋下了伏笔。

圣彼得堡天寒地冻，位置偏远，又在学术氛围上相对孤立，因此科学院必须提供高薪和舒适的住处才能吸引来这些外国科学家。新科学院的规模不大，但它很快就实现了最初的承诺，成了一所蜚声国际的重要科学机构。最终，它变成了俄国所有科学研究的中心。科学院曾几度更名，但它直到今天依然存在，并以“俄罗斯科学院”的名字闻名于世。

科学院的外国学者中，有两位学术明星是欧拉的朋友，同时也是约翰·伯努利的儿子——尼古劳斯·伯努利（1695—1726）和丹尼尔·伯努利（1700—1782）。离开瑞士前，两兄弟和欧拉谈起过科学院的事，并许诺会尽快为他找到一个职位。到达俄国后，他们立刻就开始游说科学院的管理人员雇用他们那位才智过人的年轻朋友。很快，他们的努力得到了回报。1726 年，科学院向欧拉提供了一个医学和生理学部门的职位。但不幸的是，这无法让欧拉真正感到欣喜或为之庆祝，因为他将要填补的空缺是尼古劳斯悲剧性的英年早逝带来的。

科学院提供的工作让欧拉很感激，但他没有马上动身去俄国。有两个原因让他想要留在巴塞尔，把新工作先放在一边。首先，他接受的是一份医药部门的工作，但他对这个领域知之甚少，所以他决定先在巴塞尔大学学习解剖学和生理学。其次，他想再等一阵子，看看巴塞尔大学是否会聘任自己为物理学教授。1727 年春天，当他听说得到物理学教授这份工作的另有其人之后，他便动身去了俄国。从此，欧拉开始了在圣彼得堡的生活。他将在这座城市居住十四年，并且还会回到那里，度过生命中的最后十七年。

欧拉先坐船，再步行，又乘了马车，历经七周的跋涉，终于到达了圣彼得堡。就在他踏上俄国土地的那一天，在位仅仅两年的女皇叶卡捷琳娜一世去世了。新科学院的命运又变得飘忽不定起来。那些代表不满十二周岁的沙皇彼得二世（1715—1730）——彼得大帝的孙子——实际掌权的人认为科学院是一个花销巨大的奢侈项目，想要关停它。但幸运的是，科学院还是得以继续开办。而且尽管局面持续混乱，欧拉却来到了他真正的归属之地——数学－物理部门，而非医药部门。1727 年是欧拉数学家生涯的第一年，也是数学巨人艾萨克·牛顿倒下的那一年。

在彼得二世的治下，科学院成员的日子并不好过，因此，随着这位十五岁的沙皇于 1730 年去世，他们都希望自己的命运能有所好转。事实上，在新沙皇安娜·伊万诺芙娜（1693—1740）的十年统治中，科学院的情况的确好了一些，但整个俄国的情况却变得更加糟糕。安娜在她的政府中引入了一股强大的德系势力，以她的情人恩斯特－约翰·比龙（1690—1772）为首。比龙是个冷酷的暴君，处决了数千名俄国人，还把数以万计的俄国人流放到了西伯利亚。普通罪犯、旧信徒（信奉俄国东正教的人）和安娜的政敌都成了比龙的攻击目标。后来，普鲁士王后问身在柏林的欧拉为何如此沉默寡言，他答道：“夫人，这是因为我刚从一个国家过来，那里每个开口说话的人都被绞死了。”

1733 年，丹尼尔・伯努利受够了俄国的艰难生活和科学院内部的勾心斗角，回到了瑞士。欧拉则以二十六岁的年纪接替了丹尼尔的位置，成为科学院数学部门的负责人。

这时候，欧拉意识到自己可能会在俄国待上很久，甚至往后余生都将留在这里。抛开俄国的政治氛围所带来的种种困难，他的生活还算舒适。他精通俄语，也因为晋升后的加薪在经济上无须忧虑。于是，1733 年，他决定和卡塔琳娜・格塞尔结婚。她是瑞士画家格奥尔格・格塞尔的女儿，而她的父亲被彼得大帝带到了俄国。莱昂哈德和卡塔琳娜组建的家庭孕育了十三个孩子。然而，如同那个时代的常态一样，这些孩子中只有五个平安活过了童年，也只有三个比自己的父母活得更久。

丈夫和父亲的角色没有减缓欧拉发表研究成果的速度。在这个阶段，以及他学术生涯的每个阶段，他都是一个极度活跃的研究者。对于欧拉的高产，我们再怎么描述也很难言过其实。一些关于数学的民间故事提到，欧拉可以一边把婴儿放在腿上摇晃一边写数学文章，而且在家人两次提醒他吃晚饭的间隔时间内就可以写成一篇论文。他的写作主题无所不包：他创作过杰作，写过简短的笔记，还写过关于结果修正、解释的文章，以及部分完成的成果、证明的思路、数学入门方法介绍和技术类书籍。

没有任何障碍可以拖慢欧拉的脚步，连失明也没能阻挡他如潮水般输出的数学成果。1738 年（一说 1735 年），他连续三天研究一个天文学难题之后病倒了。人们一直认为这就是使他右眼视力衰退并最终失明的原因，尽管现代医学降低了这种说法的可信度。欧拉面对视力的损伤泰然自若。他以一贯的谦逊评论道："这下子能让我分心的事就更少了。"后来，他的左眼也看不见了，他几乎在完全的黑暗中度过了人生的最后十七年。可即使这样，他仍然不断为数学做着重要贡献，直到生命中的最后一天。

欧拉的大脑和其他人不同，似乎是专为数学而生的。他能在脑中同时思考许多抽象的概念，也能完成惊人的心算。有一个著名的故事，说的是欧拉的两个学生曾对十七个分数项求和，却发现得到的结果不一样。欧拉在脑中迅速完成了计算，给出了正确答案，平息了争论。数学家弗朗索瓦・阿拉戈（1786—1853）写过一句著名的话：“欧拉计算时几乎毫不费力，就像人类呼吸或老鹰在风中翱翔一样。”对此，欧拉谦虚地说，他凭借的是对符号的使用而不是聪明才智，而他的铅笔在智识上更胜于他自己。

欧拉也天生就有着神乎其神的记忆力。他记住了无数的诗歌，从孩提时代到两鬓斑白，他一直能背诵维吉尔的《埃涅阿斯纪》的全文，甚至能说出其中任何一页上的第一句和最后一句。关于他超凡的记忆力，一个更数学化的例子是，他能说出前 100 个整数的 1 到 6 次幂。为了让你有个概念，举个例子，99 的 6 次幂等于 941480149401。

在圣彼得堡，欧拉也为俄国的国家项目投入了时间。1735 年，他被任命为科学院地理部门的负责人，之后为俄国亟需的地图的绘制工作做出了巨大的贡献。他也写过一部关于船只制造的两卷本著作，这套价值连城的书使得科学院把他当年的薪水涨了一倍。

即便是欧拉正享受学术上的高产、幸福的家庭生活和可观的收入时，俄国的形势也在持续恶化。科学院的气氛已变得非常紧张，甚至充满了敌意。很多资深教授都是德国人，俄国人的受聘率仍然很低。科学院成立后的前十六年中，只有一个俄国人获选为成员，而且他还是一个从来没有晋升为教授的次要角色。俄国人厌恶德国人的权势，甚至公开表达了反德国的观点。幸运的是，谦逊而寡言的欧拉在科学院的内部斗争中保持了中立。但这种环境还是让他在工作时感受到了压力。

安娜政府中的比龙和“德国派”使俄国人民日益畏惧和憎恨德国人。1740 年下半年，快走到生命尽头的安娜将比龙任命为摄政王，辅佐她的继任者，也就是仅仅两个月大的伊万六世（1740—1764）。安娜死后，俄国人对德国人的仇恨到达了顶峰——不到一个月比龙就被赶下了台，而一年后伊万和整个“德国派”都被剥夺了权力。彼得大帝的女儿伊丽莎白一世（1709—1762）成了下一任女皇。

这个时期在俄国生活是十分艰险的，尤其是对外国人而言。外国学者都被投以怀疑的目光，因为他们可能是西方的间谍。对这种状况，欧拉的回应是保持安静，并把自己的所有时间都投入工作和家庭上。但到了 1741 年，欧拉再也无法忍受在俄国的生活了，因此他决定离开圣彼得堡去往柏林。

柏林科学院成立于1700年，最初的名字是皇家科学学会。莱布尼茨曾为它制订过一些宏大的计划。如同巴黎和伦敦的科学院一样，柏林科学院把重心放在科学和数学上；但不同之处在于，它扩大了自己的研究范围，将历史、哲学、语言和文学也纳入其中。

尽管莱布尼茨的期望很高，但柏林科学院的腾飞却相当缓慢。部分的困难在于频繁的资金不足，以及科学院内部法国人和德国人的对立。1713年，随着弗里德里希·威廉一世（又译作腓特烈·威廉一世）的登基，情况进一步恶化。在这个反智君主的统治下，科学院被彻底忽视了。因此，柏林科学院丝毫没有展现出像巴黎科学院和伦敦科学院那样的成功。它在科学发展的进程中无足轻重；事实上，它甚至被冠以了“无名学会”的名号。

1740年，弗里德里希·威廉一世去世，他的儿子弗里德里希二世（又译作腓特烈二世，1712—1786），即后世所称的腓特烈大帝（见图1.3），登上了王位。虽然威廉一世刻意培养了儿子的领导能力，但腓特烈仍在很多方面都跟自己的父亲截然不同。父子二人的矛盾极深。十八岁时，腓特烈在试图逃到国外时被抓住了。他的父亲处决了他的好友兼同谋（也有人说那是他的同性爱人），并强迫他亲眼见证了行刑过程。

图1.3　普鲁士的腓特烈大帝

腓特烈大帝即位后决意要开拓德国的领土，但他也偏好艺术和哲学。他渴望成为一位开明的统治者兼哲学家，而复兴科学院正是他的重振国威计划中重要的一环。

和自己的父亲不同，腓特烈大帝鄙弃德国文化，喜爱一切跟法国相关的东西。他将柏林科学院的官方名字改成了法语的“皇家科学院与文学院”。他坚持把法语作为科学院的官方语言，要求科学院的期刊上发表的文章要么是用法语写成的，要么是译成了法语的。他更喜欢身边围绕着言辞诙谐的法国人，而不是冷静且不动声色的德国人。伏尔泰（1694—1778）是他最喜欢的通信者之一，也是和他关系最亲密的科学院事务顾问。正是伏尔泰首先提出了建议，让腓特烈大帝诱使欧拉离开俄国加入柏林科学院。

腓特烈对数学类学科深恶痛绝。1738年，他在给伏尔泰的信中写道：“至于数学，我得向你承认我讨厌它，它让人绞尽脑汁。我们德国人在上面耗费太多精力了；这是一块贫瘠的田地，得靠时常耕作和浇水才能有所产出。”他把数学——和一般的科学——看作国家的仆从。他根据自己手下的科学家在实际事务中的有用程度来衡量他们的价值。科学院中的科学家可以自由研究他们感兴趣的项目，只要他们能满足国王提出的需求。

此时，欧拉已是圣彼得堡最杰出的学者了，他的大名传遍了欧洲。腓特烈开始向欧拉发出邀请。尽管欧拉确实被俄国的危险形势所困扰，但腓特烈还是通过多次接触才说服这位瑞士数学家离开圣彼得堡。1741年，欧拉终于同意前往柏林。他以自己变差的健康状况和对温暖气候的需求为由，得到了离开圣彼得堡的许可。

刚到柏林的时候，欧拉很满意，他在1746年写给朋友的信中说：“国王把我称作他的教授，我觉得我是世界上最幸福的人了。”但很不幸，这种满足感并未持续多久。柏林的生活在很多方面都优于圣彼得堡的生活，但欧拉的体验却掺杂了苦涩，因为腓特烈对他表现出了一种特殊而出人意料的蔑视。腓特烈把欧拉称为他的“数学独眼巨人”，粗鲁地暗示着欧拉仅剩一只完好眼睛的事实。腓特烈的冷淡部分源于他对数学的憎恶，但还有其他原因。欧拉低调而安静的举止不合他的口味，反倒让他把欧拉看作一个笨蛋。腓特烈更喜欢诙谐、精于世故又充满活力的伏尔泰陪在自己身边。此外，欧拉是一名虔诚的加尔文宗的信徒。他每天傍晚都会给自己的家人朗读经文，还经常向他们布道。在公开场合，腓特烈是宗教的支持者；但私下里，他却是一个自然神论者，对欧拉的虔诚和坚定的精神信仰不屑一顾。

欧拉对腓特烈也怀有不满。他在柏林遭受的最大挫败便是腓特烈拒绝让他出任科学院的院长。七年战争期间（1756—1763），腓特烈事务繁忙，一度找不到合适的人来担任院长一职。这时的欧拉是非官方的“代理院长”，但腓特烈考虑正式院长人选时总是一再地跳过他。作为代理院长，欧拉表现出色。但由于他不是一位言辞犀利、口若悬河的哲学家，他永远也得不到腓特烈的赞许。最极端的一次羞辱发生于1763年，腓特烈承认没办法找到适合当院长的人，并自封为科学院院长。

1763年，欧拉和腓特烈之间的敌意更深了。腓特烈不同意欧拉的一个女儿嫁给一名士兵，因为后者的军衔太低了。而腓特烈和欧拉彻底决裂的导火索也许是两人在1763年到1765年间的一系列愤怒争吵。他们争论的焦点是国家年鉴的售卖。这些年鉴耗费了科学院成员的大量心血，并被出售给公众，以便为科学院的运作筹集资金。然而，负责年鉴售卖的首席专员被发现利用职权中饱私囊。腓特烈和欧拉就如何处理筹资过程中的贪污和管理不善有了不同的意见。两人的交流最后以腓特烈向欧拉抛出尖锐的指责而告终。

即便住在柏林，欧拉和圣彼得堡的前同事们也维持着良好的关系。他仍然是他们的期刊编辑，并在那本期刊上发表了109篇文章。同时，他还指导那些被送到柏林的俄国学生。作为回报，俄国人会定期给他发放一笔津贴。另一个七年战争里的例子更显著地体现了俄国人对欧拉的尊重。1760年，俄国军队朝勃兰登堡行军时进入了夏洛滕堡。他们偶遇了一座欧拉的农场，还洗劫了它。当俄国人——首先是将军，随后是女皇伊丽莎白——查明这次行动后，他们给欧拉的赔偿远远超出了他的损失。

欧拉在柏林的二十四年间，俄国人一直渴望把他请回圣彼得堡。他们在1746年、1750年和1763年都曾与欧拉商谈，给出丰厚的报价“引诱”他回到俄国。每一次，欧拉都拒绝了，但从来没有把这扇门关死。最后，1765年，欧拉受够了腓特烈的敌意，也看到了俄国政治形势的改善，便决定重回圣彼得堡。

抛开个人好恶不谈，腓特烈也认可欧拉在国际科学界的突出地位。在柏林，欧拉发表了超过两百部作品。1749 年，他被选为英国皇家学会的成员。1755 年，他又被指定为巴黎科学院的第九名外国成员，即使那里本来规定了外国成员只能有八名。他也尽力为德国服务，除了国家年鉴的制作，欧拉还参与过国家造币厂的铸币、运河的选址、渡槽的设计、养老金的创立和火炮的改进。

腓特烈企图阻止欧拉的离开。因此，欧拉不得不一次又一次地申请离境许可。1766 年，腓特烈终于松了口，允许欧拉启程，于是，五十九岁的欧拉带着十八个家人踏上了回圣彼得堡的旅途。

那一年的晚些时候，腓特烈听从法国数学家让•达朗贝尔（1717—1783）的建议，让约瑟夫 - 路易 • 拉格朗日（1736—1813）接替了欧拉的位置。拉格朗日是一颗年轻的学术新星，后来成为一位杰出的数学家。腓特烈以他一贯的尖酸刻薄写信感谢了达朗贝尔，因为后者“让一位双眼健全的数学家代替了一位半盲的数学家，这会使科学院里的解剖学专家们尤为高兴”。然而讽刺的是，虽然腓特烈厌恶数学，喜爱哲学，但他的科学院被世人永远铭记的原因却是其中那群令人赞叹的数学家，而不是哲学家。

正当即将离开柏林的欧拉和腓特烈冲突不断之时，俄国恰好处于彼得三世（1728—1762）的统治之下。他性情乖戾，阴晴不定，是个亲德的领导者，以“畏惧、鄙视俄国和俄国人民”而为人所知。1762 年，他的统治戛然而止。他的妻子把他赶下了台，成了叶卡捷琳娜二世。没过多久，也许是在叶卡捷琳娜的命令下，彼得被拘禁他的看守谋杀了。

叶卡捷琳娜（见图 1.4），即后世所称的叶卡捷琳娜大帝，直到 1796 年都是俄国女皇。就像十八世纪初的俄国由强悍而影响力巨大的彼得大帝统治着那样，十八世纪末的俄国也处于叶卡捷琳娜大帝的卓越领导之下。作为领袖，她头脑精明，意志坚强，野心勃勃而又精力充沛。正如法国哲学家德尼 • 狄德罗（1713—1784）拜访过叶卡捷琳娜的王宫之后所说，她“骨子里是凯撒，却散发着克里奥帕特拉的全部魅力”。俄国人的生活质量在她的统治期内有了显著提高。曾在彼得大帝的时代以后被严重忽略的教育也又一次成为俄国政府优先考虑的事项。

图 1.4　俄国的叶卡捷琳娜大帝

圣彼得堡科学院成立之初，欧拉耀眼的光芒使得整个机构都熠熠生辉。当他远走柏林后，数学界的焦点也随之转移。这一损失加上俄国政权的频繁更迭使得圣彼得堡科学院很难再吸引有才能的外国学者。这个机构已经摇摇欲坠。叶卡捷琳娜的教育改革计划就包括复兴圣彼得堡科学院，让它上升到从前的高度。正如数学家安德烈·魏尔（1906—1998）所写："这几乎就等同于把欧拉带回来。"

叶卡捷琳娜不仅满足了欧拉的硬性需求，还提供了更多。欧拉拿到的工资比 1763 年的翻了一倍，他的妻子获得了一份津贴，他的大儿子被圣彼得堡科学院雇用，而他那些更年轻的儿子们将来也不用为就业担心了。除此之外，叶卡捷琳娜为欧拉准备了一套家具齐备的房子，还把自己手下的一名厨师给了他。到达圣彼得堡后，欧拉立刻收到了女皇的热情问候。他的回归让数学界的注意力重新聚焦到圣彼得堡，也确保了它今后的持续成功。

叶卡捷琳娜大帝和腓特烈大帝有相似之处，毕竟他们都是典型的"开明的专制君主"。但欧拉与他们二人的关系非常不同。在叶卡捷琳娜治下的圣彼得堡科学院，他的体验远比在腓特烈治下的柏林科学院要好得多。叶卡捷琳娜热爱科学，以对待名人的方式欢迎了欧拉。他也成为比其他学者拥有更多行政权力的高级院士。

一生之中，欧拉见证了俄国首都圣彼得堡的种种变化。这座城市与他初见时才二十四岁，当他回归时为六十三岁，在他长眠时则有八十岁了。到十八世纪末，城市的人口已经超过了166000。住在这里的既有富可敌国的贵族，又有一贫如洗的农民。城中接近四分之一的居民是军队成员。数百年来，有多少俄国人爱它，就有多少俄国人恨它（直到今天还是如此）。如今它的大街小巷满是精美的欧式建筑，就和彼得大帝最初建造它时的风格一样。它是所有俄国城市中最欧洲化的。它的众多岛屿和水道也让它“北方威尼斯”的名号传播开来。

欧拉在圣彼得堡的第二段时光是他事业的成功期，但也夹杂着一系列个人损失。1771年，他的房子被烧成了灰烬。一名无私的仆人反应迅速，将他背出了正在燃烧的小楼，救了他一命。虽然他的整个藏书室都毁于大火，但他的手稿却被抢救了出来，这是科学的幸运。叶卡捷琳娜大帝听闻这场悲剧后给了他一处新住所，弥补了他的损失。1776年，欧拉深爱的妻子卡塔琳娜离世了。一年后，他和卡塔琳娜的同父异母的姐妹萨洛梅·阿比盖尔·格塞尔结了婚。

刚离开柏林，欧拉就被白内障偷走了左眼的视力。尽管1771年的一次手术短暂地为他的左眼带来了光明，但术后的感染却让他旧病复发。他又一次完全看不见了。在此之后，他主要通过向儿子口述的方式来发表数学成果。令人称奇的是，欧拉的数学产出没有因此而减少。在双目失明的时间里，他证明了他最重要的一些定理，写出了他最有影响力的一些书。

人们普遍相信，一位数学家在年轻时最为多产，等到了三十岁或四十岁，创造力和才能都会消失无踪。英国数学家戈弗雷·哈罗德·哈代曾在他那本著名的回忆录《一个数学家的辩白》中写道：“任何一个数学家都不应让自己忘记，相比于其他艺术或科学，数学更是一项年轻人的游戏。”虽然这句话确实准确描述了很多数学家（和其他创造性领域的从业者）随着年龄增长越发难以创造高质量成果的现象，但它却不能刻画欧拉的职业生涯轨迹。欧拉回归圣彼得堡时，迎接他的是盛大的欢迎仪式，而他也没有令人失望。一位历史学家写道，欧拉“立刻就证明了他回俄国不是为了养老，恰恰相反，他的科学产出能力仍在巅峰”。

如同贝多芬征服了看似不可逾越的耳聋从而创作了多部交响乐一样，欧拉也在一望无际的黑暗中创造了深刻、优美且常常“可视”的数学。这是人类精神所取得过的最伟大胜利之一。

除了纯数学研究，欧拉也继续为应用数学做出卓越的贡献。那个时代最重要的问题之一就是设计一种精确而可靠的海上导航法。天文导航是个好主意，但只有当航海表能给出天体在任何时刻的位置时，它才有效。在夜空中，月亮是最引人注目的东西，但因为它的运动由三个物体——它自己、地球和太阳——的引力相互作用所决定，提前计算它在某个时刻的位置就成了一个极其困难的数学问题。即使到了今天，我们也没法完全理解“臭名昭著”的“三体问题”。牛顿的引力理论描述了行星的运动，却没有提供一种用于预测该运动的计算方法。1772 年，欧拉建立了一个可计算的数学模型，能够非常精确地估算月亮的运动轨迹。这个模型催生了很多极其可靠的月星距改正表。为表感谢，法国的经度委员会和英国议会都重奖了欧拉。

欧拉直到七十六岁去世时才停止数学上的产出。法国数学家孔多塞（1743—1794）在欧拉的悼词中描述了他生命中的最后一天：

“他仍然保有自己的全部思维能力和肉眼可见的精神活力，似乎没有任何年老力衰的迹象预示着科学即将失去一位为其增光添彩的伟大人物。1783 年 9 月 18 日，欧拉先是在石板上自娱自乐地计算了热气球——一项蜚声全欧洲的新发明——上升时的运动规律，随后和莱克塞尔先生与自己的家人共进了晚餐，谈论了赫歇尔的行星（刚被发现不久的天王星）及其轨道的计算。过了一会儿，他把自己的孙子叫了过来，一边喝茶一边和他玩耍。突然，烟斗从他手中掉落，他停止了计算和生命。”

莱昂哈德·欧拉被埋葬在俄国的圣彼得堡。

在数学中，很难确定欧拉最伟大的成就是哪一个。我们可以从他数不胜数的定理中挑出一个。我们也可以指向他撰写的一系列杰出教材，例如《无穷小分析引论》——它被著名数学史家卡尔·博耶称为现代数学中最有影响力的教科书。也许，最伟大的是他在应用数学领域的工作，比如他的著作《力学或运动科学的分析解说》——它开创了把微积分技巧系统性地应用到物理学中的先河。也许，最伟大的是他写给非专业人士的著作，比如广受欢迎的《给德国公主的信》，其中包含了一套为腓特烈大帝的侄女安哈尔特－德绍公主量身打造的课程。也许，最伟大的是他把孤立的结果和看似不相干的想法组织、表达成统一而有序的数学整体的能力。又或许，最伟大的是他发明的那些优雅而实用的符号：欧拉引入了 e 来代表自然对数的底数；他让符号 π 的使用变得流行；在生命的最后阶段，他用 i 来代表 $\sqrt{-1}$（这一符号后来因为高斯而流行了起来）；他用 a、b、c 来代表一个典型三角形的三边，又用 A、B、C 来代表它们所对的角；他用 $\sum$ 代表求和；他用 Δx 代表有限差分；他还是最先用 $f(x)$ 来表示函数的人。

然而，要挑出欧拉不计其数的定理中最重要的一条也不容易。有些人认为该是那个联系起 0、1、π、e 和 i 的简洁公式：

$$e^{\pi i}+1=0$$

或者，该是他那些精妙的无穷级数中的一个，它们无不展现出微积分的力量。又或者，该是他的某个数论定理，例如那些为著名的费马大定理（又译为费马猜想）提供了证明思路的定理。

当然，我们将会关注那个将多面体的顶点数、棱数和面数联系起来的简单公式：

$$V-E+F=2$$

近期的一个调查显示，在数学家们眼中，欧拉多面体公式（简称欧拉公式）是所有数学领域中第二优美的定理，被票选为最美定理的则是 $e^{\pi i}+1=0$。

为了理解欧拉公式，我们必须先对多面体有更多的了解。什么是多面体呢？

第二章

什么是多面体？

夫人，那是一个古老的词汇，可每个人都觉得它是新的，而且以自己的方式不停地使用它。它得到某种意义的时候如同充满了气的气囊，但这意义溜走得也很快。它能像气囊一样被扎破，经过缝补后也可以再次被吹胀起来。

——欧内斯特·海明威，《死在午后》

根据《牛津英语词典》的记录，“多面体”这个英语单词最早出现于 1570 年，来自亨利•比林斯利爵士翻译的欧几里得的《几何原本》（约公元前 300 年）。“多面体（polyhedron）”源于希腊语词根 poly（意为多）和 hedra（意为座位）。那么，polyhedron 就有很多能使自己坐于其上的“座位”。虽然 hedra 的原本含义是座位，但至少从阿基米德的时代开始，它就成了形容多面体的“面”的标准术语。因此，polyhedron 的一个合理翻译是“多面”。到了欧拉的时代，hedra 已经有了通行的拉丁语音译。

多面体是一种常见的由多边形面构建而成的 3 维几何对象。图 2.1 中展示了多面体的几个例子，其中包括一般的立方体、简单的金字塔（正式名称是正四面体）、优雅的正二十面体，以及足球状的二十面体。

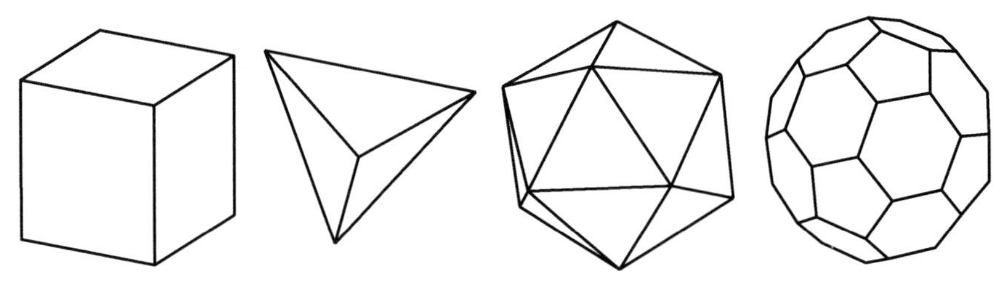

图 2.1　几种多面体

由于兼具形态美和对称性，多面体在艺术、建筑、珠宝和游戏领域都有着举足轻重的地位。任何一个曾路过新潮物品店的人都知道，有些人相信多面体（尤其是水晶）中蕴藏着神秘的力量。多面体也出现在自然界中，例如一些宝石和单细胞生物的形状。

多面体的性质已经吸引了数学家们几千年之久。为了证明关于多面体的定理，给出多面体的精确定义是很关键的。然而，直到多面体的理论发展到后期，才有人尝试定义多面体。许多年来，数学家们定义多面体的方式都是“等你看到一个你就知道了”。他们采用的是《鹅妈妈童谣》中矮胖子的哲学：“当我使用一个词的时候，它表达的恰好就是我想表达的意思——一点不多一点不少。”但这从来也不是一种取得进展的好方式。如同亨利·庞加莱（1854—1912）所写：

“那些使数学家殚精竭虑的对象长久以来都没有被很好地定义。我们自认为了解它们，因为我们是用感觉或想象来描述它们的；但我们所拥有的不过是一种对它们的粗浅印象，而不是一种能用理性掌控的精确概念。”

做研究时，如果没有适当的定义，就有可能——在多面体的情形中则确实——导致理论的不精确和不一致。我们将会看到，正因为欧拉没有明确地定义“多面体”，他对多面体公式的证明才会在严密性上有所缺失。

让人们对一个定义的恰当性达成共识是一件超乎想象的难事。过去的几个世纪涌现出了很多提议，但它们并不都是等价的。由于这种不一致性，没有任何一个多面体定义适用于所有的相关文献。

我们也许会天真地把多面体定义为一种由多边形面构成的形体，其中每条棱都恰好为两个面所共有，每个顶点都至少发散出三条边。这个定义看上去的确合理，但仔细检查之后我们就会发现，符合这个定义的某些立体与我们对多面体的直觉性认知相悖。尽管没有人会否认图 2.1 中的对象是多面体，但我们不禁会疑惑，图 2.2 中的形体（它们中有三个满足上述定义）是否该被归入多面体之列。

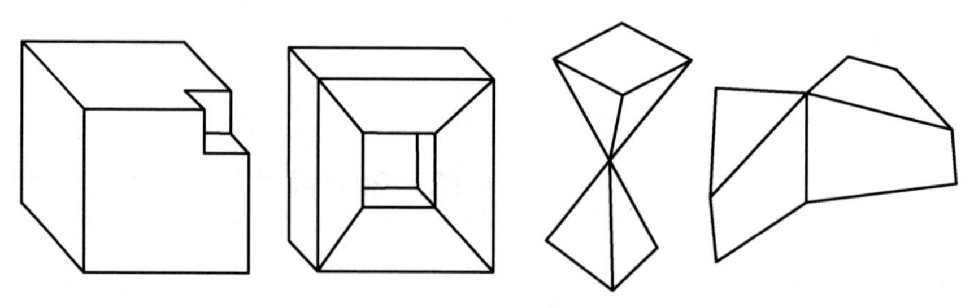

图 2.2　一些不是凸多面体的形状

这不是一道陷阱题。历史上，关于图 2.2 中的对象到底是不是多面体，人们并没有达成共识。最左边的形体，也就是挖掉了一个角的立方体，在最现代的定义之下是多面体；然而最古老的多面体定义——例如被古希腊人和欧拉隐式假设了的那种定义——不允许一个多面体有凹陷的部分。类似地，第二个形体按照很多数学家的标准是多面体，但它却被一条“隧道”所贯穿，它就像是一个用平坦的面做成的甜甜圈，我们应该把这种形体看作多面体吗？第三个形体由两个相交于一点的多面体组成，第四个则由两个交于一条棱的多面体组成。根据大多数定义，它们不是多面体（尽管第三个形体满足了上文中我们提出的标准）。这两个形体各有两个内部，如果你给它们注水，那你就需要灌满两个不同的“隔间”。我们还可以展示一些更“病态”的例子，它们都违背了我们对多面体的原本设想。

眼下，我们先采取一种简单办法来规避给出严格定义的棘手任务。因为我们即将展示欧拉公式的发展历程，所以我们可以把注意力集中于一小类更容易定义的多面体。我们将用老式的观点看待多面体，也就是欧拉和古希腊人都会认同的那种观点。尽管从未被明确表述过，但历史上的学者们还是假设了多面体是凸的。一个凸多面体满足我们提到过的“天真定义”，并且还具备另一个性质——过任意两个属于它的点画一条直线，这两点所截得的线段也完全属于它。这就意味着凸多面体不能有凹陷的部分。依照这个定义做一个快速检查，我们会发现图 2.1 中的形体都是凸的，而图 2.2 中的形体都是非凸的。

我们可以看出，这就是古希腊人的假设。他们把多面体的面看成可以让多面体“安坐”的座位。图 2.1 中的每个多面体都可以“坐”在它的任何一个面上，但图 2.2 中的每个多面体都至少有一个面不能充当座位。当我们掌握更多理论工具之后，我们就能把欧拉公式应用到范围更广的一类多面体上；但为了简洁性，也出于历史原因，我们现在只考虑凸多面体。

最后，让我们稍作停留，解决另一个有分歧的历史问题：多面体是实心的还是空心的？有些定义坚持要求多面体是实心的 3 维对象，另外一些则规定多面体是空心且由 2 维“皮肤”制成的。选择第一个定义的人会用黏土捏出多面体，选择第二个定义的人则会用纸张做出多面体。在多面体的早期历史中，人们假设它是实心的。事实上，很多个世纪以来，多面体都被称作“立体”。后来，当多面体理论开始转化为拓扑学时，空心的假设就占了上风。这一假设使得关于多面体的定理可以被推广到空心的球面和环面上。就我们即将谈到的大部分内容而言，空心模型和实心模型同样有效。除非对于讨论至关重要，否则我们将不会显式地假设两种模型中的任何一种。

第三章

五种完美形体

万事总有前因。事件的开头是一种把戏，而哪一种开头会从所有可能性中脱颖而出则要看它能在多大程度上解释它的后续。

——伊恩·麦克尤恩，《爱无可忍》

现代几何学，以及大部分现代数学分支，都可以追溯到古希腊人所做的工作。从泰勒斯（约公元前 624—约前 547）出生到阿波罗尼奥斯（约公元前 262—约前 190）去世，这段时间古希腊人发表了数量惊人的数学著作，而且其间的许多学者现在都被世界各地的小学生所熟知：毕达哥拉斯、柏拉图、欧几里得、阿基米德、芝诺等。

尽管来自埃及、美索不达米亚、中国和印度的数学可能影响过古希腊人，但后者很快就把这门学科变成了自己的天地。就像柏拉图在《厄庇诺米斯》中所写的那样："希腊人每次从别的民族那里借用一些东西后，都能把它们改造得更加完美。"和那些把实用性作为首要目标的早期文明不同，古希腊人想要理解数学概念，并对每一条结论都做出严格的证明。近似的公式被他们抛诸脑后。精确性、逻辑和真理才是他们的研究所追寻的东西。

古希腊人热衷于几何学，在这个领域的成就不胜枚举。我们可以毫不夸张地说，如今学校里教授的大部分几何学知识都是古希腊人创立的。我们将把注意力集中在一则关于正多面体（稍后我们会定义"正多面体"）的希腊定理上。它是所有数学领域中最知名也最优美的定理之一（第一章所提到的投票结果显示，它是第四优美的定理）。

> 有且只有五种正多面体。

图 3.1 展示了这五种正多面体。其中的三种都是由形状为等边三角形的面组成的——正四面体（拥有四个面的金字塔）、正八面体（拥有八个面的双金字塔）和拥有二十个面的正二十面体。图中的立方体由六个正方形组成，正十二面体则由十二个正五边形构成。（附录 A 为读者提供了用纸张自制正多面体的模板。）

这些迷人正多面体的多彩历史始于古希腊，历经文艺复兴，一直延续到今天。欧几里得在《几何原本》的最后一卷中证明过只有五种正多面体存在（到了第八章，我们会用欧拉公式给出另一种论证）。柏拉图认为正多面体是一切物质的组成单元。

因为他把它们引入了自己的原子理论，所以这些形体现在被称作“柏拉图立体”。天文学家约翰内斯·开普勒（1571—1630）也曾用正多面体构建过一个太阳系模型。

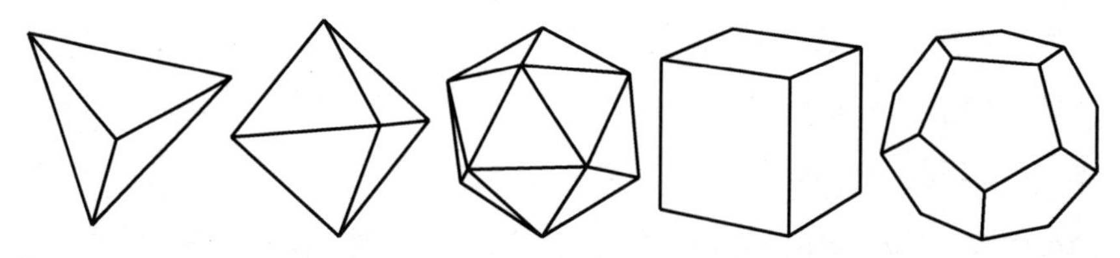

图 3.1　五种正多面体：（从左至右）正四面体、正八面体、正二十面体、立方体和正十二面体

正则性、对称性和完善状态中常常蕴含着美。我们都很熟悉 2 维的正多边形。正多边形是一种每条边长度相等且每个内角的度数也相等的多边形。等边三角形是唯一的正三边形，正方形是唯一的正四边形，依此类推（见图 3.2）。正多边形有无穷多种，而且对每一个大于 2 的整数 n 来说，恰好存在一种正 n 边形。

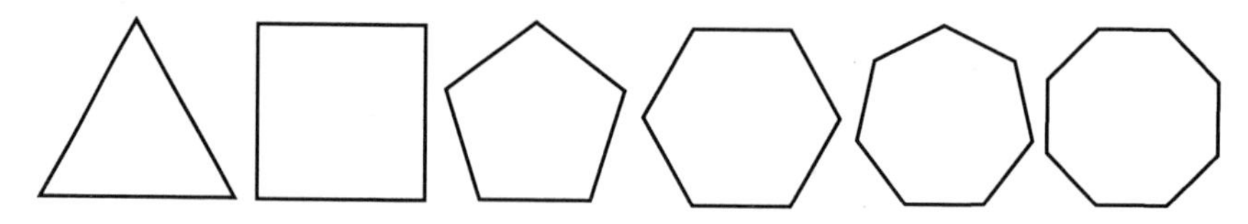

图 3.2　边数分别为 3、4、5、6、7、8 的正多边形

正多面体是正多边形的 3 维类似物。研究正多面体的正则性远比研究正多边形的正则性要有趣，因为尽管正多边形有无穷多种，正多面体却只有图 3.1 所示的五种。

正多面体的标准到底是什么呢？跟定义多面体时一样，我们必须小心谨慎，以确保不会在无意中多添或遗漏任何东西。正多面体是满足如下标准的多面体：

1. 它是凸多面体；

2. 它的每个面都是正多边形；

3. 它所有的面都完全相同；

4. 它的每个顶点周围都有相同数目的面。

为了定义正多面体，上述标准中的每一条都是必不可少的。在图 3.3 中，我们给出了一些多面体，它们都恰好违反了上述标准中的某一条。第一个多面体满足后三条标准，但它是非凸的。第二个多面体是一个被拉长的正八面体，如果它的每个面都变回等边三角形，那它就是正八面体了。第三个足球状的多面体既有正五边形的面也有正六边形的面，因此不是正多面体。最后一个多面体由等边三角形组成，但每个“赤道”上的顶点周围都有四个面，另外两个位于“北极”和“南极”的顶点周围却有五个面。

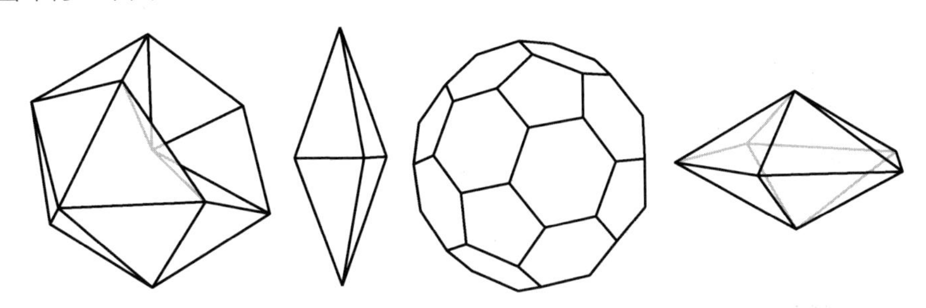

图 3.3　不是正多面体的多面体，其中每一个都不满足正则性所要求的四条标准里的一条

在自然界中也可以找到多面体，有些还是正多面体。晶体是最显眼的天然多面体，而有些晶体的形状就是正多面体。例如，氯化钠晶体可以呈立方体状，硫代锑酸钠晶体可以呈四面体状，而铬矾晶体可以呈八面体状。黄铁矿，即大多数人所说的“不值钱的黄金”，可以形成有十二个五边形面的晶体，但这种晶体却不是正十二面体，因为构成其五边形面的晶体结构是不规则的。

十九世纪八十年代，根据英国皇家海军的挑战者号的考察结果，恩斯特・黑克尔绘制了一批单细胞放射虫的图。这些有机体的形状和正多面体有着惊人的相似之处（见图 3.4）。

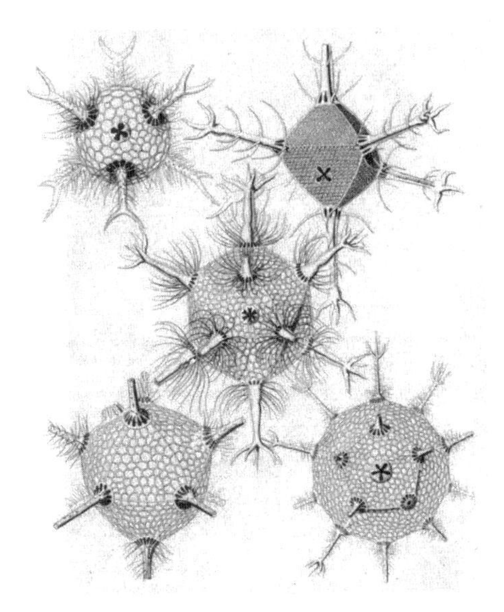

图 3.4　形似正多面体的放射虫

人类的早期历史中也有一些人造正多面体的例子。简单而普通的立方体和正四面体一直以来都在人造物中比比皆是。一个至少可追溯到公元前 500 年的正十二面体文物出土于意大利帕多瓦附近的洛法山。人们也在埃及找到了一个古老的正二十面体骰子，但它的制作年代尚不清楚。

那么，正八面体呢？它也许是五种正多面体中最后被人类制作出来的。它不像立方体和正四面体那么简单，所以没有什么日常用品会是这种形状。它也不如正二十面体或者正十二面体那么奇异，因为它不过是把两个金字塔的正方形底面拼接到了一起。因此，即使真的有人遇到它，也可能会将它忽略。数学史家威廉·沃特豪斯认为，在人们发现并提出正则性的概念之前，正八面体都没有受到特别的关注。他写道："只有当某个人发现了正八面体的理论意义之后，它才成为一类被数学重点研究的对象。"

上述关于正八面体的讨论是有启发性的。我们看到，正多面体理论的发展经历了三个重要阶段。首先是对这些形体本身的构造。这种构造最初也许不过是用黏土制作它们，但最后，物质实体总得变为数学对象——我们必须从几何上构造它们。第二个阶段是对正则性这一抽象概念的发现。只有在事后看来，这一步才是显然的。想象一下，我们把五种正多面体拿给一个路人并提问："这五种形体有什么共同点呢？"对此，他可能并不会总结出正则性的概念。如沃特豪斯所说："发现这种或那种具体的正多面体是次要的，最重要的发现是'正多面体'这个概念本身。"最后的第三个阶段则是证明只有五种正多面体存在。我们必须用严格的数学理论证明，如此优美的形体有五种，且只有五种。这一整套理论，从发现实例，到提取抽象概念，再到证明，都要归功于古希腊人。

第四章
毕达哥拉斯学派与柏拉图的原子论

（毕达哥拉斯）也是第一个在科学精神和神秘主义精神之间划出一道长久鸿沟的人。科学精神希望宇宙最终能被我们理解，神秘主义精神则希望——也许是出于无意——宇宙是一个永恒的谜。

——乔治·西蒙斯

希腊数学的早期历史几乎已湮没于大量的可疑著作、猜测、相互矛盾的证据和间接的解释之中。除此之外，我们还可以找到少数可被验证的事实，它们除了能构成一个诱人的谜团之外再无他用。记录了希腊数学的现存文献非常稀少，因此要从中推断出历史真相是一件有挑战性的事。那些第一手资料在诞生后被保存了几个世纪，但几乎全都毁于或遗失于中世纪黑暗时代。我们所知道的很多东西不是来自它们，而是出自比它们晚了几百年的第二手资料。

关于毕达哥拉斯（约公元前 580 或 570—约前 500）和他的追随者们，我们几乎没有掌握任何确定的信息。恰如哲学家瓦尔特·布尔克特所写："我们不禁要说，毕达哥拉斯的生平中没有任何一处细节是毫无争议的。"我们相信毕达哥拉斯的追随者们是最先研究正多面体的人。据说，毕达哥拉斯本人知道立方体和正四面体，但学术界对于他是否也知道正二十面体和正八面体却一直争论不休。他的追随者之一被认为是正十二面体的发现者，而我们将会看到，这一发现也许将此人推向了死亡。

毕达哥拉斯生于爱琴海上的希腊岛屿萨摩斯。根据某些人的说法，他早年曾经游历埃及和巴比伦，学习了当地的数学和宗教。随后，他定居在如今位于意大利南部的希腊城市克罗顿。

今天的毕达哥拉斯与那个以他名字命名的几何定理紧密相连[1]，但他年轻时却以神秘主义者和先知的身份被人们所熟知。在克罗顿，他引领着一个基于某种哲学和宗教的秘密社团，称为毕达哥拉斯学派。那是一个很多文化都重视宗教的年代（他和孔子、释迦牟尼、老子是同时代的人）。毕达哥拉斯死后，毕达哥拉斯学派又在意大利存活了近两百年，他的教义则一直被传承到了公元六世纪。随着时间的流逝，毕达哥拉斯的圣人形象也因为一些据说是他所引发的奇迹而变得越发高大。

从许多方面来看，毕达哥拉斯学派和当时的很多宗教团体并无不同。学派的成员都经历了仔细的筛选——他们都参加了入会仪式，接受了净化，并发誓保守团体

---

[1] 毕达哥拉斯定理断言，如果一个直角三角形的直角边长度和斜边长度分别为 a、b、c，则 $a^2+b^2=c^2$。事实上，古巴比伦人发现这个式子的时间比毕达哥拉斯还要早一千多年。——作者原注

的秘密。他们的生活遵循一系列严格甚至时而古怪的规则。根据传说，他们是素食主义者，但被禁止吃豆子，他们不能用刀拨弄火焰，他们不能戴戒指，而且他们在打雷时必须触摸地面。

毕达哥拉斯学派的成员相信灵魂的转世——死者的灵魂会在动物身上重生，进入一个包含各种级别的动物和人类的无限重生循环中。逃离这个循环的唯一方法就是净化身体和心灵。和很多宗教团体一样，这种对身体的净化是通过俭朴的生活、禁欲和约束来实现的。

然而，毕达哥拉斯学派净化心灵的方式却与众不同。他们不借助冥想，而是依靠学习数学和科学来得到纯洁之心。据说，与神的最终结合要通过理解宇宙的秩序来完成，而理解宇宙的关键是理解数学。毕达哥拉斯说："至福便是知晓灵魂之数的完美。"这一信念被毕达哥拉斯学派的箴言十分简洁地表述了出来——"万物皆数"。

毕达哥拉斯学派相信，神用数支配着宇宙，而每个数都能用两个整数的比来表示（每个数都能写成一个分数）。用现代术语来说，毕达哥拉斯学派认为所有的数都是有理数。

音乐和天文学也对毕达哥拉斯学派有重大意义。他们发现音程可以用整数之比来表示，从而得出了最美的和谐源于最美的数字组合这一结论。他们认为，一个人可以用音乐中的比例来解释各种天文现象，例如行星间的距离、行星的排列顺序和公转周期。他们相信当时已知的七大行星（包括地球、月球和太阳）通过运动创造出了一种和谐，就像里拉琴的七弦振动一样。有人甚至声称，毕达哥拉斯可以听见这种"天体音乐"。

毕达哥拉斯学派过着集体生活。他们一同吃饭，一同锻炼，一同学习。这种生活方式与他们口头分享知识的传统、他们强制采取的保密行为和他们对毕达哥拉斯的崇拜叠加在一起，使得我们很难分辨某个学派的成员到底对数学做出了什么贡献。事实上，由于数学是他们宗教的一部分，且毕达哥拉斯是他们的精神领袖，他们获得的任何数学成果都是"大师本人的话语"，并被归功于毕达哥拉斯。

根据传说，毕达哥拉斯的追随者之一，梅塔蓬图姆的希帕索斯（约公元前500年），因为没有遵循这种尊师传统而遭受了严厉的惩罚。一种说法是他被扔进了海里；另一种说法则是他被逐出了毕达哥拉斯学派，而且其他成员给他立了一座墓碑作为送别的标志。同样，关于希帕索斯到底做了什么才招致这样的严惩也存在争议。对此，有两个相互冲突的故事（两个都有可能是真的）。

一个故事说，希帕索斯发现了正十二面体并展示了它内接于球体的方式，但没有把这个成果归入毕达哥拉斯的名下。对毕达哥拉斯学派来说，这个发现可能尤为特殊，因为正十二面体有着正五边形的面。学派把五角星形（见图 4.1），也就是希腊文化中健康的标志，用作了团体成员特有的识别符号。连接正五边形的各个顶点，就可以得到一个五角星形，同时也在原正五边形的内部创造了一个新的正五边形。

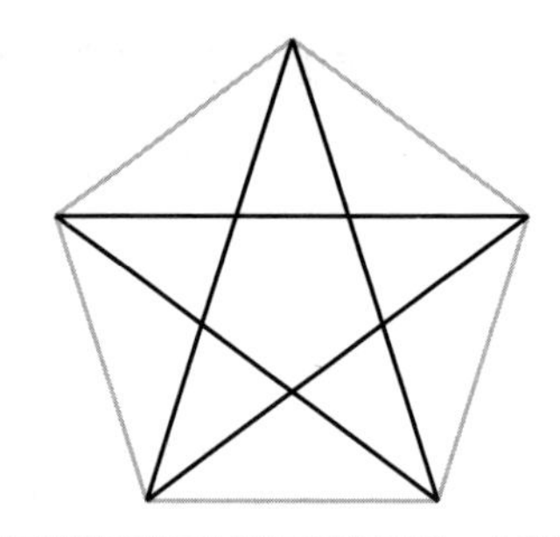

图 4.1　毕达哥拉斯学派的徽标五角星形，内接于正五边形内

另一个故事说的是，希帕索斯证明了并非每个数都是有理数，却没有守口如瓶。历史学家们对希帕索斯发现的无理数到底是哪一个持不同意见。它可能是 $\sqrt{2}$，也就是一个边长为 1 的正方形的对角线长度。它也可能是 $(\sqrt{5}+1)/2$，也就是俗称的黄金比（用 ϕ 表示）。后面这种推测，即希帕索斯发现了黄金比的无理性，是吸引人的，因为 ϕ 恰好就是边长为 1 的正五边形中内接五角星形的边长（见图 4.2）。“所有的数都是有理数”是毕达哥拉斯学派信念体系的支柱之一。因此，无理数的存在是一种毁灭性的“有害”认知。从这一点来说，我们可以想象他们对希帕索斯的愤怒。不过讽刺的是，对无理数的存在性的证明是毕达哥拉斯学派为数学做出的最重要也最持久的贡献之一。

不管正十二面体是希帕索斯还是他的某个学派同伴发现的，毕达哥拉斯学派似乎都至少知道三种正多面体：正四面体、立方体和正十二面体。我们不清楚他们是否了解正八面体和正二十面体，也不清楚这两种正多面体的发现是否应该归功于雅典的特埃特图斯（约公元前 417 或 414—前 369）。在这个问题上，就连年代更早的证据都是互相矛盾的。公元五世纪的学者普罗克洛（410—485）声称毕达哥拉斯学派对正八面体和正二十面体有了解，但欧几里得的《几何原本》中一条年代不明的注释却写道："前述五种形体中的三种，也就是立方体、金字塔和正十二面体，应该归功于毕达哥拉斯学派；而正八面体和正二十面体则应归功于特埃特图斯。"今天，很多学者都赞成威廉•沃特豪斯的观点，认为正八面体的发现要晚于另外几种多面体，这似乎也就排除了毕达哥拉斯学派发现正八面体的可能性。

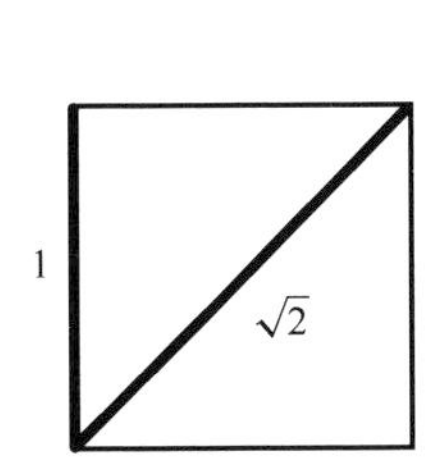

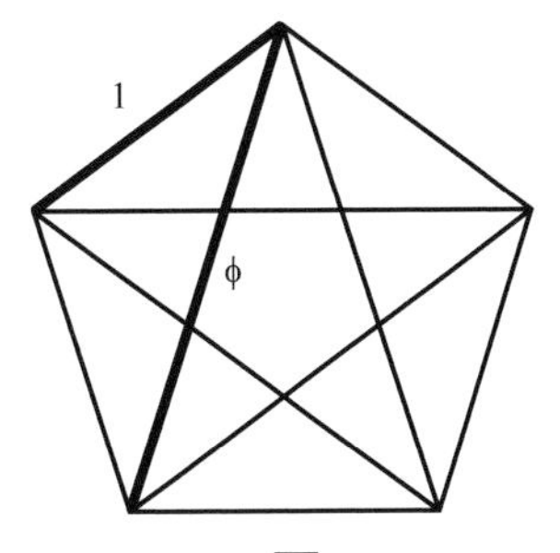

图 4.2　长度为无理数的对角线，$\sqrt{2}$ 和 $\phi=\frac{\sqrt{5}+1}{2}$

特埃特图斯的名气不如有些古希腊数学家，但他无疑是这个故事中的英雄之一。我们几乎可以确定是他证明了有且仅有五种正多面体。对于特埃特图斯，我们了解的大部分信息都源自他的朋友柏拉图（公元前 427—前 347）——一位影响力巨大的哲学家兼教师（见图 4.3）。柏拉图写过两本以特埃特图斯为主角的对话集:《智者篇》和以主角名字命名的《特埃特图斯》。

图 4.3　艺术家创作的柏拉图雕像

特埃特图斯生于伯罗奔尼撒战争期间（公元前 431—前 404），阵亡于公元前 369 年雅典和科林斯的战争中，是一名战斗英雄。他曾在西奥多罗斯（公元前 465—前 398）那里学习数学。不管依照哪种说法，他都是一位天赋奇高的数学家。柏拉图给了特埃特图斯最高的评价，认为他仅次于自己的老师苏格拉底（公元前 469—前 399）。在柏拉图的《特埃特图斯》中，西奥多罗斯这样评价年轻的特埃特图斯："这个男孩有着完美的温和脾性，他以学习和研究为目标，一帆风顺、坚定不移、卓有成效地前行，就像一股油无声地流淌开来，以至于所有人都会讶异他是如何年纪轻轻就取得了那些成就的。"

在那个年代，无理数刚刚被发现，很多性质还不为人所知。特埃特图斯为无理数的分类和编排做出了重大贡献。他的分类成果后来构成了欧几里得的《几何原本》第十卷的大部分内容。

尽管人们对于每种正多面体的发现者没有达成共识，但是很少有人怀疑特埃特图斯是第一个把多面体研究变得完整而严密的人。正因为有了特埃特图斯，我们在第三章里讨论过的正多面体理论的三个发展阶段才得以成形。首先，特埃特图斯能用几何的方式构造出已知的五种正多面体。随后，他察觉到了将这五种正多面体联系在一起的共同性质——它们的正则性。最后，他证明了这些立体是仅有的五种正多面体。他的证明和构造法后来被收入了《几何原本》的第十三卷。事实上，很多历史学家认为《几何原本》中第十卷和第十三卷的全部内容都是特埃特图斯的成果。

如今，柏拉图最广为人知的身份是哲学家和作家，但他最重要的贡献之一是创办了一所学校——柏拉图学园（也称雅典学院）。柏拉图学园坐落于雅典城郊，大约开办于公元前 388 年（一说公元前 387 年），即苏格拉底被处死的十年后。柏拉图建立学院的目的是让年轻人通过学习知识，尤其是数学，来为公共生活做好准备。他的信念是，借助数学学习，我们可以把自己的智力与自身的感觉和意见分离开。柏拉图学园存在了超过九百年。它的建立被誉为"西欧科学史中在某种程度上最值得铭记的事件"。

柏拉图不以创造新数学而著称，但他对这门学科的发展确实起到了不容小觑的作用。他热爱数学，且对它极为重视。数学是柏拉图学园的基础课程。学院入口处的铭文很好地说明了这一点："不通几何者勿入此门"。据说，由于柏拉图学园培养了众多数学家，柏拉图虽然没有被称为数学的创造者，却被称为"数学家的创造者"。

作为柏拉图学园的校长，柏拉图将大部分具体的教学工作分配给了其他人。特埃特图斯就是学院的教师之一。人们相信，他在那里任教达十五年之久。

柏拉图正是从特埃特图斯那里听说了五种正多面体。他意识到了它们的美和数学重要性。如同未来的诸多思想家那样，柏拉图相信这五种绝美的形体必定对宇宙有着非比寻常的意义。他很熟悉恩培多克勒（约公元前 495—约前 435）的宇宙观。恩培多克勒认为，所有的物质都是由四种元素构成的：土、气、火、水。这四种构成元素也是柏拉图的《蒂迈欧篇》的核心内容。这本书记录了发生于苏格拉底、赫摩克拉底、克里提亚斯和蒂迈欧之间的一场虚拟讨论。利用毕达哥拉斯学派成员——洛克里的蒂迈欧——的长篇大论，柏拉图阐述了一个复杂的原子模型。其中，四种元素里的每一种都被他称为形体或微粒，并和一种正多面体相联系：

> "让我们把立方体分配给土，因为在四种形体中土是最不易移动的，也是最可塑的——这正是那种每个面都最稳固的立体所必须具备的性质……在剩下的立体中，我们应该把流动性最弱的分配给水，最强的分配给火，适中的分配给气。这就意味着，最小的形体属于火，最大的属于水，中等大小的属于气，也就是说，边缘最锋利的形体属于火，次锋利的属于气，最钝的则属于水。"

根据这一套基本原理，蒂迈欧总结出火是正四面体，气是正八面体，水是正二十面体。至于第五种正多面体，即正十二面体，则不可能是任何一种元素。蒂迈欧认为："上帝用它来构建整个宇宙，将各种图形绣于其上。"

随后，蒂迈欧又描述了各种元素之间的相互作用。这些相互作用的基础是切割和碰撞，越锋利的元素越有切割的倾向，越钝的元素越有碰撞的倾向。这就使得我们通常所说的火、气和水之间的化学反应（但不包括土，因为它有正方形的面）成为可能。元素解体后，三角形的面会重新组合成其他的元素。例如，一个水元素（由

20 个等边三角形组成）可以分解，生成三个火元素（3 × 4=12 个三角形）和一个气元素（8 个三角形）。蒂迈欧注意到，物质的多样性可以归因于元素大小的不同。他也对熔化和凝固这两种物态变化现象做了解释。例如，他说金属是可液化的“水”(和液态水不同)，由许多相同的大正二十面体组成，因此看起来就像是固体。当锋利的正四面体火元素作用于它时，正二十面体就会彼此分离，金属也就随之熔化，并能像液体一样流动了。

柏拉图的学生亚里士多德（公元前 384—前 322）接受并拓展了土、气、火、水是四元素的理论。他把以太放到了第五元素——或者说精华——的位置，主张天体是由以太构成的。

古希腊原子模型的影响力是如此之大，以至于全世界都将其奉为圭臬，直到两千年后现代化学的诞生。1661 年，爱尔兰科学家罗伯特·玻意耳（1627—1691）出版了著作《怀疑的化学家》后，这个古老的模型才开始瓦解。

尽管古希腊的化学理论现在已是遥远的记忆，但它留下的遗产还在。当我们出门遇到刮风（气）或下雨（水）时，我们仍然会说“暴露在各种元素中”。四元素也显式或隐式地出现于众多文学作品、艺术品、神秘宗教、幻想游戏和其他领域。有人甚至认为，成功的四人组可以和四元素一一对应（火，约翰·列侬；水，保罗·麦卡特尼；气，乔治·哈里森；土，林戈·斯塔尔）❶。

自从柏拉图的《特埃特图斯》讨论了正多面体之后，五种正多面体便被统称为“柏拉图立体”了。

---

❶ 英国传奇摇滚乐队披头士（The Beatles）的四名成员。

第五章

欧几里得和他的《几何原本》

十一岁时，我在哥哥的指导下开始学习欧几里得。这是我生命中的一件大事，如初恋般炫目。在那之前，我从来没想到世界上竟有如此令人愉悦的东西。

——伯特兰・罗素

当人们想到古希腊几何学的时候，他们就会想到欧几里得和他的伟大著作《几何原本》。在古代，欧几里得常常只是被称为“几何学家”（见图 5.1）。对于他的生平，人们知之甚少，这无疑令人失望。我们不知道他的出生地，甚至不能为他定出一个较为准确的生卒年份。大部分数学史书籍都不敢对这些具体时间妄加猜测，只是说他生活在公元前 300 年左右。

图 5.1 艺术家创作的欧几里得雕像

欧几里得在柏拉图学园学习了数学，了解了特埃特图斯和其他柏拉图学派成员所做的重要工作。后来，他搬去了亚历山大城。彼时，那里伟大的博物馆正在修建当中。欧几里得到达之后，创立了一所非常成功且颇具影响力的数学学院。

欧几里得写过好几本书，但他不朽的声名却是来源于其中一本。大约在公元前 300 年，他完成了自己的代表作《几何原本》。那是一本覆盖了初等几何、数论和几何代数的教科书。欧几里得没有太多原创性的数学贡献，《几何原本》中的大部分结论，甚至可能全部内容，都是其他人首先证明的。普罗克洛写道，欧几里得“把各种基本原理纳入书中，整理了许多欧多克索斯的定理，完善了不少特埃特图斯的成果，也用无可辩驳的方式重新论证了一些没有被前人严格证明的东西”。

《几何原本》的写作方式有相当大的缺陷，它没有给数学赋予历史背景，没有提及研究动机，也没有探讨结论的应用。然而，它在阐释和逻辑论证方面超越了过去的所有数学著作。欧几里得首先提出了五个看起来“不证自明”的公设，然后仅仅基于它们便发展出了几何学的宏大理论。普罗克洛如此称赞《几何原本》:

> “(欧几里得)没有在书中囊括他所知道的全部内容，而是只放入了那些适合被用来建立基本原理的内容。他使用了各式各样的演绎论证，有时从第一性原理出发得到合理的结论，有时则从一段说明开始，但都是精确而无可辩驳的，并且与科学相符……此外，我们也必须提到他证明的连贯性，他对前后内容的安排和整理，以及他妥善的细节处理。”

欧几里得的逻辑论述圆了几个世纪前毕达哥拉斯的梦。它对后世科学家的影响是深刻的。根据不言自明的基本真理，一个人就可以试着推导出所有的科学法则。不过，后来的事实证明，这个理想化的科学方法还是太过于简化问题了，很少能有像五条欧几里得公设那样的科学法则。尽管如此，欧几里得的数学和科学演绎法还是在今天发挥着重要的作用。

《几何原本》是流传至今的古希腊主要数学著作里成书年代最早的。人们不断用抄写的方式复制它，直到它的第一个印刷版于 1482 年出现在威尼斯。据估计，《几何原本》在那之后被重印了一千次左右。

《几何原本》的第十三卷，也就是它的最后一卷，基本上致力于探讨柏拉图立体。有些历史学家认为，前十二卷的写作目的只是给读者提供一些预备知识。我们已经提到，这一卷中的证明很可能不是出自欧几里得，而是出自特埃特图斯。一些学者还说，欧几里得原封不动地搬用了特埃特图斯的成果。

第十三卷的最大贡献便是证明了有且仅有五种柏拉图立体。首先，欧几里得展示了柏拉图立体至少有五种——正四面体、正八面体、正二十面体、立方体和正十二面体都是正多面体。接着，他又论证了柏拉图立体不超过五种。为了完成上述两步中的第一步，欧几里得明确说明了五种柏拉图立体的构造方式——他在球体的内部构造了它们。我们就不在这里复述那些构造法了。但我们会介绍他是如何证明正多面体不超过五种的。在后面的内容中，我们还会利用欧拉公式给出另一种证明。

欧几里得的证明用到了平面角的一个性质。多面体的面所包含的角就是平面角（例如，一个立方体有 24 个 90° 的平面角）。在《几何原本》第十一卷中，欧几里得证明了相交于凸多面体任意一个顶点的所有平面角之和必定小于 360°。这里，我们略去证明过程。但如果用画图的方式，就很容易看出这个定理为什么是对的。如果我们把凸多面体中相交于某个顶点的面都铺展在一个平面上（为此我们必须把它们沿着某一条棱切开），这些面彼此之间都不会有重叠，而且切口处的两条棱也不会相交（见图 5.2）。这只有在平面角之和严格小于 360° 的情况下才会发生。

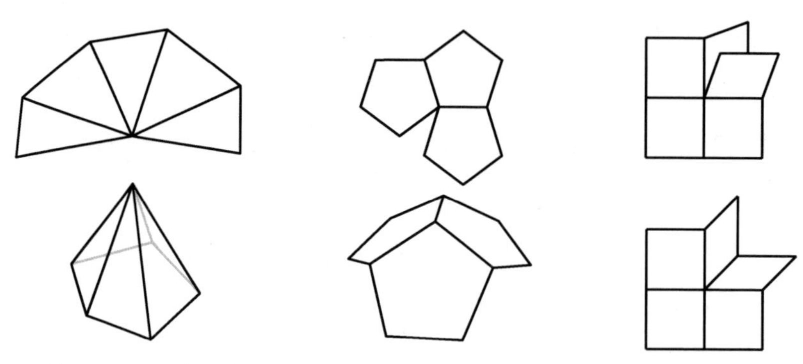

图 5.2 展开后的凸多面体顶点（左和中）与非凸多面体（右）的情形形成对比

现在，考虑一个正多面体。它的每个面都是正 n 边形，且每个顶点处都有 m 条棱相交。因为每个面至少有三条边，所以 $n \geqslant 3$；又因为每个顶点处至少有三条棱相交，所以 $m \geqslant 3$。每个面里的各个角都有着相同的度数，让我们把它记为 θ。每个顶点周围有 m 个面，其中每一个都贡献了一个度数为 θ 的平面角。根据欧几里得的定理，我们得知 $m\theta$ 一定小于 360°。什么样的 m 和 n 才能让这个结论成立呢？

当 n=3 时，正多面体的每个面都是等边三角形，所以 θ=60° [正 n 边形每个内角的度数是 $180°(n-2)/n$]。由 $m\theta < 360°$，我们得到 $m(60°) < 360°$，或者说 $m < 6$。因此，只可能有 m=3,4,5（见图 5.3）。这些 m 的值分别对应于正四面体、正八面体和正二十面体。

当 n=4 时，正多面体的每个面都是正方形，所以 θ=90°。这意味着 $m(90°) <$ 360°，或者说 $m < 4$。因此，我们只能让 m=3，这样就得到了立方体。

当 n=5 时，正多面体的每个面都是正五边形，θ=108°。因此，$m(108°) <$

360°，或者说 $m < 10/3$。因此，我们只能让 $m=3$，由此就得到了正十二面体。

当 $n=6$ 时，正多面体的每个面都是正六边形，$\theta=120°$。但 $m(120°) < 360°$ 意味着 $m < 3$，这是不可能的。所以，每个面都是正六边形的正多面体不存在。当 $n > 6$ 时，我们也会遇到同样的问题。因此，除了上述五种多面体之外，再也没有别的柏拉图立体了。

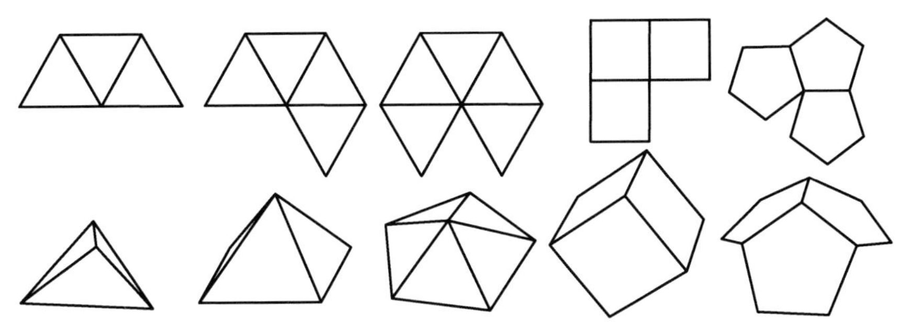

图 5.3　柏拉图立体可能包含的五种顶点（展开前和展开后）

检查上面的证明，我们可以发现欧几里得忽略了一些微妙的细节。特别是，他没有排除这样一种可能性，那就是也许存在两种不同的多面体，它们均由正 n 边形构成，且每个顶点周围都有 m 个面。例如，除了正二十面体，也许还有另一种由正三角形组成且每个顶点周围都有五个面的多面体。欧几里得虽然没有明说，但他假定了这种情况不可能发生。事实上，只要我们假设讨论的都是凸多面体，那么欧几里得就是对的；但这个事实需要被证明。反之，如果我们不做凸性的假设，那欧几里得就是错的。在图 5.4 中我们可以看到一个非凸多面体，它的性质和正二十面体相同——它由二十个正三角形构成，每个顶点周围都有五个面。唯一的区别是，它的某个顶点被推向了多面体内部，使它变得非凸。

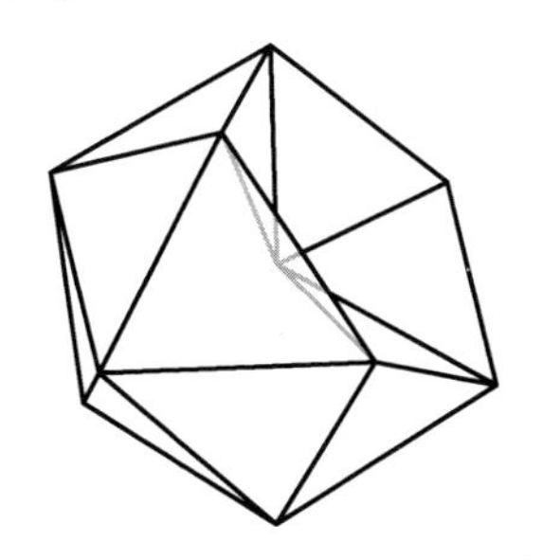

图 5.4　一个非凸的柏拉图立体

像正二十面体和图 5.4 中的非凸二十面体这样的成对多面体被称为立体异构体（这个术语是从化学中借来的）。它们由同样的面构成，而且面沿着相同的棱连接。

我们也得考虑多面体可以变形的可能性。想象一下，用不可弯曲的金属做面，以铰链为棱制成多面体的场景。一个至少可以追溯到欧拉的猜想是，尽管所有的棱都是铰链式的，但这种多面体是不能变形的。它的形状不能经由拉、推或挤压来改变。1766 年，欧拉写道："（立体图形）的形状只有在不受损或四面封闭的情况下才能发生变化。"这个猜想的证明意义重大，因为如果一个正多面体是可以变形的，那么我们就会得到一族立体异构体，也就是无穷多只有些微不同的正多面体。这个事实将摧毁欧几里得的证明。

事实上，欧几里得是对的，但相应的严格证明两千年后才由多产的法国数学家奥古斯丁 - 路易 · 柯西（1789—1857）给出。1811 年，柯西证明了任意两个凸立体异构体一定是相同的。换句话说，如果我们知道了一个凸多面体的每个面，也知道哪些面是相邻的，那我们就精确地掌握了这个多面体的几何结构。这个著名定理的一个推论是五种柏拉图立体都独一无二，另一个推论则是每个用铰链连成的凸多面体都不能变形。第二个事实后来被称为凸多面体的刚性定理。出乎意料的是，刚性猜想对于用铰链连成的非凸多面体不成立，这一点在 1977 年之前都没有被发现。美国数学家罗伯特 · 康奈利是第一个构造出可变形非凸多面体的人。

古希腊人对正多面体理论的最后一个重大贡献由叙拉古的阿基米德做出。阿基米德引入了半正多面体的概念。和正多面体类似，半正多面体也是一种每个面都是正多边形的凸多面体，但现在我们允许这些面包含不止一种正多边形。此外，我们规定所有边数相同的面都是全等的，且所有的顶点也完全等同（这就是说，每个顶点周围的多边形都有着相同的排布，而且任意一个顶点旋转到另一个顶点时都能让多面体的余下部分完美对齐）。图 5.5 展示了三种半正多面体。阿基米德的著作现已遗失，但根据帕普斯（约 300—350）的如下记载，我们知道阿基米德找到了十三种半正多面体：

"虽然我们可以构想出许多由各式各样的面组成的立体图形，但那些看上去遵循一定规律的立体最值得我们注意。这不仅包括从神明般的柏拉图那里得来的五种立体……也包含十三种被阿基米德发现的立体，后者也由等角等边的多边形围成，但这些多边形却与前者所包含的不尽相同。”

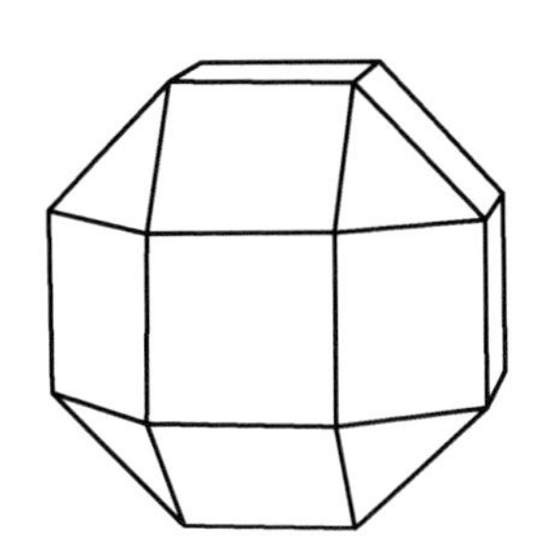
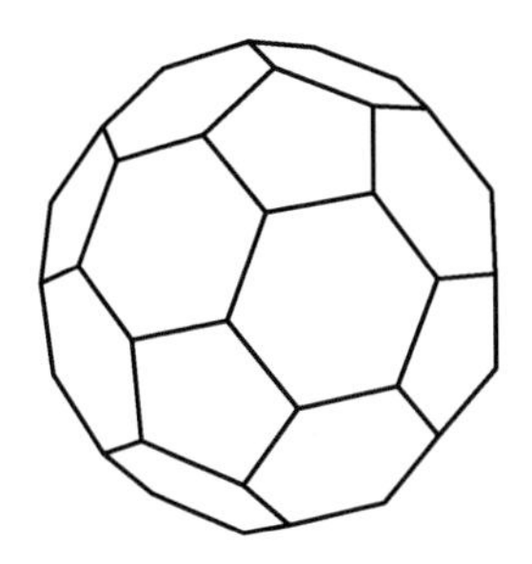
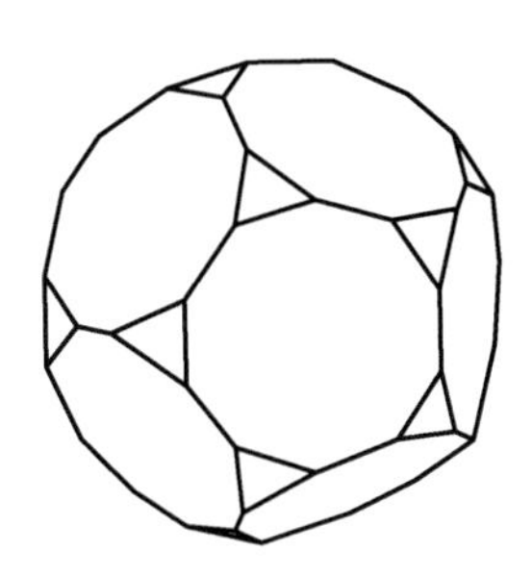

图 5.5　十三种阿基米德立体中的三种

1619 年，在对阿基米德的成果并不知情的情况下，开普勒构造出了十三种半正多面体。就像特埃特图斯证明了五种柏拉图立体就是全部的正多面体一样，开普勒也证明了有且仅有十三种半正多面体。不过，我们应该指出，有无穷多种名叫棱柱和反棱柱的多面体也满足半正则性的标准，但在历史上却没有被称为半正多面体。如今，半正多面体被人们赋予了“阿基米德立体”这个名字。

随着古希腊文明的衰落，数学活动的中心转移到了阿拉伯帝国。阿拉伯数学家们享受皇家资助，翻译了许多古希腊和罗马时期的数学典籍，包括欧几里得、阿基米德、阿波罗尼奥斯、丢番图、帕普斯和托勒密的著作。然而，他们不只是古希腊文本的看护人，他们还开创了代数学，也为数论、数字系统和三角学贡献良多。阿拉伯人在数学界的统治地位一直延续到十五世纪左右。

阿拉伯数学家们推动了几何学的发展，却没有大力发展多面体理论。等到欧洲脱离中世纪之后，人们才重燃了对多面体的兴趣。

第六章

开普勒的多面体宇宙模型

约翰内斯·开普勒是科学史上一个伟大的分水岭式人物：他的一半大脑中翻涌着中世纪的幻想，另一半大脑则孕育出了塑造现代世界的数学化的科学。

——乔治·西蒙斯

正当阿拉伯数学蓬勃发展之时，欧洲却笼罩在中世纪的黑暗之中。接受正式教育的欧洲人屈指可数，古典时期的伟大著作几乎被忘得一干二净，数学家则基本上绝迹了。修道院的学校只教授最低水平的几何和算术。数百年间，欧洲没有对数学做出任何实质性的贡献。

直到十五世纪的文艺复兴时期，数学活动才重获新生。人文主义运动的兴起使人们开始重新关注古希腊典籍——首先是古希腊文学，接着便是古希腊数学。古希腊精神生活的浪漫被拉斐尔的壁画《雅典学派》（1510—1511）优美地描绘了出来，它呈现了毕达哥拉斯、欧几里得、苏格拉底、亚里士多德、柏拉图和其他古希腊学者之间的一场虚拟聚会（见图 6.1）。

图 6.1　拉斐尔的《雅典学派》（梵蒂冈教皇宫的壁画）

透视法是文艺复兴时期艺术作品的一个突出特征，而多面体和多面体的框架正是能体现出一位创作者精通透视法的绝佳主题。皮耶罗·德拉·弗朗切斯卡、阿尔布雷希特·丢勒和达尼埃莱·巴尔巴罗等艺术家在著作中描述了多面体的透视，推动了数学和艺术的发展。而在创作过多面体主题作品（见图 6.2 和图 6.3）的众多艺术家中，莱奥纳多·达·芬奇曾为弗拉·卢卡·帕乔利的《神圣比例》画过插图；

文策尔・雅姆尼策曾雕刻出各种真实存在的或不可能存在的多面体，其中每一个都复杂而精妙；雅各布・德・巴尔巴里曾为卢卡・帕乔利及其多面体画过肖像画；保罗・乌切洛曾在自己的画作和为威尼斯圣马可教堂铺设的马赛克中加入了多面体；弗拉・乔瓦尼・达・韦罗纳曾创造了精美的细木镶嵌工艺（木质马赛克）；以及，如我们将会看到的那样，约翰内斯・开普勒（1571—1630）既是物理学家又是数学家（见图 6.4）。

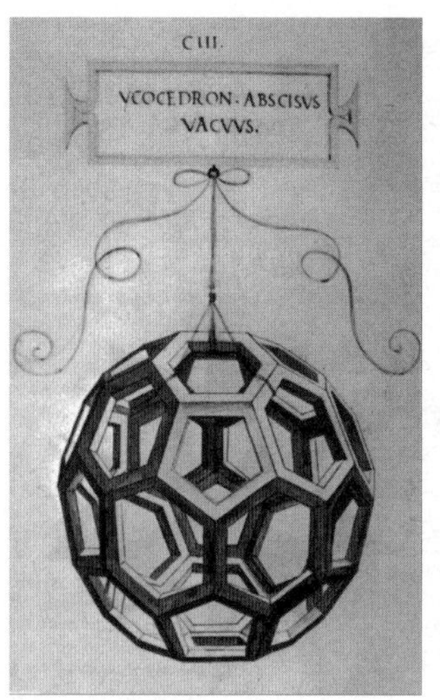

图 6.2 莱奥纳尔多・达・芬奇的截角二十面体和五角化十二面体，出自《神圣比例》

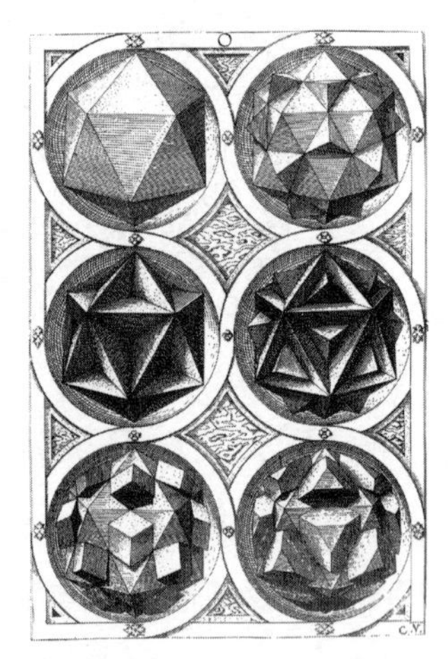

图 6.3 弗拉・乔瓦尼・达・韦罗纳的细木镶嵌工艺（左），
以及文策尔・雅姆尼策的《正多面体的透视法》（1568）中的插图（中、右）

图 6.4　约翰内斯·开普勒

就像之前两个世纪（十四和十五世纪）的文艺复兴学者和艺术家那样，开普勒也被多面体迷住了。当时，开普勒是著名的天文学家，以他的行星运动三定律（描述了行星绕太阳做椭圆运动时的情况，称为开普勒定律）而闻名于世，但他在科学的其他领域和数学领域也贡献颇丰。他使用无穷大和无穷小的方式为日后微积分的诞生奠定了基础。他发表过光学领域的著作。他是对数的早期使用者之一。除此之外，他还从真实和想象两个角度丰富了多面体理论。

1571 年 12 月 27 日，开普勒生于神圣罗马帝国符腾堡的一个小镇魏尔代施塔特——地处今天的德国境内。他的人生极度坎坷：他生来多病，成长于一个麻烦不断的家庭。他长期忍受宗教迫害，自己的第一任妻子和最喜欢的儿子都因天花去世，母亲也被指控为女巫。五十九岁那年，他在讨还欠薪的途中离开了人世。虽然历尽磨难，但开普勒却有着十分虔诚的宗教信仰。他因曾想成为一名路德教派的牧师而学习神学，直到二十三岁时才离开神学院，接受了一份数学和天文学的教职。从他的著作中可以看出，他的宗教信仰于他而言意义非凡，常常启发他的科研灵感。如同开普勒的传记作家阿瑟·凯斯特勒所写："这种神秘主义和经验主义的共存，这种天马行空的思考和专注不懈的钻研的结合，是……开普勒从少年到晚年的主要特质。"

开普勒相信上帝用数学之美创造了世界。他也相信，五种正多面体的存在必定是意义深远的；它们无疑都被反映在了宇宙的结构当中。凯斯特勒写道："开普勒对五种完美形体的错误信念不是转瞬即逝的幻觉，而是长期的想法，虽然随时间有所改变，却陪伴他直到生命的终点，几乎与偏执的妄想无异；它是他前进的动力，是他不朽成就的助推剂。"

1595 年 7 月 9 日，正在给满屋学生授课的开普勒突发灵感，不久后便构造出了他的第一个太阳系模型。那个年代，人们普遍认同托勒密的地心（以地球为中心）太阳系模型。尽管半个世纪前尼古劳斯·哥白尼（1473—1543）就提出了日心（以太阳为中心）模型，但由于种种原因，大多数与开普勒同时代的知识分子都拒绝接受它。

一天，当开普勒绘制圆的内接多边形时，他忽然觉得行星轨道的秘密可能就在其中：不同行星的轨道也许就是一系列内切于不同多边形的同心圆，而它们共同的圆心就是太阳。花费整个夏天一丝不苟地推敲细节之后，他意识到这并不是正确的太阳系模型。但他没有完全抛弃它，而是加以修正，创造了一个让自己满意得多的新模型。1596 年，这个新模型出现在了他的第一部著作《宇宙的神秘》中。

开普勒已经知道多边形和圆不是太阳系模型的正确要素，于是他把注意力转向了三维多面体和球体。他认为五种柏拉图立体的存在必然和已知的六大行星——土星、木星、火星、地球、金星和水星——有关。他宣称，行星的轨道与五种柏拉图立体和球面的相互嵌套有关。

首先考虑一个以土星——当时已知离太阳最远的行星——的轨道为赤道的球面。在这个球面里内接一个立方体，然后在这个立方体中再内接一个球面。开普勒认为，这个小球面的赤道就是木星的轨道（见图 6.5）。继续使用这种构造方式（正四面体、球面、正十二面体、球面、正二十面体、球面、正八面体、球面），我们就找到了全部六颗行星的轨道。开普勒写道：

"这就是我投入的努力和取得的成果。言语根本无法描述这个发现带给我的喜悦。我不再因浪费时间而后悔了。我夜以继日地投入计算，检验我的想法是否和哥白尼的轨道相符，以及我的快乐是否会随风而逝。几天之后，一切都解释得通了，我看着那些多面体一个接一个地被完美嵌入了行星之间的位置。"

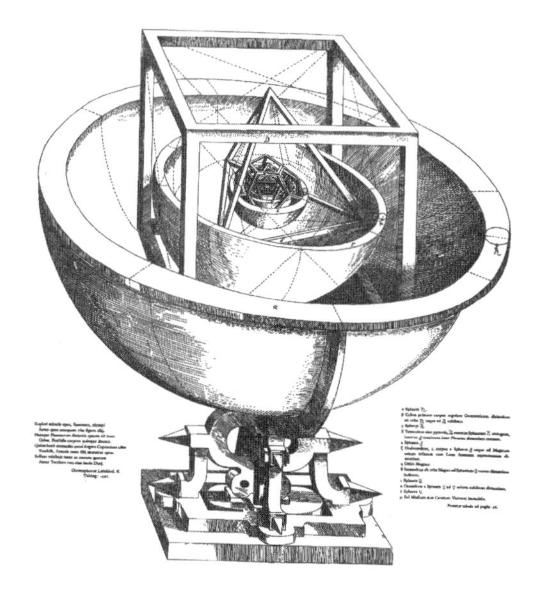

图 6.5　开普勒对太阳系的早期认知（出自《宇宙的神秘》）

因此，开普勒是第一个在已出版著作中公开支持哥白尼日心模型的职业天文学家。此时，甚至比他年长七岁的伽利略（1564—1642）都还没有在这个问题上发表过观点。

《宇宙的神秘》的前半部分充满神秘主义——开普勒兴致勃勃地介绍了占星术、数字命理学和符号学。他列举了一些复杂的非科学理由来解释他的太阳系模型为何正确。他在柏拉图立体之中看到了一种清晰的等级体系。例如，他把它们分为“主要的”（正四面体、立方体和正十二面体）和“次要的”（正八面体和正二十面体）。主正多面体就是那些每个顶点周围都有三个面的正多面体。他断言，“包含”比“被包含”更完美。在他的行星模型中，主正多面体处于外侧，次正多面体处于内侧，地球的轨道则恰好位于两类正多面体之间。

在书的后半部分，他又突兀地转到了科学论证上，并辅以天文观测数据。为了让理论和数据相吻合，他对模型做了一些修改。尽管他还不知道行星轨道是椭圆形的，但他已经知道它们不是圆形的了。因此，为了容纳行星的轨道，模型中的每个球面都必须具备一定的厚度；这样，当一个行星沿非圆轨道运行时，它的位置就能始终保持在球壳之内。开普勒的模型拥有惊人的精确度；但他也意识到，观测数据和模型仍然不完全相符（尤其是木星和水星的轨道）。他用了好几种方法来解释这些误差，比如质疑数据的可信度（这些数据来自哥白尼）。

后来，开普勒自己证明了他的太阳系模型是错误的。他写道："我得承认，天文学的头颅已被砍下。"通过筛选天文学家第谷·布拉赫（1546—1601）留下的海量火星轨道数据，开普勒推断出了行星真正的运动方式。他发现了行星运动三定律（前两条发现于 1609 年，第三条发现于 1619 年），完成了一项科学史上的丰功伟绩。在他去世多年后，艾萨克·牛顿用数学方法验证了这些定律。尽管《宇宙的神秘》提出了一些谬论，但有趣的是，它们也包含了少许真理。开普勒某些最伟大的科学成就便可追溯到书中那些看似荒谬的观点。

开普勒对多面体理论的最大贡献是在职业生涯晚期做出的，来自他 1619 年的著作《宇宙和谐论》。这本专著分为五部分，前两部分致力于讲述数学理论。在这两部分中，开普勒讨论了正多面体和半正多面体。他重新发现了十三种阿基米德立体，并证明了它们就是全部的半正多面体。他展示了一类被称为反棱柱的多面体。此外，他还找到了一对星形多面体，也就是我们如今所说的小星形十二面体和大星形十二面体（见图 6.6）。他把这类多面体叫作 echinus，意思是刺猬或海胆。之后，我们会回顾这些星形多面体，看看它们是怎样被视为正多面体，进而给欧拉公式带来麻烦的。

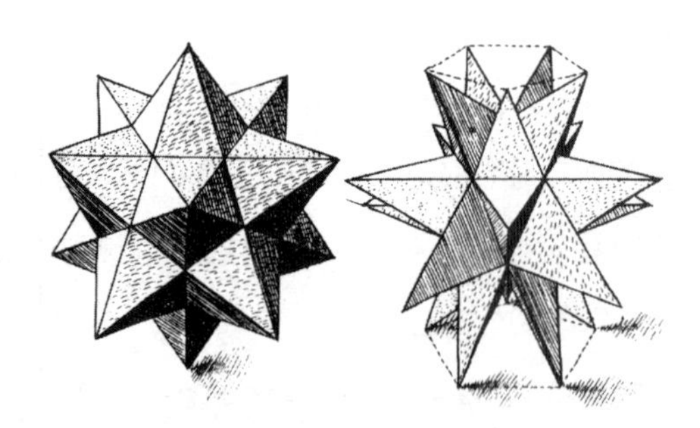

图 6.6　开普勒所画的星形多面体（出自《宇宙和谐论》）

即便到了这个阶段，开普勒也仍然对柏拉图立体痴迷不已。他赞同古希腊的四元素理论，也像柏拉图一样主张它们是由柏拉图立体构成的。我们需要铭记的一点是，《宇宙和谐论》比玻意耳的革命性专著《怀疑的化学家》早出版了四十二年。在

《宇宙和谐论》中，开普勒借鉴了柏拉图和亚里士多德的思想，把它们与自己的非科学论据相结合，论证了四种元素都是柏拉图立体。

他认为，立方体是最稳定的柏拉图立体，因为当它被平放在桌面上之后，人们就不能轻易地移动它，所以它一定是土。当正八面体被两根手指夹住时，人们可以轻易地旋转它，所以它是最不稳定的，一定是气。对于一个给定的表面积，正四面体是体积最小的正多面体，所以它是五种柏拉图立体中最干燥的，必定是火。类似地，当表面积固定时，正二十面体是体积最大的正多面体，所以它是最潮湿的，一定是水。开普勒还看出了正十二面体的面与古希腊黄道十二宫之间的关系；据此，他认为正十二面体必定代表着宇宙。上述元素和柏拉图立体的相关性可以从开普勒绘制的著名插图里找到，即图 6.7。

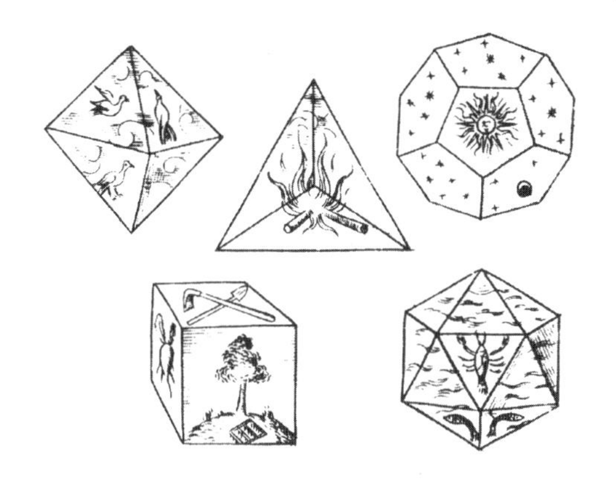

图 6.7　开普勒所画的柏拉图立体（出自《宇宙和谐论》）

从《宇宙和谐论》中，我们又一次看到了开普勒的两种相反特质——他的神秘主义倾向和他光芒闪耀的科学思想。他在书中提出了错误的原子论观点，但也陈述了柏拉图立体的一个重要新性质。他注意到，正八面体和立方体之间存在一种反对称关系，正十二面体和正二十面体之间也有一种反对称关系，正四面体则和它自身形成了一种反对称。如表 6.1 所示，立方体和正八面体都有 12 条棱，立方体的面数（6）等于正八面体的顶点数，而立方体的顶点数（8）则等于正八面体的面数。同样的镜像关系对正二十面体和正十二面体也成立——它们都有 30 条棱，正二十面体的面数和正十二面体的顶点数都是 20，正二十面体的顶点数和正十二面体的面数都是

12。按照这种方式，正四面体不能与其他任何正多面体配对，但它自己的面数等于顶点数，所以它和它自身可以配成一对。

表 6.1　柏拉图立体的顶点数、棱数和面数

	顶点数（V）	棱数（E）	面数（F）
正八面体	6	12	8
立方体	8	12	6
正二十面体	12	30	20
正十二面体	20	30	12
正四面体	4	6	4

开普勒为这种反对称关系配备了物理解释。让我们用一个正多面体——比如立方体——来举例说明。在它每个面的中心放置一个点。以这八个点为顶点，可以构造出一个正八面体。这个新正多面体被称为原正多面体的对偶。图 6.8 展示了开普勒绘制的插图，它表明正八面体是立方体的对偶。请注意，立方体的每一个面都对应于正八面体的一个顶点，所以立方体的面数和正八面体的顶点数是相等的。进一步仔细观察可以发现，正八面体的每条棱都可以和立方体的一条棱配对，且两者互相垂直；因此这两种多面体一定有相同的棱数。除此之外，立方体的每个顶点都对应于正八面体的一个面，因此立方体的顶点数必定等于正八面体的面数。这样，我们就发现了表 6.1 中所列举的镜像关系。

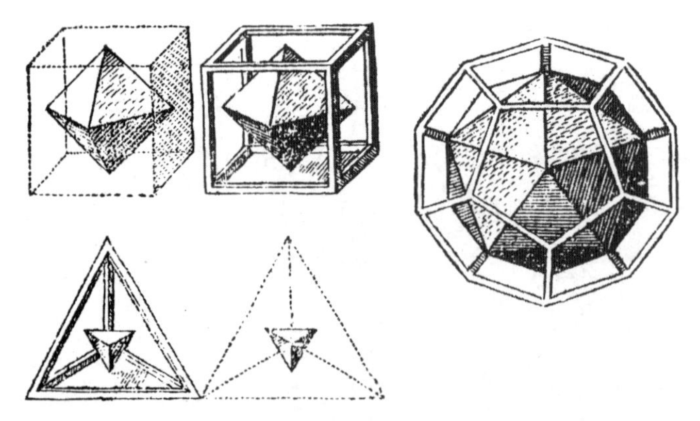

图 6.8　开普勒绘制的对偶多面体（出自《宇宙和谐论》）

类似地，开普勒证明了正二十面体是正十二面体的对偶，以及正四面体是它自己的对偶（见图 6.8）。尽管他知道对偶性是相互的（可以构造正八面体的内接立方体，也可以构造正二十面体的内接正十二面体），但他选择了避而不提，因为这个事实和他的等级体系是矛盾的。出于“包含”比“被包含”更完美的理念，他只揭示了主正多面体包含次正多面体的现象。

和以前一样，开普勒还是忍不住想公布他对这个数学发现的独特解释。他给多面体分配了性别，用对偶性来象征性和谐。立方体和正十二面体（都是主正多面体）是雄性的，它们包含着雌性的正八面体和正二十面体（次正多面体）。正四面体则是雌雄同体的，因为它能包含它自己。面和顶点是性特征，因为它们是对偶多面体和原多面体相交的地方。开普勒写道：

“然而，可以说这些形体间存在着两种重要的婚姻关系，它们都来源于两类正多面体的结合：一类是雄性的，也就是主正多面体中的立方体和正十二面体；另一类是雌性的，也就是次正多面体中的正八面体和正二十面体。除此之外，还有一种称得上独身的或雌雄同体的正多面体，那就是正四面体，因为它可以内接于另一个正四面体，就像雌正多面体内接于或者说从属于雄性正多面体一样。而且它的雌性特征也处于雄性特征的对面，换句话说，它的每个角都对着对偶多面体的一个面。”

利用正多面体和一般多面体的性质，玩具制造商们发挥创造力，制作了许多奇异的骰子。其中有一家甚至别出心裁，借助对偶性做出了合理又实用的球形骰子！他们把圆点印制在球面上，就像处理立方体那样（见图 6.9）。而在骰子内部，他们留出了一个正八面体——立方体的对偶多面体——的空洞。当骰子被掷出后，一个大质量的滚珠会在正八面体内咔嗒咔嗒地运动，直到停在它的某个顶点上。这时，滚珠的重量就会迫使骰子以某个“面”朝上的状态停下。

对偶性的概念也可以被推广到一般多面体上，但相应的定义会变得更复杂一些。对偶性是一个强有力的、反复出现的数学主题。很多情况下，我们只要交换某些重要性质就能得到一组互为对偶的数学对象。对多面体而言，我们交换的是维度：0 维的顶点代替了 2 维的面，2 维的面也代替了 0 维的顶点。在其他领域，对偶性可以通过交换上和下、正和负等概念来得到。有时候，与某个给定对象最相似的东西反倒和它完全不同。我们将在第二十三章再次讨论对偶性。

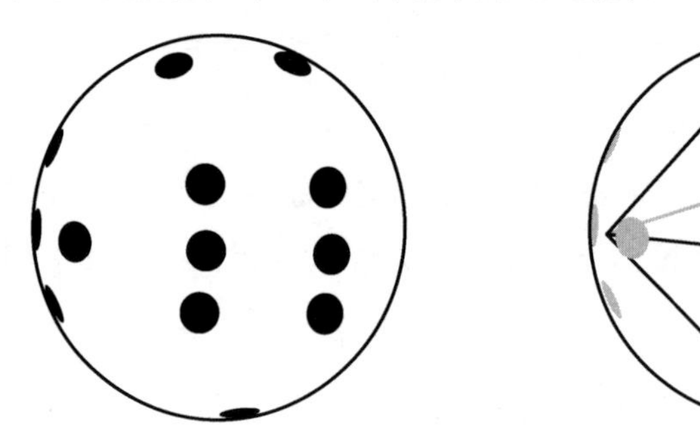

图 6.9 球形骰子

到了十七世纪，数学在欧洲已是一门生机勃勃的学科。它的久旱期终于结束了。重新受到艺术界关注的多面体也再一次成了数学研究的主题。我们将在第九章中看到，1630 年左右，笛卡儿发现了多面体的一些重要性质，但它们直到 1860 年才被世人得知。而在十八世纪，洞察力非凡的欧拉为多面体理论竖起了两千年来的第一座里程碑。

第七章

欧拉的宝石

“显然”是数学中最危险的词汇。

——埃里克·坦普尔·贝尔

1750 年 11 月 14 日，各大报纸的头条本应该是"数学家发现了多面体的棱！"

那一天，欧拉在柏林给他身处圣彼得堡的朋友克里斯蒂安・哥德巴赫写了一封信。在一段看似缺乏趣味的数学描述中，欧拉写道："（多面体的）两个面沿各自的边交接在一起的地方还没有一个公认的术语，我把它称作'棱'。"这个定义听起来没什么意义，实际上却是一个宏大理论的第一块基石。

欧拉有一种伟大的天赋，他能把孤立的数学结果整合起来，创造一个完美容纳它们的理论框架。1750 年，他将这项能力用到了多面体上。他开始研究多面体的基础理论，并称之为立体测量学。

到了欧拉的时代，多面体理论已经有两千多年的历史了，但它完全是几何的。数学家们只关心多面体的度量性质——那些能被测量的性质。他们的兴趣包括求多面体的边长和对角线长度，计算多面体某个面的面积，计算多面体中平面角的大小，以及确定多面体的体积。

但欧拉却没有从这个度量式的传统起步。他想要通过数特征的方式来给所有的多面体分类。毕竟，我们就是这样给多边形分类的——所有三条边的多边形都是三角形，四条边的都是四边形，等等。

可是，对于多面体的分类，上述策略的问题很快就显而易见。面数是一个明显可数的特征，但它却不足以用来区分不同的多面体。如图 7.1 所示，面数相同的多面体可能迥然不同。

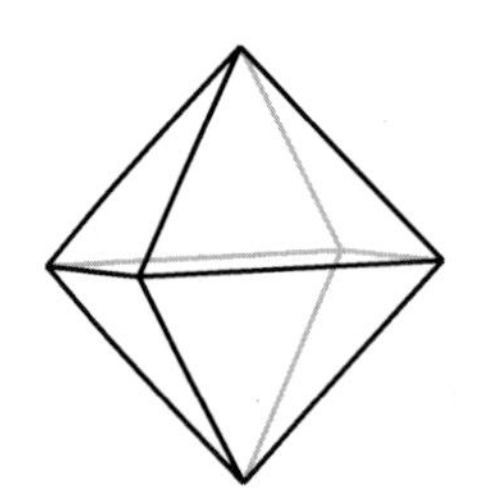
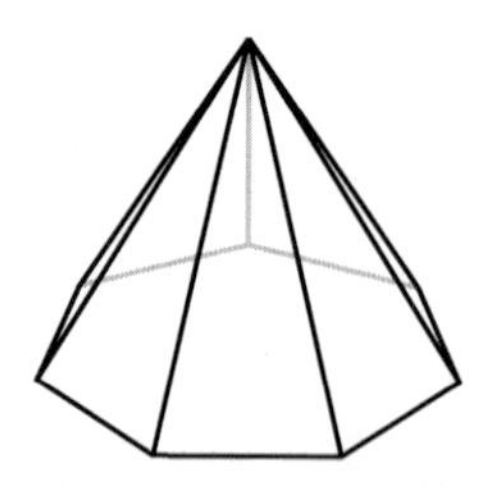
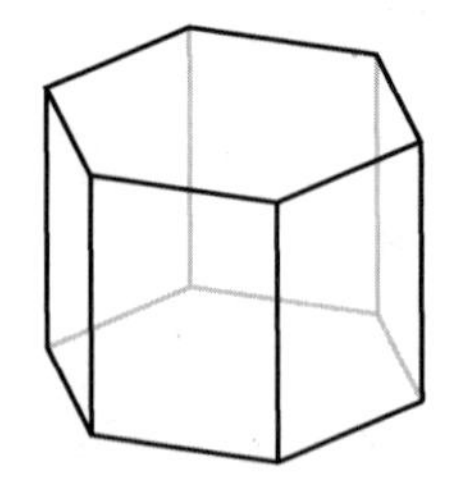

图 7.1　三种不同的八面体

欧拉的第一个巧妙想法是，多面体的面由 0 维、1 维和 2 维的成分组成，即顶点

（或者如他所称，立体角）、棱和面，而它们就是我们必须数清楚的特征。这三个量后来也成了所有拓扑曲面的标准构成要素。欧拉写道：

“因此，任何立体中都有三种边界必须被考虑到，那就是（1）点，（2）线，（3）面，又或者我们该用专属于多面体的名字来称呼它们：（1）立体角，（2）棱，（3）面。这三种边界完全决定了一个立体。”

这种认知方式的重要性无与伦比。在欧拉抛出“棱”这个名字之前，竟然从来没有人明确地提到过多面体的棱。欧拉用拉丁语词 acies 来表示棱。在“日常拉丁语”中，acies 的常用含义包括武器的锋利边缘、光束和战斗中的军队阵列。粗看之下，给一个像棱这样的明显特征命名似乎是件微不足道的事，但事实并非如此。因为通过这种做法，我们就承认了多面体中的 1 维棱是一个关键的基本概念。

对于多面体的面，欧拉使用了通行的术语 hedra。我们前面提到过，它的意思是面或者底座。此外，欧拉用拉丁语的 angulus solidus（立体角）来指称多面体的顶点。在他写关于多面体的内容之前，立体角是一个 3 维概念，由相交于一个点的那些面所决定。一个立方体的立体角和一个正四面体的立体角是不同的，因为它们所包围的区域有不同的几何性质。从上面的叙述中——欧拉把立体角和点联系了起来——我们可以看出，他把立体角看作 0 维的。当他说到立体角时，他指的是人们通常所说的立体角的尖端，而不是那些面所围成的 3 维区域。这两个概念间的差异虽然细微，但立体角能被看作一个点的事实对他的理论来说却很关键。尽管如此，欧拉还是错失了给顶点命名的机会。多面体的一个顶点和该顶点所处的立体角是不一样的。对此，阿德里安 - 马里 • 勒让德（1752—1833）在 1794 年明确指出：

“在一般的论述中，我们常常使用‘角（angle）’这个词来指代顶点本身，这种表达是有缺陷的。如果我们用一个特定的词，一个像‘顶点（vertices）’那样的词，来称呼那些位于多边形或多面体的角上的点，那就清晰也确切得多。我们就应该在这个意义上去理解‘多面体的顶点’这个表述。”

当伟大的欧拉把注意力转向这三个重要特征——顶点、棱和面——并开始计算它们在不同多面体上的数目时，他也许很快就看出了它们之间的关系。我们可以想象他当时有多么惊喜。欧拉发现，任意多面体都满足如下关系：

$$V-E+F=2$$

难怪他对以前没人注意到这个公式（见图 7.2）表达了震惊之情。聪明的古希腊人和文艺复兴时期的数学家们曾投入了无穷无尽的时间，考查过多面体的方方面面，他们怎么会错过一个如此基本的关系呢？

图 7.2　一张印着欧拉和多面体公式的德意志民主共和国邮票

对于这个问题，有人也许会轻率地回答，数学史上长年无人发现却又显然成立的定理俯拾皆是。然而，一个更深刻的答案是，欧拉之前的数学家从没有像他那样去看待多面体。欧拉的前辈们都过于关注度量性质，以至于忽略了顶点数、棱数和面数之间的关系。他们不仅没有想到自己应该去数多面体的特征，甚至连该数哪些特征都不清楚。

欧拉的的确确是我们所有人的老师。

有三份重要文献记载了欧拉在多面体公式上的工作。首先是他 1750 年寄给哥德巴赫的信，他在信中宣称发现了这个公式。他写道：

“在每一个由平坦的面围成的立体中，面数与立体角数之和比棱数大 2，或者说 $H+S=A+2$。”

欧拉用字母 H、A、S 来分别表示面（hedra）、棱（acies）和顶点（anguli solidi）

的数目。重新命名这些量，并整理等式，就得到了我们所熟悉的关系：

> 欧拉多面体公式
>
> 一个顶点数为 V、棱数为 E、面数为 F 的多面体满足 $V-E+F=2$。

在这封信中，欧拉也不加证明地收入了另外十条关于多面体的评述。他把最重要的多面体公式和另一个结果（我们会在第二十章中讨论它）单独列在了最后。但他沮丧地承认，这两个公式“太难了，以至于我还没能用一种让自己满意的方式来证明它们”。

1750 年和 1751 年，欧拉又写了两篇与多面体公式相关的论文。由于当时期刊论文的出版周期太长，它们直到 1758 年才见刊。在更早的那一篇——《立体学说的基础》——中，他开启了自己对立体测量学的研究。他先用三十页的篇幅作了一些关于多面体的一般评述，接着便开始讨论顶点数、棱数和面数之间的关系。他证明了几个把 V、E 和 F 联系到一起的定理，也在几种特殊情形下验证了 $V-E+F=2$。但他还是没能证明这个公式对所有多面体都成立。迟迟无法取得突破的欧拉写道：“我还没为这个定理找到一种无懈可击的证明。”

1751 年，他发表了上面提到的第二篇文章，即《对平坦面所围成立体的某些重要性质的论证》。在文中，他终于能证明自己的多面体公式了。尽管欧拉公式是数学中最著名的结果之一，但欧拉本人的证明却几乎不为今天的数学家所知。造成这一现象的原因有好几个。首先，我们将会看到，欧拉的证明不符合现代的严密性标准。其次，1751 年以来，很多比欧拉的证明更简单也更易懂的证明相继出现。尽管如此，欧拉的证明十分精巧，也没有用到多面体的度量性质。在欧拉之后大约四十年，也就是 1794 年，勒让德率先严格地证明了欧拉公式。他的证明出人意料地用到了球面的几何性质，我们将在第十章介绍它。

欧拉的证明是现代组合证明的前身。他用切割法来处理一个可能包含很多顶点的复杂多面体，系统性地把它缩小成更简单的多面体。欧拉建议我们一次去掉多面体的一个顶点，直到它只剩四个顶点，变成由三角形组成的金字塔。通过追踪每个阶段的顶点数、棱数和面数，并利用三角金字塔的已知性质，他就能得出 $V-E+F=2$ 对原多面体成立的结论。

在讲解欧拉的证明之前，让我们先看一个例子。考虑图 7.3 所示的立方体分解步骤。在每个阶段中，我们都用切下一个三角金字塔的方式来去掉立方体的一个顶点，直到剩下的部分变成一个三角金字塔。由于立方体是一种相对简单的多面体，我们每切去一个金字塔就能去掉一个顶点。但通常来说，我们也许得切掉好几个金字塔才能达成这一目标。表 7.1 列出了每个阶段的顶点数、棱数和面数。

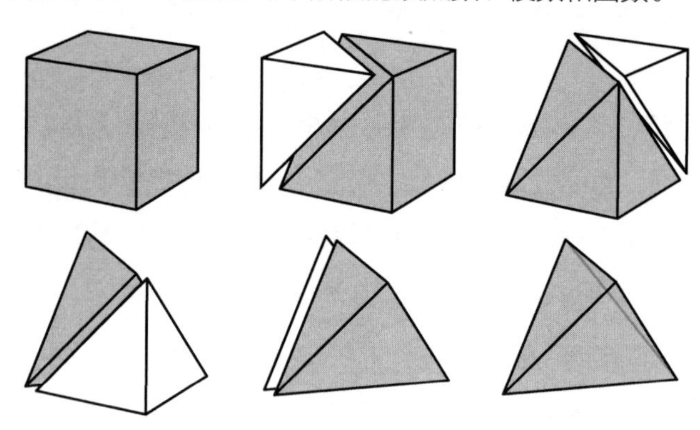

图 7.3　移除立方体的顶点以得到正四面体的过程

有人也许会希望，随着顶点数的减少，面数和棱数也按某种规律递减。但我们从表 7.1 中看到，面数序列和棱数序列没有明显的增减趋势。在这个例子中，面数先增后减——立方体一开始有 6 个面，它们随着顶点数的减少变成了 7 个面，接着又是 7 个面，6 个面，直到最后的 4 个面。我们似乎进入了一个死胡同。然而，欧拉却凭借机敏的观察迈出了证明的关键一步。他注意到，顶点数每减少 1，棱数和面数之差也减少 1（见表 7.1 的最右边一列）。我们将看到，这是他证明的核心思想。

表 7.1　一次移除一个顶点，将立方体变为正四面体的分解过程

	顶点数	棱数	面数	棱数 - 面数
立方体	8	12	6	6
	7	12	7	5
	6	11	7	4
	5	9	6	3
正四面体	4	6	4	2

让我们从一个有 V 个顶点、E 条棱和 F 个面的多面体开始。我们的第一个任务是去掉它的一个顶点，从而得到一个顶点数比原来少 1 的新多面体。完成这一步之后，我们必须统计新多面体的面数和棱数。把即将被去掉的顶点记为 O，并假设有 n 个面（因此也就有条棱）相交于 O。欧拉发现，只要切下 $n-2$ 个以 O 为顶点的三角金字塔，就可以去掉 O。例如，图 7.4 中的多面体有一个顶点由五个面交汇而成。切下三个金字塔，我们便去掉了这个顶点。

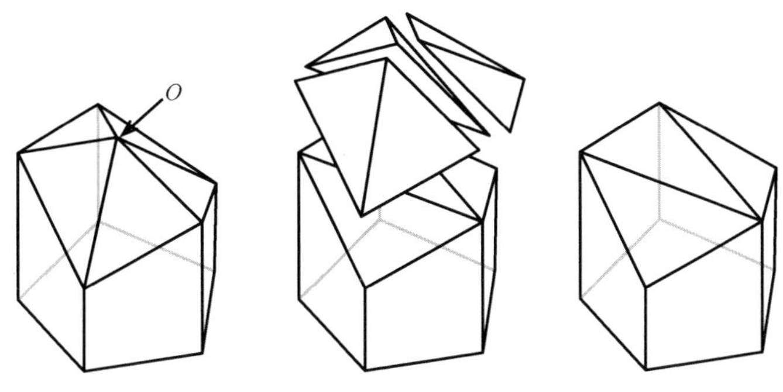

图 7.4　通过切除金字塔来去掉顶点 O

接下来，我们想知道被切割后的多面体有多少个面、多少条棱。和立方体的例子一样，答案并不简单。我们必须考虑三种特殊情形。首先来看最简单的一种：假设所有相交于 O 的面都是三角形的。去掉 O 的时候，我们移除了 n 个面，但被切下的 $n-2$ 个金字塔又在各自的底部留下了共计 $n-2$ 个新三角形面。假设所有这些三角形面都处于不同的平面上，那么新多面体的面数就是

$$F-n+(n-2)=F-2$$

其中 F 是原多面体的面数。

与此同时，我们去掉了 n 条相交于 O 的棱，但也在那 $n-2$ 个新三角形面之间添加了 $n-3$ 条棱。因此，新多面体的棱数为

$$E-n+(n-3)=E-3$$

其中 E 是原多面体的棱数。

再看看图 7.4 中的例子，可以发现，我们是从一个面数为 11、棱数为 20 的多面体开始的。去掉三个金字塔后，我们得到了一个面数为 11-2=9、棱数为 20-3=17 的新多面体。

在上述讨论中，我们对多面体的分解法做了两个假设。一个是所有交于 O 的面都是三角形的，另一个是新出现的三角形面不在同一个平面上。现在，我们必须考查这两个假设中至少有一个不成立时会发生什么。

首先，假设相交于 O 的面中有一个不是三角形的（例如图 7.5 中的阴影面）。那么，当我们切下的三角金字塔有一个面完全属于这个非三角形面时，后者就不会因这次切割而彻底消失。同时，一条新棱也会出现在这个非三角形面被一分为二之处。因此，新多面体的面数和棱数都比第一种特殊情形要多 1。在图 7.5 的例子中，我们是从一个拥有 12 个面和 23 条棱的多面体开始的。移去三个金字塔后，我们得到了一个面数为 12−2+1=11、棱数为 23−3+1=21 的新多面体。一般来说，如果原多面体的顶点 O 处汇集了 s 个非三角形面，那么新多面体的面数和棱数就都会比第一种特殊情形多 s。所以，新多面体的面数是 $F-2+s$，棱数是 $E-3+s$。

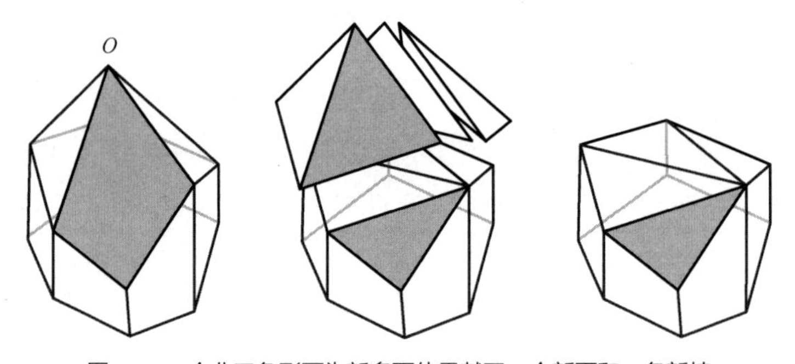

图 7.5　一个非三角形面为新多面体贡献了一个新面和一条新棱

其次，假设切割后所得的新三角形面中有两个是相邻且共平面的（比如图 7.6 中间图形的阴影部分）。那么，在新多面体上，它们就不呈现为两个不同的面，而是共同构成一个四边形面（图 7.6 右侧的图形）。因此，新多面体的面数会比第一种特殊情况少 1。而且由于这两个面之间没有棱，新多面体的棱数也会比第一种特殊情形少 1。在图 7.6 的例子中，我们是从一个面数为 11、棱数为 20 的多面体开始的。金字塔被移除后，新多面体的面数为 11−2−1=8，棱数为 20−3−1=16。如果这种情形发生了 t 次，那么新多面体的面数和棱数都会比第一种特殊情形少 t。因此，在最复杂的情况下，新多面体的面数为 $F-2+s-t$，棱数为 $E-3+s-t$。

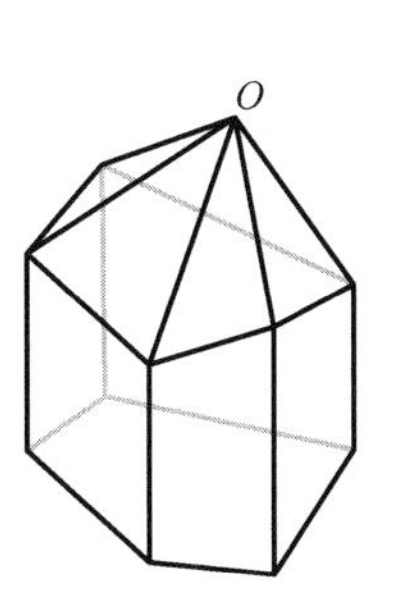

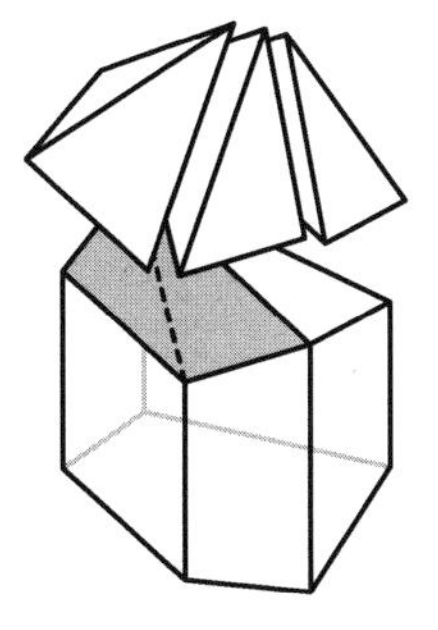
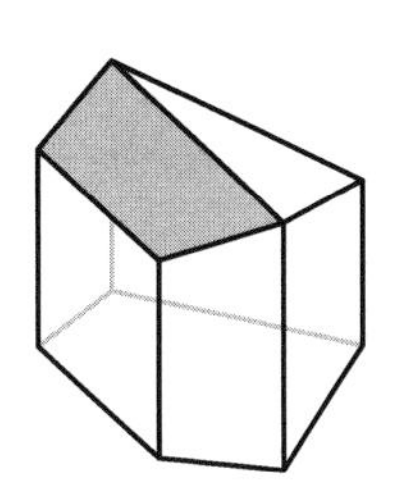

图 7.6　两个共平面的面使得新多面体的面数和棱数均比预期值少 1

上面两个公式看起来已经显得臃肿了，但它们不过是移除原多面体一个顶点后的面数公式和棱数公式。要计算移除好几个顶点后的面数和棱数，事情就会变得更加令人生畏。然而，欧拉的重要发现使我们不必一直追踪这两个值。如果我们用新多面体的棱数减去面数，就会得到

$$(E-3+s-t)-(F-2+s-t)=E-F-1$$

换句话说，去掉一个顶点之后，棱数和面数之差恰好比之前减小了 1。去掉 n 个顶点后，棱数和面数之差就会变成 $E-F-n$。

有了这条规律，我们就能为欧拉的证明画上句号。考虑一个顶点数为 V、棱数为 E、面数为 F 的多面体。假设我们每次去掉一个顶点，重复 n 次，最终留下了四个顶点。那么，$V-n=4$，或者说 $n=V-4$。三角金字塔（它有四个面和六条棱）是唯一拥有四个顶点的多面体。对它来说，棱数和面数之差是 6−4=2。但从前面的推导中我们已经知道，这个差值也等于 $E-F-n$。因此，我们得到了如下两个方程：

$$E-F-n=2$$

和

$$n=V-4$$

把第二个方程代入第一个，并整理等式，我们就得到了想要的 $V-E+F=2$。

我们先说结论，欧拉的证明不是完全严密的，他忽略了一些细微之处。事实上，我们看到，当一个顶点被去掉之后，欧拉十分仔细地追踪了面数和棱数。但他不怎么在乎去掉顶点的过程，因为他没有详细说明该怎样切下金字塔，只是给出了一些

模糊的例子。他准确无误地提到，也许有好几种切法都能用来去掉一个给定的顶点，但他没有告诉我们哪些切法是可以接受的，哪些又是应该避免的。他给读者留下了一种错误的印象，那就是每一种分解多面体的方式都行得通。但实际上，有些分解方式会让我们陷入困境。

第一个麻烦是，有些分解方式可能让我们无意中得到一个非凸多面体。欧拉曾举过一个例子，其中 *O* 是即将被去掉的顶点，与 *A*、*B*、*C*、*D* 四个顶点相邻（见图 7.7）。欧拉写道：

> *“有两种方式可以实现这个目标……我们得切下两个金字塔，要么是 OABC 和 OACD，要么是 OABD 和 OBCD。如果点 A、B、C、D 不在同一个平面上，那么两种切割法带来的新多面体就会有不同的形状。”*

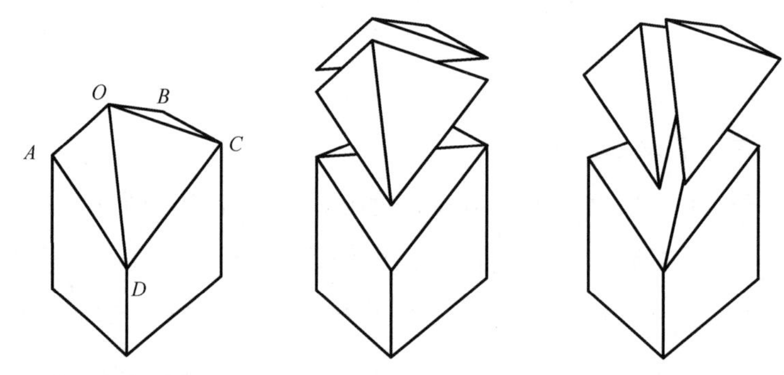

图 7.7　移除多面体（左）的一个顶点后，可能得到凸多面体（中），也可能得到非凸多面体（右）

这话不假，但如果 *A*、*B*、*C*、*D* 不共面，那么两种新多面体中就一定有一种是凸的，另一种则是非凸的。对图 7.7 所示的多面体来说，切下金字塔 *OABD* 和金字塔 *OBCD* 后就会产生一个非凸多面体。

欧拉在他的论文中从未提过凸性。他不加说明地假定了所有多面体都是凸的。如果我们细看他的计算方法，就会发现让多面体每减少一个顶点后都保持凸性是很重要的。得到非凸多面体的麻烦在于，我们可能没法用欧拉的技巧来去掉那个处于非凸部分的顶点。又或者，我们可能遇到更棘手的问题。

数学家亨利 • 勒贝格（1875—1941）指出，去掉一个顶点后所得的“新多面体”不仅有可能是非凸的，甚至有可能根本就不是多面体！在图 7.8 中，我们看到多面体的一个顶点周围有四个面。和上一个例子一样，我们可以用两种方式来去掉这个顶点。一种方式没什么问题，但另一种方式生成的形体就不是多面体，而是两个多面体通过一条公共棱连接组成的形体了。更糟糕的是，这种非多面体不满足欧拉公式（它的 V=6，E=11，F=8，所以 $V-E+F$=3，而不是 2）。因此，这个例子似乎暗示了欧拉的证明中有一个严重的缺陷。在图 7.9 中我们看到，使用欧拉的切法之后，我们得到了另一些退化的“多面体”。第一种分解方式生成了两个只交于一个顶点的多面体，第二种分解方式则创造了两个完全分离的多面体。这些形体也都不满足欧拉公式。

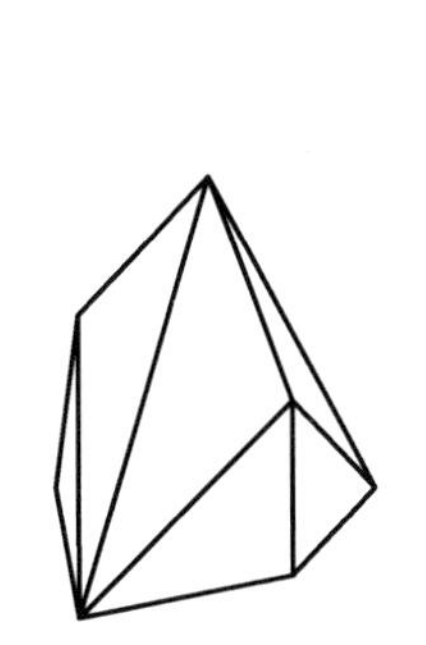
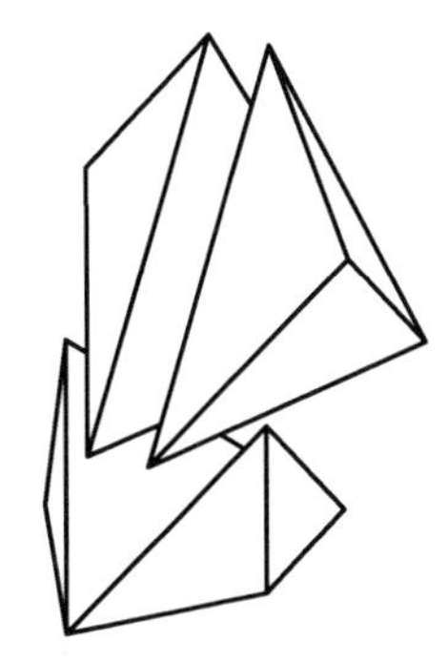

图 7.8　将欧拉的技巧应用到左侧的多面体上，
可能得到退化的多面体（中），也可能不会得到退化的多面体（右）

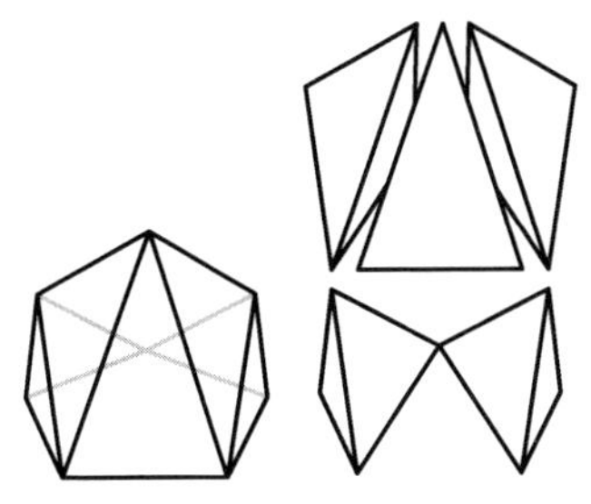
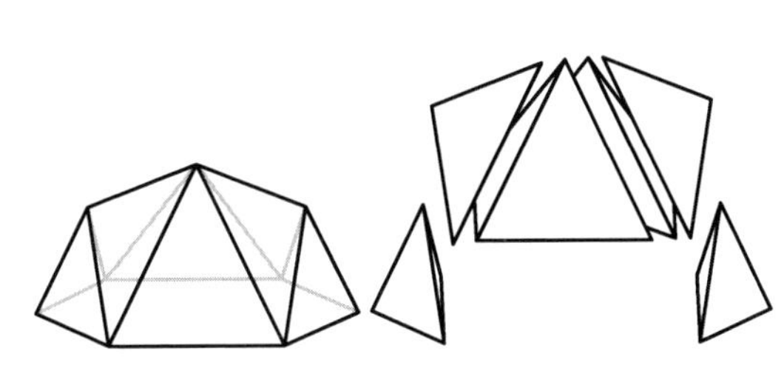

图 7.9　欧拉的技巧可能引发的更多问题

实际上，欧拉的证明并非不可挽救。只要稍加处理，我们便可修复他的论证过程。在上述所有例子中，一种错误的分解方式导致了证明的崩溃，但这些情形里也总是有一种可接受的分解方式。可以证明，通过有策略地——而非随意地——选择分解方式，我们每移去一个顶点后都可以保证余下的形体是一个凸多面体。如此，我们就转危为安。完成这个修正后，我们终于能断言欧拉公式对所有的凸多面体都成立了。

自从欧拉本人给出证明以来，新的证明也层出不穷，而且它们大多数都比欧拉的证明更直截了当。我们将会在本书中见到其中的几个。

对数学家们来说，微妙的凸性问题也成了一项真正的挑战。它一度是几十年间的热门研究课题，因为数学家们想知道一个多面体必须具备什么性质才满足欧拉公式。我们将会看到，他们考查了非凸多面体、带孔洞的多面体和一些更“病态”的例子。这条思路最终带来了极为丰硕的成果。

多年之后，数学界才看清了那个对欧拉来说显而易见的公式到底有多重要——这个定理既关乎维度，又关乎用以构造数学对象的规则。欧拉公式及其推广形式为拓扑学奠定了基础。

欧拉本人似乎也对这个定理的重要性一无所知。他没有再研究过多面体的分类，也没有再写过和多面体公式相关的内容。他永远不会知道，欧拉公式将成为他最受人们喜爱的数学贡献之一。

第八章

柏拉图立体、高尔夫球、富勒烯和短程线穹顶

数学所关注的无非是对各种关系的列举和比较。

——卡尔·弗里德里希·高斯

数学家研究的不是对象，而是对象之间的关系。

——亨利·庞加莱

“这真是太棒啦，可它能用在哪里呢？”一名心存疑虑的学生会如此发问，讽刺之意溢于言表。衡量一个定理的价值时，“美”是绝佳的特质，但有些人觉得“用处”才是更重要的标准。那么，欧拉公式有什么用途呢？

对任何数学定理来说，这都是一个合理的问题。欧拉公式不只是一个优雅的定理。在后续的内容中，我们将展示它的诸多应用。这些应用中的大多数都需要我们搭建合适的理论框架才能理解。为了激发读者的兴趣，我们先在本章介绍两个简单的应用。首先，我们用欧拉公式来证明柏拉图立体仅有五种。随后，我们借助欧拉公式来为高尔夫球、大分子和短程线穹顶建立一个结构定理。

在第五章，我们曾讲述过欧几里得是如何证明柏拉图立体有且仅有五种的。他的证明看上去很短，却建立在《几何原本》前十二卷中已被证明过的很多几何定理之上。我们在本章对这个结论给出一种新证明，其中只用到欧拉公式和少许算术。

假设我们有一个正多面体。我们将证明它必定属于五种已知的柏拉图立体：正四面体、立方体、正八面体、正二十面体和正十二面体。假设这个多面体有 V 个顶点、E 条棱和 F 个面。根据欧拉公式我们得知

$$V-E+F=2$$

因为它是正多面体，所以它的每个面都是边数相同的正多边形。很明显，如果把每个面的边数都记为 n，那么 n 应该大于或等于 3。同时，由正多面体的定义可知，它的每个顶点处汇聚了相同数目的棱。把这个数目记为 m，则 m 也必须大于或等于 3（当然，m 也是每个顶点周围的面的数目）。

这个多面体的每个面都贡献了 n 条棱，但因为每条棱都被两个面所共享，所以 Fn 是总棱数的两倍。换句话说，

$$E=\frac{1}{2}(Fn)$$

类似地，每个面都贡献了 n 个顶点，但因为每个点周围都有个 m 面，所以 Fn 是总顶点数的 m 倍。因此，

$$V=\frac{Fn}{m}$$

现在，我们把上面两个式子代入欧拉公式，并解出 F：

$$V-E+F=2$$

$$\frac{Fn}{m}-\frac{Fn}{2}+F=2$$

$$F(\frac{n}{m}-\frac{n}{2}+1)=2$$

$$F(\frac{2n-mn+2m}{2m})=2$$

$$F=\frac{4m}{2n-mn+2m}$$

我们已经知道 $4m$ 和 F 都是正数。因此，为了让上面的最后一个式子成立，必定有

$$2n-mn+2m>0$$

容易检验，当 $n\geqslant 3$ 且 $m\geqslant 3$ 时，只有五组整数（n，m）满足这个不等式，它们分别是（3，3），（3，4），（3，5），（4，3）和（5，3）。利用上述关于 V、E 和 F 的公式，我们发现这五种情形正好对应了五种柏拉图立体（见表 8.1）。

表 8.1 只有五组整数（n，m）满足正多面体的必要条件

	n（每个面的棱数）	m（每个顶点周围的面数）	$2n-mn+2m$	V	E	F
正四面体	3	3	3	4	6	4
正八面体	3	4	2	6	12	8
正二十面体	3	5	1	12	30	20
立方体	4	3	2	8	12	6
正十二面体	5	3	1	20	30	12

我们应该思考一下这个证明有多么惊人。欧几里得的证明是基于局部的，也是几何的。他用正多边形面的内角大小来确定顶点处的可能构型。他用局部信息推出了关于多面体整体特性的结论。

另一方面，我们刚讲的证明利用的却是整体性质，而且几乎跟几何无关。定理是关于正多面体的，但证明中却根本没有用到每个面都是正多边形的事实！我们甚至没有假设每个面是完全相同的。欧拉公式是组合式的——它计算了顶点数、棱数和面数。它不可能包含边长和角度的信息，但我们却能用它来确定柏拉图立体。

既然我们没有使用定理中的全部假设，那我们证明的结论就必定跟预期中的不完全相同。我们真正假设的是每个面都有相同的边数，以及每个顶点周围的面数相同。从这个角度来看，图 8.1 中的所有形体都是相同的——它们都很像立方体。

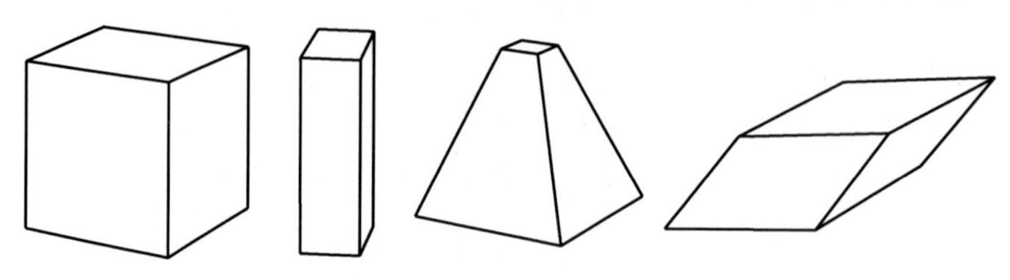

图 8.1　形似立方体的多面体

因此，我们本质上证明的是，仅有五种多面体构型满足“每个面的边数相同”和“每个顶点周围的面数相同”的条件。任何一个这样的多面体必然“类似于”正四面体、正八面体、正二十面体、立方体或是正十二面体，就像图 8.1 中的多面体都形似立方体一样。尤其值得注意的是，这种多面体的顶点数、棱数和面数必定与五种柏拉图立体之一相同。

为了提升高尔夫球的飞行效率，有一家公司把球做成了多面体状。覆盖着它的不是一个个小圆坑，而是 232 个多边形凹坑（见图 8.2）。第一眼看去，球的表面铺满了正六边形。但请放心，这个球状多面体不是第六种柏拉图立体。如果仔细观察，我们就能发现它有 12 个面是正五边形的。

图 8.2　由 220 个正六边形和 12 个正五边形组成的高尔夫球

在本书的引言部分，我们已经学到了一族名叫富勒烯的球状碳分子。图 8.3 所示的是巴克敏斯特 • 富勒烯，也就是形状和足球相同的 C_{60}。其中，碳原子形成了 12 个正五边形的环和 20 个正六边形的环。科学家们也能制造出碳原子数不同于 C_{60} 的富勒烯。例如，C_{540} 是一种由 540 个碳原子构成的大分子。它的多面体结构中包含了 12 个正五边形和 260 个正六边形。事实上，每一种富勒烯都由正五边形和正六边形的环组成，而且正五边形环的数量一定是 12 个。

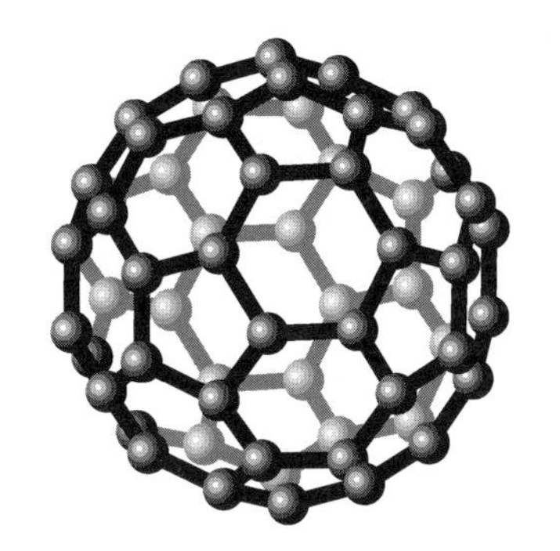

图 8.3　富勒烯和足球都恰好有 12 个正五边形

下面的定理告诉我们，这种现象并不是巧合。我们引入了术语“度”来表示交汇于一个顶点的棱数。

> 十二五边形定理
>
> 如果一个多面体的每个面都是五边形或六边形，且它每个顶点的度都为 3，那么这个多面体就恰好有 12 个五边形的面。

这个定理是欧拉公式的一个简单应用。假设我们有一个由 P 个五边形面和 H 个六边形面构成的多面体。因为每个五边形的边数为 5，每个六边形的边数为 6，且每条棱被两个面所共用，所以多面体的棱数为 $E=(5P+6H)/2$。类似地，由于每个顶点的度为 3，多面体的顶点数就是 $V=(5P+6H)/3$。将这两个式子代入欧拉公式，就有

$$2=V-E+F=(5P+6H)/3-(5P+6H)/2+(P+H)$$

在等式两边同时乘 6，我们便得到了想要的结论：

$$12=10P+12H-15P-18H+6P+6H=P$$

通过互换面和顶点的角色，我们还可以得到十二五边形定理的对偶形式。我们将这一定理的证明留给读者作为练习。

> 如果一个多面体的每个面都是三角形，且它每个顶点的度都为 5 或 6，那么这个多面体就恰好有 12 个度为 5 的顶点。

从图 8.4 中，我们看到了一个符合上述定理的多面体，它的 12 个度为 5 的顶点中有 7 个被标示了出来。很多短程线穹顶，比如蒙特利尔的“生物圈”博物馆，都是基于这种结构设计的。当然，建筑上的短程线穹顶常常并不是完整的球面。除此之外，位于美国奥兰多迪斯尼世界的“未来世界”也以这种结构为基础，只不过它把每个原来的三角形面分成了三个更小的三角形。

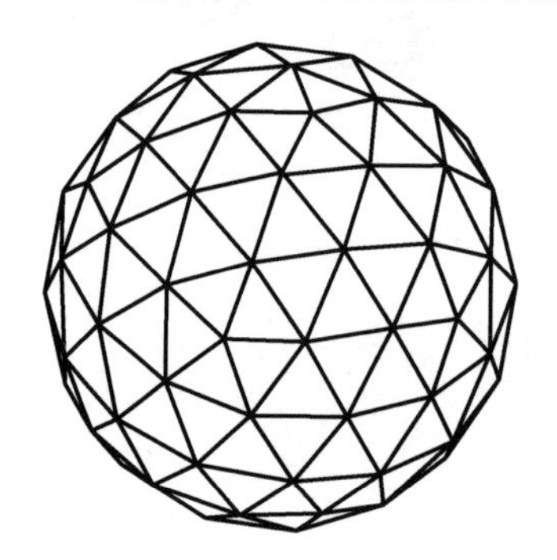
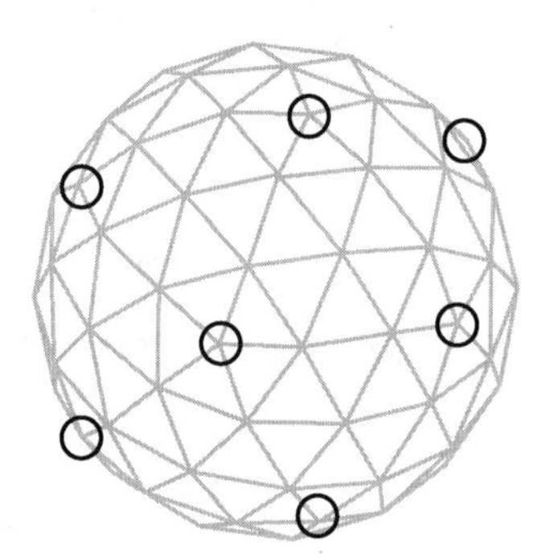

图 8.4　有 12 个度为 5 的顶点的短程线穹顶

有了这些简单的例子，我们便足以初步认识到欧拉公式的威力。我们见证了一个简单的计数公式是如何迫使多面体具备某些性质的。在后面的内容中，我们将进一步体会到看似基础的欧拉公式中蕴藏着多么巨大的力量。

第九章

笛卡儿抢先了吗?

我希望后世评价我时带着宽容，这种宽容不仅针对那些我已经解释过的东西，也针对那些我刻意忽略以便其他人也能享受发现之乐的东西。

——勒内·笛卡儿

1860 年，即欧拉证明多面体公式的一个多世纪后，突然有证据表明，著名的哲学家、科学家兼数学家勒内 • 笛卡儿（见图 9.1）早在 1630 年就已经知道这个不寻常的式子了，比欧拉还早了一百多年。证据是在一份遗失多年的手稿中被发现的。它背后的故事和由此引发的多面体公式冠名之争都同样引人入胜。

图 9.1 勒内 • 笛卡儿

1596 年，笛卡儿出生在法国图尔市附近的拉艾。他的家庭即使不算富裕，也属于贵族阶层。母亲生下他后没过几天就撒手人寰，而父亲虽然支持他这个“小哲学家”，却缺席了他大部分的童年时光。

笛卡儿年幼时体弱多病，长大后又患上了疑病症。童年时期，他曾在拉弗莱什的耶稣会学校上学，遇到了一位允许他每天早上尽可能久地躺在床上的老师，即使其他男孩已经去上课了也没关系。笛卡儿总是利用这段时间来思考。他把这个习惯保持了一生，而他最伟大的想法中有很多就诞生于在床上度过的平和而宁静的清晨时光。

笛卡儿的人生主旋律是对独处的追寻。正如他本人所说：“我只想要安宁和平静。”他的频繁搬家和终生未婚就反映出了这种不愿被打扰的需求。当他在军中服役时，他享受到了更长久的平静，因而有时间去安静地沉思。笛卡儿绝不是一名隐士，但他却总是渴望一个人待着，以便研究科学和哲学问题。他的墓志铭很好地阐释了这种愿望：善隐藏者，擅生活。

1637 年，笛卡儿写了三篇论文，即《折光学》《气象学》《几何学》，并为此写了一篇序言《科学中正确运用理性和追求真理的方法论》，这四个部分最后以序言的标题为书名合并成书出版（该书简称《方法谈》或《方法论》)。《方法谈》的出版标志着现代哲学的开端。在这本如今被认为是文学经典的书中，笛卡儿概述了一种基于怀疑和理性主义的哲学。它包含了哲学中最著名的语句：我思故我在。他的哲学思想后来成了科学革命的基础。

《方法谈》将上述三篇论文作为三个附录收入其中，而最重要也最具影响力的是长达一百页的《几何学》，它常被认为是现代数学中不可或缺的解析几何的诞生地（关于解析几何，我们也应承认费马——笛卡儿的同代人——的贡献）。解析几何是几何学与代数学的结合。解析几何引入了一个坐标系，并用一个点的坐标 (x, y) 来确定该点的位置。如今，这个坐标系被冠以笛卡儿的名字，叫作笛卡儿坐标系。这种方法的威力在于，几何图形——如圆、直线、曲线——都可以用代数方程表示出来，使我们能用代数学中的理论工具来解决几何问题。尽管《几何学》中的解析几何还不完善（例如，笛卡儿没有显式地构造坐标轴），但它已经表达出了很多核心思想。

1649 年，三年来多次受到邀请的笛卡儿终于同意拜访瑞典女王克里斯蒂娜并教她哲学。女王执意要把这门每周三次、每次五小时的课程安排在早上五点进行，还指定了一个异常寒冷的房间作为授课地点（那年冬天的酷寒在瑞典也是六十年一遇的）。

过早的上课时间迫使笛卡儿放弃了躺在床上度过早晨的长期习惯。糟糕的气候和生活习惯被打破可能让他本就脆弱的身体变得更差了。1650 年 2 月 1 日，刚来瑞典几个月的笛卡儿就感染了肺炎。他拒绝了克里斯蒂娜手下的医生提出的治疗方案，反倒采用了自创的处方——靠饮酒和吸烟来诱使自己咳出迅速聚集的痰。事实证明，这种疗法是无效的。1650 年 2 月 11 日，笛卡儿与世长辞。

笛卡儿的朋友——法国大使埃克托尔 - 皮埃尔 • 沙尼——承担了用船把笛卡

儿的随身物品运回巴黎的重任。到达之后，他将把这些东西转交给自己的姐夫克劳德·克莱尔色列。然而，船只在塞纳河失事，所载之物也都掉进了河里。笛卡儿的财产，包括那个装着多页笔记和手稿的大行李箱，被河水冲走了。幸运的是，三天之后行李箱被找了回来。里面的论文被小心地分开、悬挂并晒干，就像当时洗衣店的做法一样。

拥有笛卡儿的论文后，克莱尔色列便开始发表它们。与此同时，他也允许学者们来亲自检查原件。莱布尼茨就是对浸满水的笛卡儿笔记感兴趣的数学家之一。某次到巴黎旅行时，他抄录了笛卡儿的笔记中关于多面体的部分内容，它们大致可以追溯到 1630 年。这些重要的笔记现在被称为《立体的基础理论》。

克莱尔色列去世于 1684 年，即莱布尼茨来访的八年后，留下了一些尚未出版的笛卡儿手稿。这些手稿中就有《立体的基础理论》。它的原件早已失踪，莱布尼茨的抄本也一度消失了近两个世纪。若非上天保佑，我们永远都不会知道笛卡儿关于多面体的极富洞察力的工作了。

富歇·德·卡雷伊是一名十九世纪的研究笛卡儿的学者。他从莱布尼茨的书信中得知后者抄录过一些已经遗失的笛卡儿手稿。1860 年，他去汉诺威皇家图书馆搜寻这些文件，但从那些已编排好的莱布尼茨著作中却一无所得。然而，福星高照的他却找到了一个无人问津的壁橱，里面有一堆落满了灰尘的莱布尼茨论文，既不为人所知也没有被登记分类过。正是在它们之中，卡雷伊发现了莱布尼茨抄录的《立体的基础理论》。

正如以前的多面体研究者那样，笛卡儿的方法也是度量式的。他的很多公式都与角度有关。但和前人不同的是，他把组合学的方法带入了多面体研究：他计算了多面体上几种特征的数量，并把它们用代数方程联系了起来。后来的欧拉计算的是顶点数、棱数和面数，找到了 $V-E+F=2$ 这个关系；笛卡儿计算的则是顶点数（他也像欧拉那样把它们叫作立体角）、面数和平面角数。

在笔记中，笛卡儿罗列了许多关于多面体的事实。他没有完整地证明它们，但我们不难看出每个公式是如何由上一个公式推出的。笔记里的第一个主要定理把“多边形外角和为 360°”这个著名结果推广到了多面体上。这种推广形式现在被称作笛卡儿公式，我们将在第二十章中详细讨论它。此外，他也可能是第一个用代数方法证明仅有五种柏拉图立体的人。

最后，笛卡儿以一个把面数、顶点数和平面角数联系在一起的公式为笔记收了尾（它们分别被记作 F、V 和 P）:

$$P=2F+2V-4$$

正因为这个发现，有些学者才说欧拉公式本应该叫笛卡儿公式。我们只需注意到，一个多面体的平面角数是它棱数的两倍（例如，一个立方体有 24 个平面角和 12 条棱）。也就是说，如果一个多面体有 E 条棱，那它就有 $P=2E$ 个平面角。把公式中的 P 换成 $2E$，就有 $2E=2F+2V-4$。两边同除以 2，并整理等式，我们就得到了熟悉的多面体公式。

那么，一个问题就产生了：笛卡儿发现欧拉公式了吗？如果发现了的话，这个公式应该用他的名字来命名吗？自从他的笔记被找到之后，一场持续至今的争论就开始了。数学界的风云人物们对此意见不一。即使在今天，我们也能找到一些强调笛卡儿提前发现了——或是没有提前发现——欧拉公式的书。当然，我们应该牢记杰出的哲学家托马斯·库恩（1922—1996）的话："（优先权）被探询这一事实……体现了科学图景中的一种错误，也正是这种错误给了科学发现如此重要的地位。"

埃内斯特·德·容凯尔（1820—1901）是笛卡儿最早也最坚定的拥护者之一，他建议把欧拉公式称为笛卡儿－欧拉公式。1890 年，他写道："无可否认，笛卡儿知道它，因为从他已经陈述过的两个定理出发就能很轻松地推出它，甚至仅凭直觉都能做到。"容凯尔的支持者们认为，既然欧拉公式很明显能根据笛卡儿的结果得出，那么笛卡儿要么已经知道了欧拉公式，要么已经接近它到了足以为之冠名的地步。他们声称，如果笛卡儿以发表论文的标准改写了手稿中的粗略结果，那他也许早就把定理写成了我们现在所熟悉的形式了。即便笛卡儿不知道欧拉公式，他也证明了一个在逻辑上等价于欧拉公式的定理。他和欧拉只是选择了不同的量来表述这个关系。如今，多面体公式被称为笛卡儿－欧拉公式的情形并不少见。

出乎意料的是，很多争论都取决于"多面体的棱"这个概念。如前文所述，它是由欧拉定义的。对今天的我们来说，它是多面体的一个明显特征，但它在笛卡儿的时代却连名字都没有。如果那时真有人察看多面体的棱，那也不过是多边形面里的一条边；这个意义上的“棱”不过是用来构造“角”的几何对象罢了。要把欧拉公式写成常见的形式，笛卡儿就得发明“棱”的概念才行。

因此，那些声称笛卡儿没有发现欧拉公式的人认为，棱的引入对公式来说至关重要。之前我们已经知道，欧拉意识到了这个定理本质上的重要性——它在 0 维对象（顶点）、1 维对象（棱）和 2 维对象（面）之间建立起了联系。在此后的岁月中，欧拉公式得到推广，最终成了拓扑学的重要定理。拓扑学家们没有止步于 2 维的面。我们将在第二十二章和第二十三章中看到，庞加莱等人把欧拉公式推广到了任意维的对象上。

无论如何，大家的共识是，笛卡儿无比接近欧拉公式，但却没能踏出最后的关键一步。平面角不是一种适合与面和顶点相提并论的对象。为了得到公式的恰当形式，笛卡儿需要提出“棱”的概念。有人说，笛卡儿肯定知道引入“棱”之后定理会变成什么样子；对此，批评者们指出，即便技巧最高超的数学家也可能看不出自己成果中所蕴含的显而易见的东西。在仔细检查了笛卡儿的手稿之后，勒贝格写道：“笛卡儿没有阐明欧拉公式，他并没有发现它。”

人们普遍持有一种错误观念，那就是数学对象是以其发现者的名字来命名的，但凡事实并非如此，那就无异于剽窃或篡改历史。依照这个标准，欧拉已经屡次遭受了不公对待，因为他的很多发现都被冠以了其他人的名字（有一句常被引用的俏皮话：“数学对象总是先被欧拉发现，再被冠以第二个发现者的名字。”）。有不可胜数的数学对象（甚至是在本书中）都不是以发现者的名字来命名，而是以某个对其贡献巨大者的名字来命名的——也许是第一个真正认识到那个发现有多重要的人。库恩注意到，就像本章的例子那样，发现的优先权往往不是一目了然的。“我们过于轻易地假设，发现如同看和摸，应该被明确地归于某个人和某个时刻。然而，后者（确定发现时间）总是不可能的，前者（确定发现者）也时常是不可能的……发现……意味着既认识到某种东西存在，又认识到它究竟是什么。”（请回忆沃特豪斯的评论，他说直到特埃特图斯找到正多面体的共有性质之前，它们都是平平无奇的。）

笛卡儿是否比欧拉先发现多面体公式是有争议的。但因为笛卡儿从未发表过他的相关成果，也没有发现公式的“实用”形式，所以我们把 $V-E+F=2$ 继续称为欧拉公式也合乎情理。

第十章

勒让德的严格证明

对数学家来说，最重要的是理论体系的正确性。在我做过的所有数学研究里，找到正确的理论体系都是至关重要的。这就好比造桥一样，一旦主路修对了，剩下的细节也就奇迹般地匹配上了。所以问题在于总体结构的设计。

——弗里曼·戴森

欧拉公式的第二个证明来自阿德里安－马里·勒让德，它也是第一个符合现代严密性标准的证明。勒让德是一位法国数学家，他既是法兰西科学院的成员，也是英国皇家学会的成员。他的成果遍布多个领域，但他最重要的贡献还是关于数论和椭圆函数理论的。他的数学遗产中有一本 1792 年出版的赫赫有名的教材——《几何学原理》（也译为《几何学》）。这本书在很大程度上取代了欧几里得的《几何原本》，是之后几百年里几何著作的首选，并为后世的几何学教材创造了一个范例。它曾几度被译成英文，有一个美国译本甚至被重印了三十二次。

勒让德把欧拉公式收入了《几何学原理》中，而这本教材的普及也增加了公式的知名度。勒让德没有修正欧拉的证明，反倒给出了一种新的论证方法——与欧拉的方法大相径庭。在论证中，勒让德巧妙地使用了球面几何中的概念，以及像角度和面积那样的度量性质。这种证明方式的成功实在超乎想象，因为欧拉公式根本就没有涉及这些概念。

在勒让德的证明中，一个出自球面几何的优雅公式尤为关键，它能用一个球面三角形的内角大小算出该三角形的面积。在球面上，三角形和其他多边形都不是由直线围成的，而是由大圆的弧围成的。所谓大圆，就是球面上任意一个半径与球面的半径相同的圆，或者说球面上任意一个半径最大的圆。地球仪上的赤道和经线就是大圆的例子。赤道之外的其他纬线——比如南回归线、北回归线和北极圈——则不是大圆。大圆不是直线，但它们是球面上最接近于直线的东西。它们拥有长度最小化的重要性质。也就是说，球面上两点间的最短路径就是一段经过它们的大圆的弧。如果忽略风向和地球自转之类的物理条件，那么一架从美国宾夕法尼亚州飞往印度的飞机只需沿着一个穿过冰岛的大圆飞行，就找到了最短路线。

要寻找小球面上的大圆，一种可行的方法是使用丝带（见图 10.1）。先把一条宽丝带——比如生日礼物盒上的那种——放在球面上，然后用丝带缠绕球面，直到它表面平整且没有侧向变形为止。此时，丝带就描画出了一个大圆。

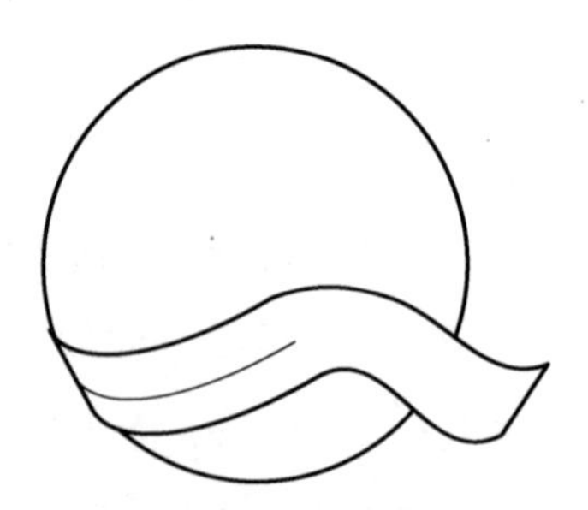

图 10.1　通过在球面上放置丝带来找出大圆

我们把球面三角形定义为球面上一块由三个大圆围成的区域（见图 10.2）。在数学中，大圆又被称作测地线，所以球面三角形的一种更精确叫法是测地三角形。我们要像勒让德那样规定，测地三角形的每条边都比大圆周长的一半更短。

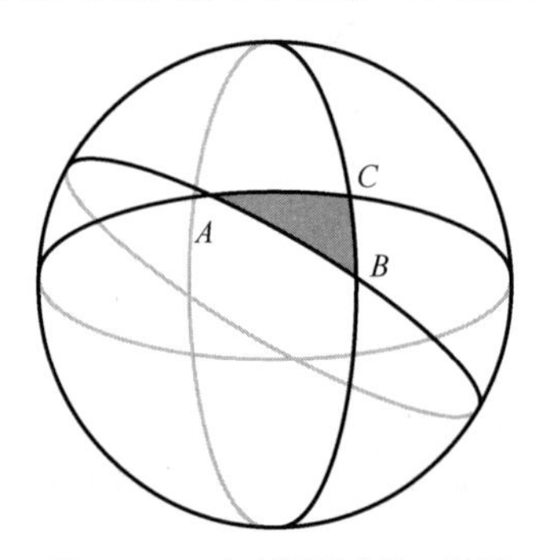

图 10.2　三个大圆围成的三角形

测地三角形最早是由亚历山大的希腊数学家梅涅劳斯（约公元 98 年）在其著作《球面学》中引入的。在这本书里，梅涅劳斯建立了一套球面几何的理论，和《几何原本》中的欧氏平面几何十分相似。他证明，许多平面三角形的定理对测地三角形也成立。例如，球面三角形任意两边的长度之和总是大于第三边的长度。他也证明了一个在球面上成立但在平面上不成立的有趣结果：两个相似的测地三角形（它们的三个角对应相等）必定全等。另外，平面几何的最著名结果之一——三角形的内角和是 180°，或者说 π 弧度——在球面上不成立[1]。球面三角形的内角和总是大于 π 的。例如：图 10.3 中的大测地三角形有三个直角，所以它的内角和是 3π/2；图中的

[1] 日常生活中，我们用角度制来表示角的大小——一个直角是 90°，一个圆则有 360°，等等。然而，在大多数数学应用中，角的大小是用弧度制来度量的。两种单位的互换很简单：180° 对应于 π 弧度，所以一个直角是 π/2 弧度，旋转一周则对应于 2π 弧度。稍后我们将用一些具体例子来说明为什么弧度制优于角度制。——作者原注

小测地三角形弯曲程度没有那么大，因此内角和也更小——但仍然超过了 π。

之后的一千五百年间，没有人去改进梅涅劳斯关于内角和的陈述。直到十七世纪，托马斯 • 哈里奥特（约 1560—1621）和阿尔贝 • 吉拉尔（1595—1632）两人才量化了内角和超出 π 的程度。

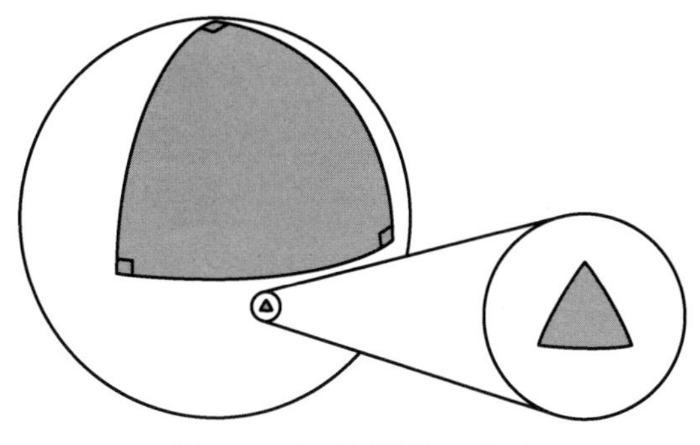

图 10.3　球面上的测地三角形

从图 10.3 中我们可以看到，球面三角形的面积与其内角和直接相关。一个球面三角形越大，它就会由于弯曲而越来越不像平面三角形，也会拥有更大的内角和。

哈里奥特和吉拉尔的定理所给出的公式涉及三个量：测地三角形的内角和、该三角形的面积和它所处的球面的半径。为简单起见，我们只展示单位球面——也就是半径为 1 的球面——上的三角形面积公式（对于半径不为 1 的球面，相应的公式可以通过适当地放缩某些量来得到）。

> 哈里奥特 - 吉拉尔定理
>
> 单位球面上，一个内角大小分别为 a、b、c 的测地三角形的面积是 $a+b+c-\pi$。也就是说，面积 = 内角和 $-\pi$。

因为每个平面三角形的内角和都是 π，所以我们也可以用另一种方式写出上面的公式：

面积 = 内角和 - 平面三角形的内角和

换句话说，一个球面三角形的面积恰好就是它的内角和超出平面三角形内角和的量。我们将会看到，这个神奇的公式还可以推广到边数大于 3 的球面多边形上。顺便一提，这个例子首次向我们说明了为什么用弧度制来表示角的大小更好：因为如果改成角度制，公式就不成立了。

让我们先来热热身，验证一下这个定理对图 10.3 所示的大测地三角形成立（假设图中的球面是单位球面）。我们可以用八个这样的三角形盖住图中的球面——四个放在北半球，四个放在南半球。所以，该三角形的面积是球面面积的八分之一。因为一个半径为 r 的球面的表面积是 $4\pi r^2$，所以单位球面（$r=1$）的表面积是 4π。因此，该三角形的面积是 4π 的八分之一，或者说 $\pi/2$。

现在我们可以检验哈里奥特－吉拉尔定理是否能算出相同的值了。大三角形的三个内角之和为 $3\pi/2$。因此，根据定理，它的面积一定是 $(3\pi/2)-\pi=\pi/2$。这和我们上面的计算结果吻合。

这个定理是由哈里奥特和吉拉尔两人各自独立地发现的。英国学者托马斯·哈里奥特多少带有一些神秘色彩。他是一名天赋异禀的活跃研究者，但从来也没发表过自己的任何成果。离世之后，他留下了一万页未发表的手稿、图表、各式测量结果和计算结果。一名传记作家写道，哈里奥特之所以讨厌发表，“很有可能是因为不利的外部环境、拖延症和对公布不完美结果的厌恶之情”。不过，他的很多论文都在死后被公开发表。他最为人熟知的成果是代数领域的，但他也研究光学、天文学、化学和语言学。跟莱布尼茨和欧拉相似，他也为数学引入了优雅的新符号。但不幸的是，他的那些非标准符号不易排版，导致其中有很多都难以印刷，因而也就没有被普遍接受。在这些符号中，有两个确确实实流传到了今天，那就是表示“小于”的＜和表示“大于”的＞。至于哈里奥特的生平，我们几乎一无所知。1585 年，他被沃尔特·雷利爵士送上了一趟为期一年的新大陆之旅，负责勘测和地图制作。所以，他也许是第一位踏足北美洲的著名数学家。

法国数学家阿尔贝·吉拉尔定居在了荷兰，这很可能是因为他童年时作为一名新教徒在法国洛林住得并不舒服。如今，他以代数学和三角学方面的工作而著称。他是第一个使用 sin、tan 和 sec 来代表正弦函数、正切函数和正割函数的人，也是第一个为立方根引入符号 $\sqrt[3]{}$ 的人。除此之外，他还是第一位给负数赋予几何意义的数学家。他写道：“在几何上，负数的解可以用向后移动来解释，如果＋代表前进，那么－就代表后退。”

历史上的球面三角形面积公式曾经只和吉拉尔的名字有关，跟哈里奥特没什么关系。这是可以理解的，因为它的首个被刊载出来的证明是吉拉尔 1629 年发表的。不过，吉拉尔的写作风格以简洁著称，所以他的证明总是缺少细节。这个面积公式的证明就连他自己都不满意——他把导出的结果称为“一个可能的结论”。而且他不知道，同样的定理在二十六年前就被哈里奥特证明了。当然，如我们所知，哈里奥特没有发表这个成果，或是他的任何数学成果。尽管如此，他也没有把它当作秘密保守起来。他的同时代人见过他的证明——英国数学家亨利·布里格斯（1561—1630）曾把哈里奥特的成果告诉了开普勒，还将其列为那个时代的伟大发现之一。然而，没有任何迹象表明吉拉尔听说过哈里奥特的证明。

由于哈里奥特是第一个完成证明的人，吉拉尔是第一个发表证明的人，我们现在便把他们的成果称作哈里奥特 - 吉拉尔定理。值得注意的是，哈里奥特的证明比吉拉尔的证明简单得多，也优雅得多。我们下面给出的论证过程来自勒让德，但也和哈里奥特的十分相似。

勒让德在证明时聪明地利用了一种叫作月牙形的对象（它偶尔也被称为二边形，这个名字是类比三角形得来的）。月牙形是两个大圆所夹的区域（见图 10.4）。一对大圆总是相交于球面两侧相对着的两点。如果这两个圆在球面某一侧的交角为 a，那么它们在球面另一侧的交角也为 a。如果 a 是用弧度制度量的，那么（单位球面上）月牙形的面积就是 $2a$。借助一个简单的比例关系，我们就能验证这个事实：月牙形的面积和球面的面积之比等于 a 和 2π 之比（见图 10.5）。所以有

$$\frac{\text{月牙形的面积}}{4\pi}=\frac{a}{2\pi}$$

解方程可得，月牙形的面积为 $2a$。

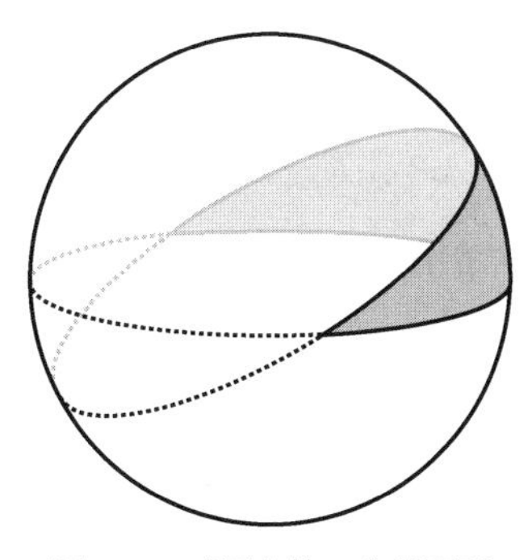

图 10.4　球面上的一个月牙形

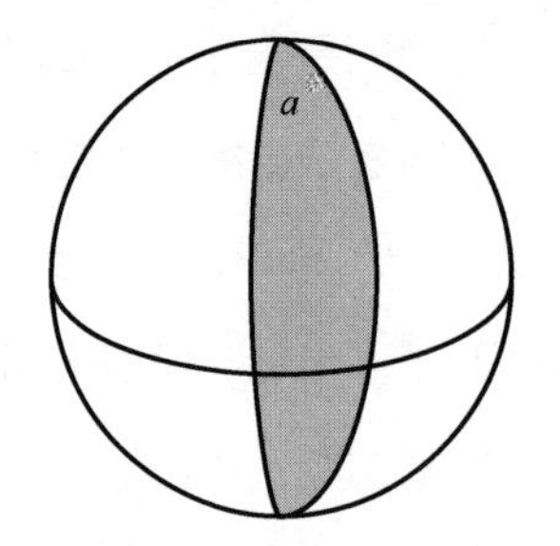

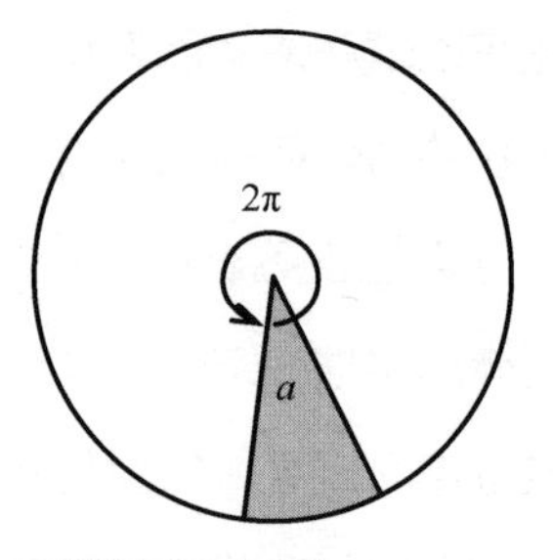

图 10.5 球面上的一个月牙形（左）及其俯视图（右）

现在，考虑一个单位球面上的测地三角形 ABC，它的三个内角大小分别为 a、b、c。它被包含在了某个半球面之中。延长测地三角形 ABC 的各边，使它们都和这个半球面的边界相交。如图 10.6 所示，我们把延长线和半球面边界的交点分别记为 D、E、F、G、H 和 I。

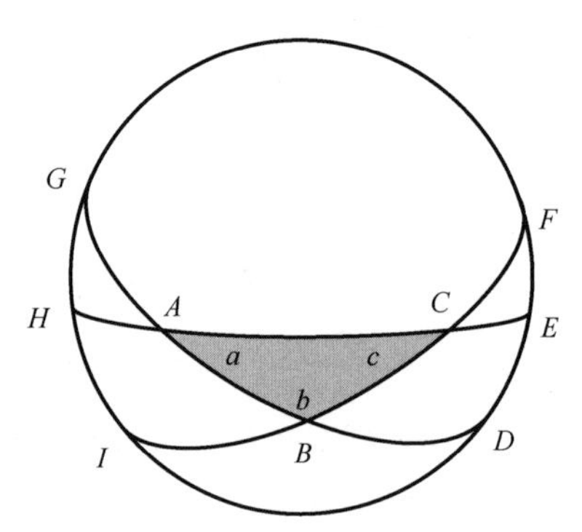

图 10.6 半球面中的大圆

根据球面的对称性，$\triangle ADE$ 和 $\triangle AGH$ 的面积之和与一个包含角 a 的月牙形的面积相等。换句话说，如果我们把 $\triangle AGH$ 切割下来，再把棱 GH 和棱 ED 粘在一起，那我们就得到了一个包含角 a 的月牙形。由此我们总结出

$$\triangle ADE \text{ 的面积} + \triangle AGH \text{ 的面积} = \text{月牙形的面积} = 2a$$

类似地，$\triangle BFG$ 和 $\triangle BDI$ 的面积之和等于一个包含角 b 的月牙形的面积，$\triangle CHI$ 和 $\triangle CEF$ 的面积之和等于一个包含角 c 的月牙形的面积。因此我们得到

$$\triangle BFG \text{ 的面积} + \triangle BDI \text{ 的面积} = 2b$$

和

$$\triangle CHI \text{ 的面积} + \triangle CEF \text{ 的面积} = 2c$$

对上面三个式子求和，就有

$$(\triangle ADE \text{ 的面积} + \triangle AGH \text{ 的面积}) + (\triangle BFG \text{ 的面积} + \triangle BDI \text{ 的面积}) + (\triangle CHI \text{ 的面积} + \triangle CEF \text{ 的面积}) = 2a+2b+2c$$

仔细观察等式左端可以发现，除了$\triangle ABC$区域的面积被多加了两次之外，我们恰好把半球面中每个区域的面积都相加了一次。因此

$$\text{半球面的面积} + 2 \cdot (\triangle ABC \text{ 的面积}) = 2a+2b+2c$$

由于半球面的面积是 2π，我们得到

$$2\pi+2 \cdot (\triangle ABC \text{ 的面积}) = 2a+2b+2c$$

整理等式，并在两边都除以 2，我们就得出了所证的结论

$$\triangle ABC \text{ 的面积} = a+b+c-\pi$$

不过，要用勒让德的方式证明欧拉公式，我们还得把哈里奥特－吉拉尔定理推广到边数大于 3 的测地多边形上。

> 测地多边形的哈里奥特－吉拉尔定理
>
> 单位球面上，一个内角大小分别为 $a_1, a_2, \cdots, a_n$ 的测地 n 边形的面积是 $a_1+\cdots+a_n-n\pi+2\pi$，或者说，面积 = 内角和 $-n\pi+2\pi$。

任何一个平面 n 边形的内角和都是 $(n-2)\pi$（我们将在第二十章中进一步了解这个定理及其推广形式）。因此，和三角形的情形一样，一个测地 n 边形的面积恰好就是它的内角和超出平面 n 边形内角和的量。也就是说，

$$\text{面积} = \text{内角和} - \text{平面 } n \text{ 边形的内角和}$$

为了说明这种推广为何成立，我们先通过添加对角线把一个测地多边形分解成多个测地三角形。对 n 边形来说，该分解产生的三角形个数为 $n-2$（见图 10.7）。这些三角形的面积之和等于原多边形的面积，且它们的所有内角之和等于原多边形的内角和。对 $n-2$ 个三角形都使用哈里奥特－吉拉尔定理后，我们就得到了测地多边形的面积

$$\text{面积} = a_1+\cdots+a_n-(n-2)\pi = a_1+\cdots+a_n-n\pi+2\pi$$

有一种简便方法能帮我们记住这个公式，那就是把多边形设想成图 10.8 中的样子。给多边形的每个内角标上大小，在它的每条棱上写一个 $-\pi$，并在它的中心写上 2π。它的面积就是所有这些量的和。这种视觉表征对于理解勒让德的证明是大有裨益的。

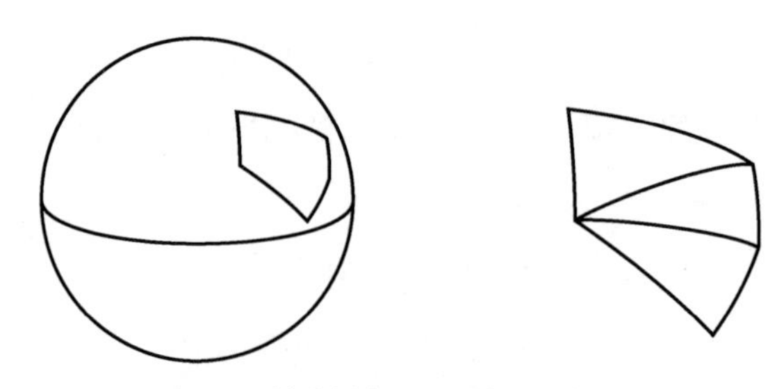

图 10.7　被分割成三角形的球面多边形

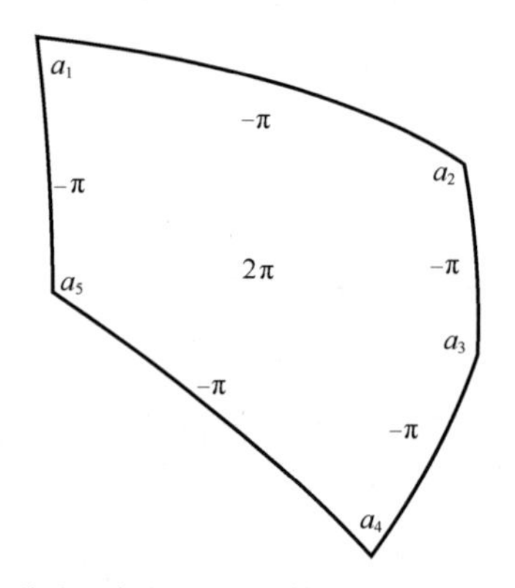

图 10.8　此球面多边形的面积等于图中标注的数值之和

终于，我们能够介绍勒让德的论证过程了。让我们从一个顶点数为 V、棱数为 E、面数为 F 的凸多面体开始。令 x 为多面体内部的任意一个点。如图 10.9 所示，以 x 为球心构造一个完全包含多面体的球面。因为长度单位在这里无关紧要，所以我们可以适当地选取，使得球面的半径为 1。利用以 x 为端点的射线，将多面体投影到球面上。为了更形象地理解这个过程，我们可以把多面体想象成一个线框模型，把 x 想象成一个电灯泡。多面体的投影就是球面上的线框影子。这里我们不加证明地给出一个结论，那就是多面体的每个面都被投影成了测地多边形。

在接下来的证明中，勒让德采用了一种常见的数学技巧。他用两种方式计算了同一个量——在这个例子中是单位球面的表面积——从而导出一个等式。首先，他用众所周知的面积公式算出了单位球面的表面积是 4π。随后，他把球面上每个测地多边形的面积相加，再次计算了球面的面积。

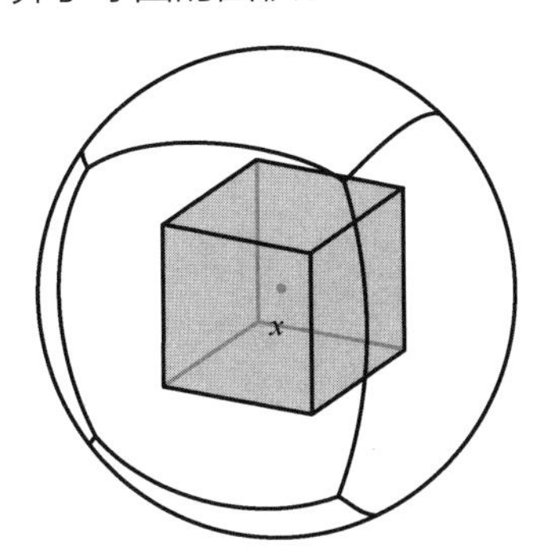

图 10.9 将多面体投影到球面上

由哈里奥特－吉拉尔定理可知，每个测地 n 边形的面积都是其内角和减去 $n\pi-2\pi$。但我们不直接使用这个公式，而是选用图 10.8 中的视觉表征法。为球面上的角、棱和面写上相应的标签，也就是说，给每个角标上大小，在每条棱的两侧各写一个 $-\pi$，并在每个多边形面的中心写上 2π。这样，球面就变成了图 10.10 所示的样子。把所有被标出的量相加，我们就得到了球面的表面积。

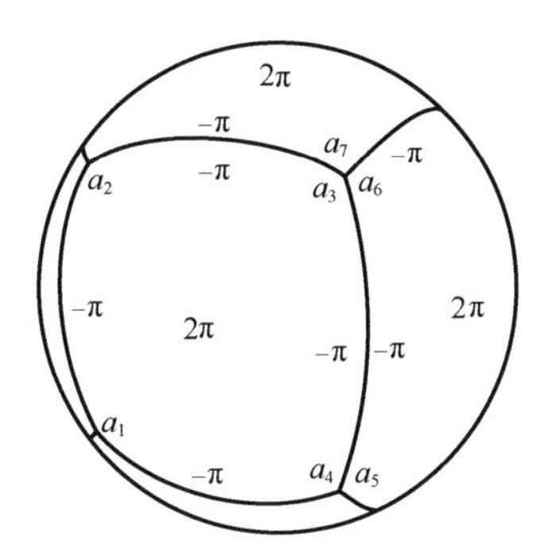

图 10.10 标好了数值的多面体投影

虽然交于多面体某个顶点处的角加起来小于 2π，但当它们被投影到光滑的球面上之后，各自对应的新角加起来就等于 2π 了。因为球面上共有 V 个顶点，所以它们为球面的面积一共贡献了 $2\pi V$ 的量。同时，每条棱为球面面积贡献了 -2π，也就是说每条棱的两侧各贡献了 $-\pi$。由于棱数为 E，所以所有棱的总贡献为 $-2\pi E$。此外，每个面的中心都被标上了 2π。由于面数为 F，所以它们总共为球面的面积贡献了 $2\pi F$。

将以上三部分相加，我们就找到了一个关于球面面积的等式

$$2\pi V-2\pi E+2\pi F=4\pi$$

两边同除以 2π，就得到了欧拉公式

$$V-E+F=2$$

即使稍作比较也能发现，欧拉和勒让德两人的证明大不相同。一方面，欧拉的证明似乎是“正确的”，至少从风格上来讲是这样。待证的是一个组合定理，而欧拉的证明正是组合性质的。欧拉直截了当地利用了顶点数、棱数和面数之间的关系。每当一个顶点被移除，面数和棱数或增或减，都不影响公式中的交错和的值。

相比之下，勒让德引入了几个看似跟主题无关的概念——球面、角度和面积——来证明定理。他的方法符合逻辑，也很精巧，却没法阐明定理为什么是对的——至少是以一种容易让人理解的方式。尽管如此，勒让德的证明第一次向人们暗示出欧拉公式不只是一个组合定理。既然我们能利用度量几何来证明它，那它跟几何学就应该有着重要的联系。我们将在第二十章和第二十一章回到这个主题——欧拉公式与几何学的关系。

对于勒让德的证明，我们再做最后一条评述。根据欧拉的证法，我们只能谨慎地（比欧拉本人更谨慎）把多面体公式应用到凸多面体上。和欧拉一样，勒让德也假设了自己处理的多面体是凸的。但在 1809 年的一篇论文的附录中，路易·普安索（1777—1859）指出，勒让德的证明方法适用于一类比凸多面体范围稍广的多面体，也就是星凸多面体。

勒让德的第一个证明步骤是把多面体投影到球面上。为了完成这一步，我们需要一个用于制造投影的内点 x。它必须能“看见”多面体中的每个点才行。在凸多面体中，我们可以把 x 选成任意一个内点。然而，大多数非凸多面体内并没有这样的点，而那些确实拥有此类点的非凸多面体就被称为星凸多面体。图 6.6 中开普勒的星形多面体和图 10.11 所示的多面体都是星凸多面体的例子。它们都有一个“洞悉一切”的内点，可以用来引出射线、制造投影。对此，普安索做了如下解释：

“（欧拉公式）对带有内凹立体角的多面体也成立，前提是我们在该形体内能找

到这样一个点：当从它引出的射线把多面体的面投射到以它为球心的球面上时，所得的投影互不重合；也就是说，没有任何一个面部分或完全地被投射到了另一个面的投影上。如我们所见，有无穷多带有内凹立体角的多面体满足这个性质。人们不用做任何改动，就可以凭借勒让德先生的证明轻易看出这个命题的正确性。”

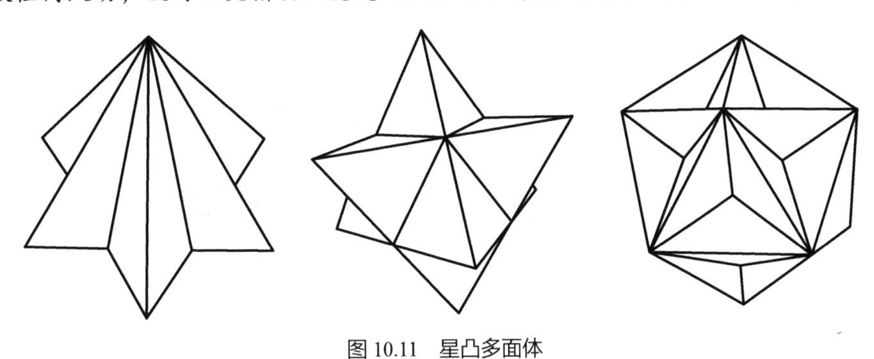

图 10.11　星凸多面体

十九世纪末，欧拉公式已在所有凸多面体上站稳了脚跟，这都多亏了勒让德。他那本受欢迎的教材也将欧拉公式的美传递给了更多的读者。此后多年，普安索和其他一些重要数学家都对这个优雅的公式如痴如醉。他们探索了新证明，并推广了原始公式。为了理解其中的某些推广形式，我们需要先研究一下图论。这个领域的起源要追溯到欧拉——并不令人意外——和一道从哥尼斯堡诞生的数学游戏题。

第十一章

漫步哥尼斯堡

重行旧路，其益为何？

所过诸处，定生蝰蛇。

未识之地，方须远涉。

——亨利·大卫·梭罗

为了将欧拉公式置于现代语境中，我们必须探讨一个名叫图论的数学领域。它研究的不是我们在高中的微积分预备课程上所学的函数图像（例如 $y=mx+b$ 是一条直线，$y=x^2$ 是一条抛物线，等等），而是图 11.1 所示的那些图。它们由若干名叫“顶点”的点和名叫“边”的连线构成[1]。

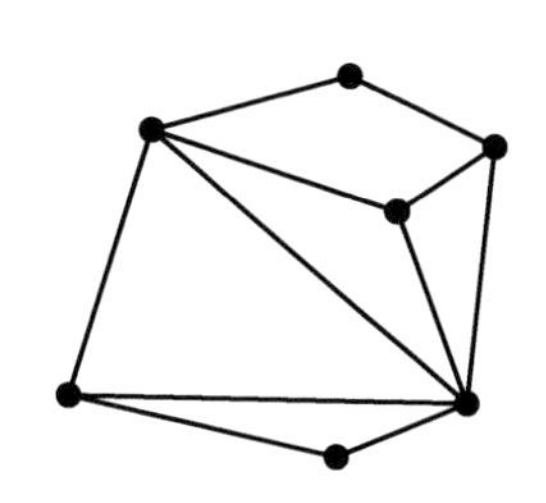
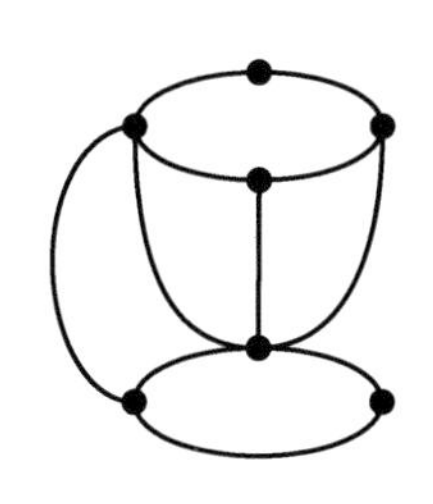
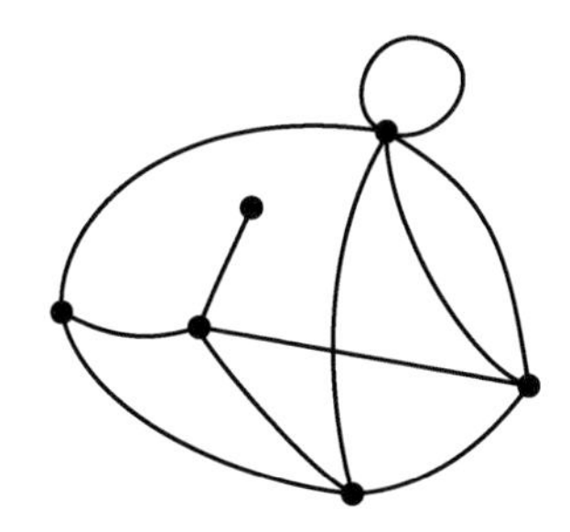

图 11.1　图论所研究的图

1736 年，处于第一段圣彼得堡生活中的欧拉解决了如今已非常著名的哥尼斯堡七桥问题。他的这项贡献常常被认为是图论和拓扑学的开端。

哥尼斯堡是条顿骑士团在 1254 年建立的城市。当时，它坐落于普鲁士境内普雷格尔河的分岔处，靠近波罗的海。后来，它成了东普鲁士的首府。第二次世界大战期间，它在盟军的轰炸之下损毁严重，后又根据《波茨坦协定》被归入了苏联。成为苏联的城市之后，哥尼斯堡发生了许多变化——大部分当地德国人被驱逐，城市更名为加里宁格勒，附近的那条河也被重新命名为普列戈利亚河。现在的加里宁格勒是俄罗斯加里宁格勒州的首府。这个州的独特之处在于，它不与俄罗斯本土接壤，而是被波兰、立陶宛和波罗的海所环绕。与斯大林格勒[2]和列宁格勒[3]不同，加里宁格勒没有被改回以前的名字。在哥尼斯堡的城市历史上，最有名的居民是十八世纪的哲学家伊曼纽尔·康德（1724—1804）。数学家克里斯蒂安·哥德巴赫也是这里的人，正是在给他的信中，欧拉提出了多面体公式。

---

[1] 有时候图被叫作“网络”，其中的顶点和边则分别被叫作“节点”和“链路”。——作者原注

[2] 今伏尔加格勒。

[3] 今圣彼得堡。

哥尼斯堡位于河流分岔处，而克奈普霍夫岛就在不远处的河中心。在欧拉的时代，共有七座桥跨河架设在不同的河岸与该岛之间（见图 11.2）。据说，哥尼斯堡的居民们平时会在城市中悠闲地散步，还创造了一种娱乐活动，那就是尝试在只通过每座桥一次的前提下走完七座桥。没有人能找到这样一条路线。这种所谓的消遣后来便成了哥尼斯堡七桥问题：

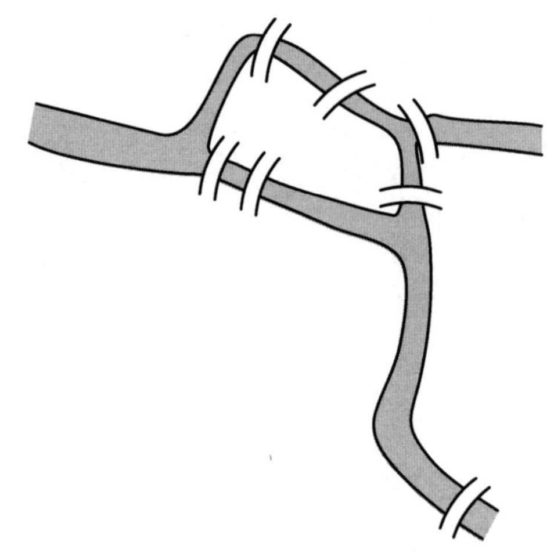

图 11.2　哥尼斯堡的七座桥

一个行人是否有可能走遍哥尼斯堡的七座桥，且不会两次穿过同一座桥呢？

我们不知道欧拉是怎么听说这个问题的。也许他是从自己的朋友卡尔·埃勒那里得到了消息。埃勒是普鲁士但泽市的市长，一直在代表当地的一位数学教授和欧拉通信。我们能找到两人在 1735 年到 1742 年间的一些往来信件，其中就有探讨了哥尼斯堡七桥问题的。可以明确地看出，欧拉一开始对它漠不关心。在 1736 年给埃勒的一封信中，欧拉写道：

“因此，最尊贵的先生，您可以看到这类问题的解法与数学的联系是多么微乎其微，我不理解您为何期待一位数学家而不是其他人来解决它，因为答案仅凭推理就能得出，而不必依赖任何数学原理。”

最后，欧拉还是花时间思考了这个问题。当初使他兴致索然的理由现在反倒激起了他的兴趣：七桥问题不能被轻易嵌入任何已知的数学框架之中。他意识到，虽然问题乍看起来属于几何学，但它却不需要点与点之间的距离，只需要相对位置的信息。

在 1736 年写给意大利数学家兼工程师乔瓦尼•马里诺尼（1670—1755）的信中，欧拉的说法已经变成了这样：

“这个问题实在乏味，但对我来说似乎值得关注，因为用几何学、代数学，甚至计数法都不足以解决它。鉴于此，我突然想知道它是否属于‘位置几何学’的范畴，也就是莱布尼茨曾极度渴求的那门学科。”

欧拉在这封信中借用了莱布尼茨创造的术语 geometriam situs，意思是位置几何学。这个术语后来变成了位置分析学，最终又变成了拓扑学。莱布尼茨指的是一个新数学领域，它“直接与位置打交道，就像代数与量打交道那样”。关于欧拉是否误解了莱布尼茨的术语，学者们意见不一；尽管如此，欧拉确实认同莱布尼茨的想法，觉得需要一种新的数学技巧来处理七桥问题。

1736 年，欧拉向圣彼得堡科学院提交了自己的论文《一个关于位置几何学的问题的解法》。它发表于 1741 年。文中，欧拉解决了哥尼斯堡七桥问题，并以一贯的风格把解法推广到了任何桥梁布局上。

欧拉意识到，七桥问题中唯一重要的细节就是不同陆地块和桥梁的相对位置。我们可以把现实情景简单而优雅地抽象成一张示意图。先在每块陆地上放置一个顶点（三个河岸上各放一个，岛上放一个），然后根据桥梁的架设情况把相应的顶点用边连接起来。结果如图 11.3 所示。

这样，我们就把原问题简化成了一个关于图的问题——能否用一支铅笔，在笔尖不离开纸面也不重画任何边的条件下，画出这张图呢？由此我们还能提出一个更一般的问题：如何判定一张给定的图能否被一笔画出呢？

一种普遍存在的误解是，图 11.3 中的哥尼斯堡图出自欧拉的论文。事实上，那篇论文中不仅没有这张图，甚至一张图也没有。“一笔画问题”是独立于哥尼斯堡七桥问题发展起来的。“一笔画问题”最早出现在十九世纪早期，既可见于数学论文，也可见于数学游戏书。直到1892年，沃尔特·威廉·劳斯·鲍尔（1850—1825）才在他的畅销书《数学游戏与欣赏》中将欧拉的解法和“一笔画问题”联系了起来。也正是在鲍尔的书中，哥尼斯堡图首次出现，此时距离欧拉的论文发表已过去了一百五十多年。

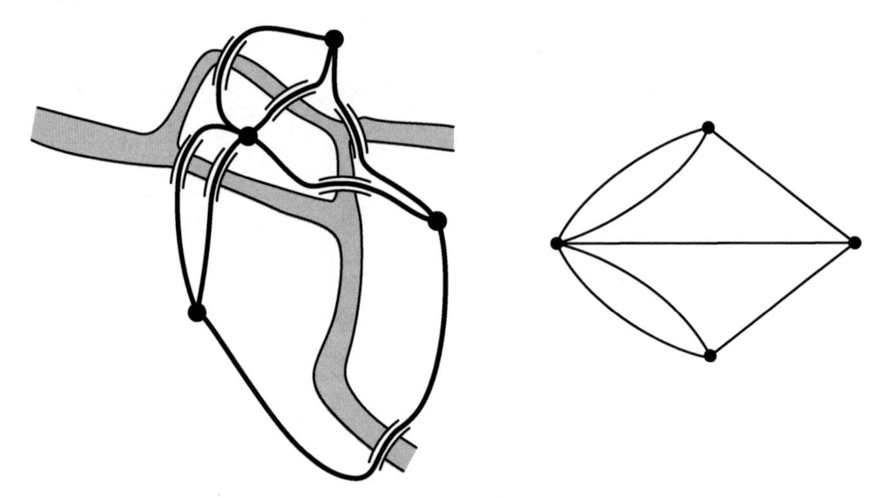

图11.3 哥尼斯堡七桥问题所对应的图

人们通常把欧拉的那篇论文称为图论的起点。这不是没有道理的。虽然欧拉在文中一张图也没画，但他对问题的抽象化处理和图论的方法如出一辙。他将位置几何学——也就是将来的拓扑学——用到七桥问题上的方式，以及他对该解法的新颖性的认可，都标志着图论的诞生。

探讨欧拉的解法之前，我们需要先介绍几个定义。跟多面体类似，一个顶点的度是它发散出的边的条数。如果该顶点处存在一个自环（一条起点和终点相同的边，比如图11.1中最右侧的图），那么这个自环对度的贡献就是2。在哥尼斯堡七桥问题的示意图中，有三个度为3的顶点，一个度为5的顶点。此外，如果我们能从一张图中的任何一个顶点沿一系列边到达另一个任选的顶点，那么这个图就是连通的。

在一张图中，从一个顶点描画到另一个顶点所得的部分叫作路径。我们感兴趣的是一类非常特殊的路径，它恰好经过图中的每条边一次：这被称为欧拉路径。如果一条欧拉路径的起点和终点相同，那么它就叫作欧拉回路。一般来说，回路是一个起点和终点相同且不会两次经过同一条边的路径，但它不一定遍历图中的每条边（非欧拉回路）。

用图论的语言，我们把哥尼斯堡七桥问题重述如下：

哥尼斯堡图（见图 11.3）中是否存在一个欧拉路径？更一般地来说，如何判定一张图中是否有欧拉路径？

欧拉同时解决了这两个问题。他的结论可以用现代数学语言表述如下：

> 一张图有欧拉路径的充要条件是：它是连通的，且只包含零个或两个度为奇数的顶点。如果度为奇数的顶点有两个，那么欧拉路径的起点必须是这两个顶点之一；否则，欧拉路径的起点可以是任意一个顶点。

上述判断标准可以帮助我们轻而易举地解决哥尼斯堡七桥问题。由于问题所对应的图中存在四个度为奇数的顶点，所以它没有欧拉路径！难怪哥尼斯堡的市民们寻找理想的午后散步路线时会屡屡受挫了。

但欧拉的解法为什么是对的呢？对连通性的要求是容易理解的，而把图中度为奇数的顶点限制在零个或两个的理由就不那么一目了然了。要证明这个定理，我们得分两步走。首先我们得证明，任何一张包含欧拉路径的图必定有零个或两个度为奇数的顶点。随后我们必须反向论证：如果一张连通图有零个或两个度为奇数的顶点，那它就包含一个欧拉路径。

假设我们有一张包含欧拉路径的图，我们将证明它一定有零个或两个度为奇数的顶点。把一张描图纸铺在图的上方，并开始描摹这张图的欧拉路径。当我们从第一个顶点出发后，该顶点的度变为了 1，而其他顶点的度都还是 0。随着描摹的继续，第二个顶点的度变为了 2。从那以后，我们每经过一个顶点，该顶点的度就会增加 2。这个过程一直持续到我们画完路径。此时，我们将最后一个顶点的度增加了 1。如果路径的起点和终点不是同一个顶点，那它们就会成为图中仅有的两个度为奇数的顶点。如果路径的起点和终点相同，那这个顶点和其他所有顶点的度就都是偶数。

至于逆命题，欧拉认为它是不证自明的：如果一张图包含零个或两个度为 2 的顶点，那它就有欧拉路径。这个结论的证明是由卡尔·希尔霍尔策（1840—1871）率先给出的，发表于 1873 年。

让我们从一张连通图开始，并假设它拥有零个或两个度为奇数的顶点。如果它有两个顶点的度为奇数，那我们就把铅笔移到其中一个顶点处；否则，就把笔移到任意一个顶点处。沿所选起点周围的任意一条边出发。到达下一个顶点后，就随机选取一条新边往下画。继续这个过程，在每个顶点处都随意选择下一步要画的边（当然，不能选择已经画过的），直到再也无法前进为止。如前所证，如果我们的起点是一个度为奇数的顶点，这种画法就在另一个度为奇数的顶点结束；否则，终点将和起点相同。图 11.4 中，路径 *abcdefghi* 就是上述路径的一个例子。

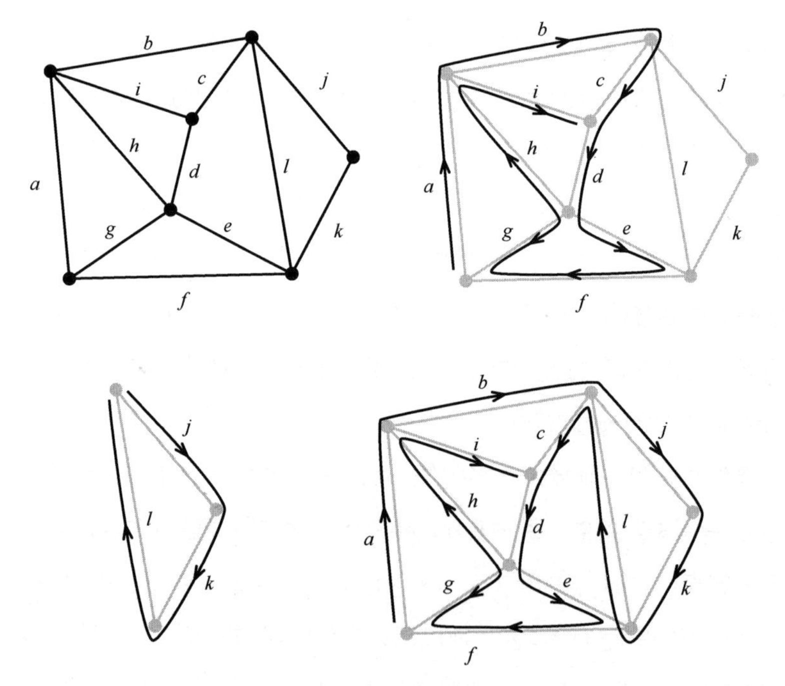

图 11.4 构造一条欧拉路径

如果路径没有遍历图中的每条边，那就去掉所有画过的边，并观察原图的剩余部分（这一部分有可能不是连通的）。把铅笔移到之前画过的某个顶点处，并按照刚才的方法，再次画到不能继续为止。在图 11.4 的例子中，我们由此得到了路径 *jkl*。现在，把新画出的部分嵌入之前路径中的适当位置。对本例而言，我们可以把 *jkl* 放到边 *b* 和边 *c* 之间。因此，我们最终得到了 *abjklcdefghi*，它是一个欧拉路径。一般来说，在画出所有边之前，我们可能得执行好几次嵌入操作。

请注意，关于“一笔画问题”，我们所学到的东西比上述解法所明显传递出的要更多。我们本来在讨论如何寻找欧拉路径，但现在也能判定路径在什么情况下会开始和终结于同一顶点了。

也就是说：

> 一张图包含欧拉回路的充要条件是：它是连通的，且它没有度为奇数的顶点。在这种情况下，欧拉回路的起点和终点可以是任何一个顶点。

1875 年，即欧拉分析哥尼斯堡散步路线一个多世纪后，这座城市修建了一座新桥。它位于克奈普霍夫岛的西边，连接了河的北岸和南岸（见图 11.5）。有了这座桥，哥尼斯堡的市民们终于可以在散步时不重复地走遍所有桥了，因为现在度为奇数的顶点只有两个——代表岛的顶点和代表河流分岔处陆地块的顶点。当然，为了不走重复路线，有些市民就没法从自己家门口开始散步了。而且，也没有任何一个人能在经过所有桥后恰好回到出发点。

哥尼斯堡七桥问题的解法阐明了一种常见的数学现象，那就是当分析问题时，我们可能会迷失在无关信息之中。一个好的解题技巧应当剔除不相关的信息，只关注问题的本质。在这个例子中，桥梁和陆地块的精确位置、河流的宽度和岛屿的形状等信息都是无关紧要的。欧拉把原问题转化成了能用图论术语轻松描述的形式。这就是天才的表现。

我们用三个例子来为本章画上句号。1847 年，约翰·贝内迪克特·利斯廷（1808—1882），一位我们之后还会遇到的数学家，设计了类似图 11.6 中的图来解释

"一笔画问题"（这里的图和利斯廷的原图一样，但没有标示交叉处的顶点）。这个图有欧拉路径吗？有欧拉回路吗？在读下去之前，读者可以先自己思考一下。

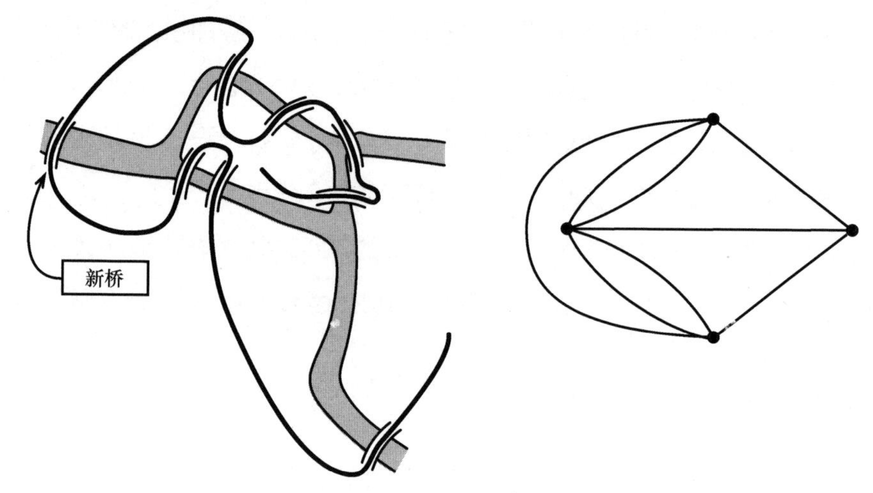

图 11.5　哥尼斯堡的新桥和相应的新图

图 11.6　利斯廷的"一笔画问题"

我们看到，图中每个顶点的度都为偶数，除了最左边和最右边的顶点——两者的度都为 5。由于正好有两个度为奇数的顶点，所以图中有欧拉路径，而且每个欧拉路径必定从这两点之一开始，在另一点结束。又因为度为奇数的顶点个数不为零，所以欧拉回路不存在。

第二个例子是七桥问题的一个变体。考虑图 11.7 中形似砖墙的图。是否有可能画出一条不间断的曲线，使它正好穿过图中的每条线段一次呢（曲线的起点和终点可以不在同一个砖块内）？图 11.7 中右侧的曲线并不是问题的一个可行解，因为有一条线段没有被它穿过。

答案是，不可能。通过把原问题转化成一个"一笔画问题"，我们就可以证明这个论断。在每个砖块内放置一个顶点，并在砖墙外也放置一个顶点。每有一条隔开两个砖块的线段，就在相应的两个顶点之间画一条边（见图 11.8）。现在，只需判定这张图是否有欧拉路径就够了。因为图中有四个度为 5 的顶点，所以欧拉路径不存在。因此，我们也找不到具备所求性质的曲线。

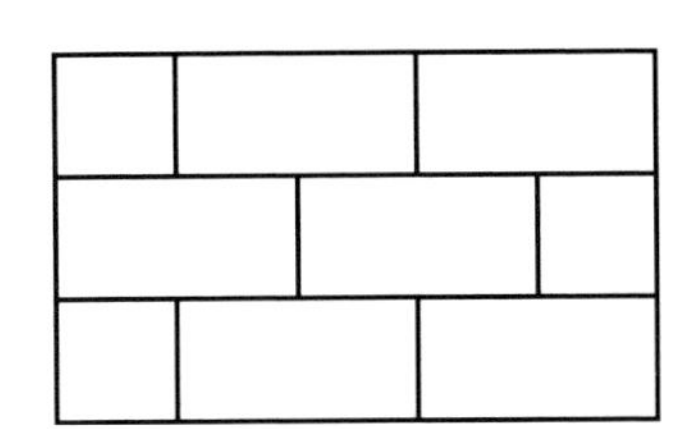
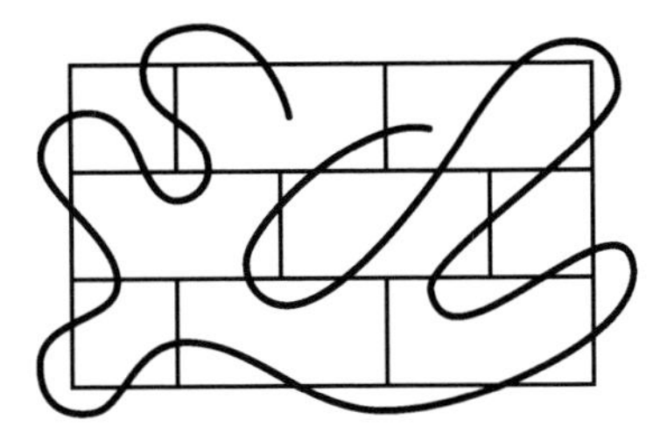

图 11.7　砖墙谜题的一个错误解

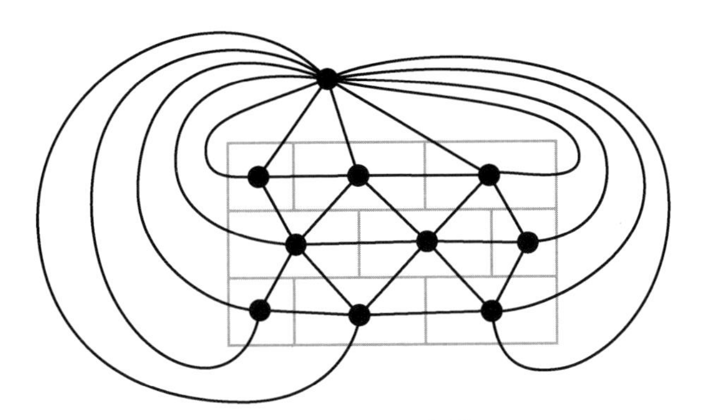

图 11.8　砖墙谜题所对应的图

最后，我们把图论和欧拉路径应用到多米诺骨牌上。这个例子是奥利・泰尔康（1782—1862）于 1849 年设计的。在一套标准的多米诺骨牌中，每张牌都由相等大小的两部分组成，而每部分都印制着零到六个点。没有任何两张同属一套的多米诺骨牌是相同的，而且每一种可能的点数都出现在了牌上。因此，一套牌共有二十八张。游戏中，每个玩家轮流出一张牌，使其一端的点数与已有骨牌的相同点数相邻。玩家也可以把一张印着两个相同点数的牌和另一张包含此点数的牌相接，摆成一个 T 字形（见图 11.9）。如果某个玩家没法再出新牌，游戏就宣告结束。我们想知道的是，游戏结束时是否总有一个玩家出不完手中的牌？或者是否存在一种策略，使我们总是能顺利出完手中的牌？

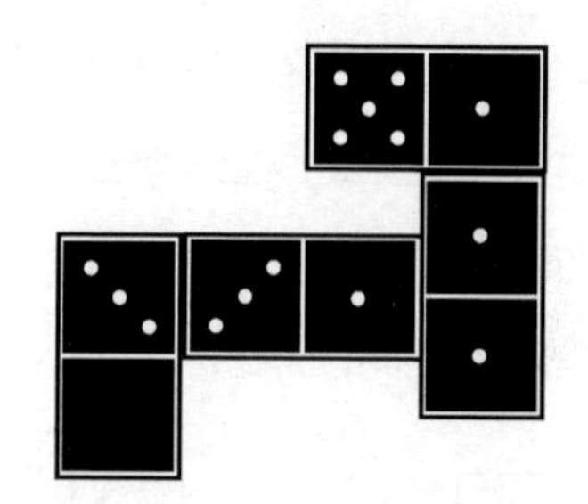

图 11.9　一局典型的多米诺骨牌游戏

为了分析这个问题，我们构造了一张图。首先，画出七个顶点，并给它们标上数字 0 到 6。每张多米诺骨牌都对应于图中的一条边。具体来说，一张所含点数分别为 m 和 n 的牌会变成顶点 m 和顶点 n 之间的一条边。将所有牌画入图中，我们就得到图 11.10。请注意，每个顶点处都有一个自环，代表那些印了两个相同点数的牌。

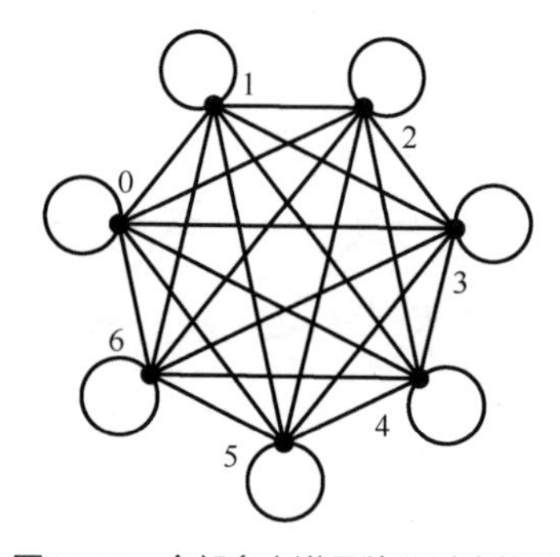

图 11.10　全部多米诺骨牌所对应的图

在上述图中，每个顶点的度都是 8。由于没有度为奇数的顶点，所以图中包含了欧拉路径。因此，我们可以一笔画出整张图。这个观察结果是解决问题的关键。要证明我们能出完所有的多米诺骨牌，只需找到一种出牌法就可以了。这里，我们展示一种简单的策略（尽管在实际中不太可能出现）——把牌摆成一条线。

从欧拉路径的第一条边开始，假设它连接的是顶点 0 和顶点 3。这意味着把包含 0 点和 3 点的牌摆在地上。再考虑路径的第二条边。我们知道它必须从顶点 3 出发。假设它连接的是顶点 3 和顶点 1。于是我们把印着 3 点和 1 点的牌接在上一张牌的一端（见图 11.11）。继续追踪下去，并打出相应的牌。由于我们的路线是一条欧拉路径，所以必定能恰好经过每条边一次。因此，我们也能出完每一张多米诺骨牌。

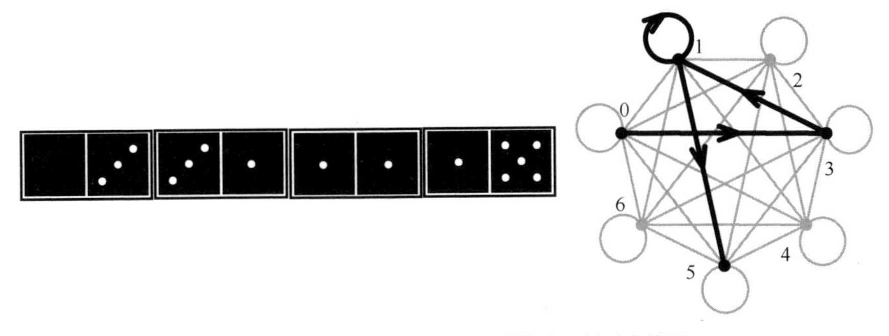

图 11.11　出完所有多米诺骨牌的策略及其对应的图

本章的例子告诉我们，图论在数学游戏中发挥了精彩绝伦的作用。而且它在现实中也是一个极为重要的数学分支，其应用遍及计算机科学、网络、社会结构、交通系统和流行病学建模等领域。在后面的内容中，我们还会和图论重逢。特别地，我们将对某一类图建立一个类似于欧拉公式的关系。

第十二章

柯西的多面体图

柯西是个疯子，没人能奈何得了他。尽管如此，现在他是唯一知道该怎样研究数学的人。

——尼尔斯·阿贝尔

欧拉证明多面体公式后，新的证明在一百年间不断涌现，公式本身也被推广到了许多奇异的多面形体上。其中，第一个重要推广来自奥古斯丁－路易·柯西（见图 12.1），他也给欧拉公式提供了一个巧妙的新证明。

图 12.1　奥古斯丁－路易·柯西

1789 年，柯西在巴黎出生。他是一位政府高官的长子。虽然在“恐怖统治”期间他和家人被迫离家出逃，但他的父亲还是确保他接受了良好的教育。年轻时，柯西就结识了数学家皮埃尔－西蒙·拉普拉斯（1749—1827）和约瑟夫－路易·拉格朗日，以及化学家克劳德·路易·贝托莱（1748—1822），因而很早就进入了著名学者们的视野。

柯西曾有过一段短暂的军事工程师生涯，参与了乌尔克运河、圣克卢桥和瑟堡海军基地的修建。他的第一篇数学论文写成于 1811 年，也就是他回归巴黎开启数学生涯的两年前。1815 年（一说 1816 年），他开始进入巴黎综合理工大学任教。

柯西极其高产。他浩如烟海的著作在数量上仅次于欧拉，这些著作包括至少七本书和近八百篇论文，可以编成整整二十七卷。一个不太可信的传说是，为了限制从柯西笔下源源不断地流淌出的论文，法国科学院甚至为每名作者每年可发表的成果设定了一个数量上限。

在复分析、实分析、代数、微分方程、概率论、行列式和数学物理等众多数学领域中，柯西的贡献都巨大而深远。他是数学严密性的早期提倡者之一。由于他的努力，牛顿、莱布尼茨和欧拉等人提出的许多微积分概念才有了坚实的理论基础。我们可以将连续性、极限、导数和定积分的现代定义归功于他。凭借在巴黎综合理工大学频繁开设的讲座，以及发表的无数论文，他在十九世纪上半叶的数学界一直占据着举足轻重的地位。

柯西的影响力被大量以他名字命名的定理、性质和概念所印证——在这方面，他也许胜过了任何一位数学家，甚至欧拉。然而，柯西成为伟大数学家中的一员似乎是身不由己。他常常发表一些卓越的成果，却意识不到它们的深度和重要程度。数学家汉斯·弗罗伊登塔尔（1905—1990）写道："他几乎每次都把自己成果的最终形式留给了下一代人来发现。他所有的数学成就都出奇地缺乏深刻性……他是伟大数学家中思想最肤浅的一位，总能凭准确的直觉找到简单和基本的关系，却又对此浑然不觉。"

虽然作为数学家的柯西受人敬佩，但他却不是一个受欢迎的人。他出了名地固执己见，行事风格浮夸而做作。这些特质的典型体现就是一次他的自我流放，他从法国去往都灵和布拉格，这段流放持续了接近十年。他属于政治保守派，在1830年的七月革命之后仍然支持已退位的波旁王朝国王查理十世。不管是离开法国前还是重回法国后，他都拒绝宣誓效忠新政权，甚至还公开发表了反对意见。他是坚定的天主教徒，但他的善举却被种种古怪的行为盖过，以致沦为了"偏执、自私、心胸狭隘的狂热信徒"。一名传记作家写道，柯西是"一个傲慢的保皇党人，一个自视清高、乐于布道的虔诚宗教信徒……他的绝大多数科学家同僚都不喜欢他，把他视作一个自鸣得意的伪君子。"

当柯西写出自己的第一批数学论文时，他还是一名工程师。这些论文包含了他在多面体上的成果、刚性定理（我们在第五章提到过）和他对欧拉公式的研究。它们都是他在几何学方面为数不多的重要贡献。

在柯西对欧拉公式的证明中，第一个把他和前人区别开来的显著特征就是他提到的多面体是空心的，而不是实心的。具体来说，他考虑的是“多面体的凸表面”。从这个词来看，并结合他在文中把一个多面体切成了几个小多面体的事实，他似乎还是把多面体当作实心的，只是为了证明才假设了它们是空心的。

柯西首先把空心多面体转化成了平面上的一张图。他从多面体上移除一个面，然后“通过把其他顶点完好地‘运送’到这个面上，得到了一个由给定轮廓和它内部的若干多边形组成的平面图形”。他进一步解释说：“可以认为，余下的面……在被移除的面的轮廓内形成了一系列多边形。”图 12.2 是这个过程的图解，其中，一个房屋状的多面体被“运送”到了“地板”上。

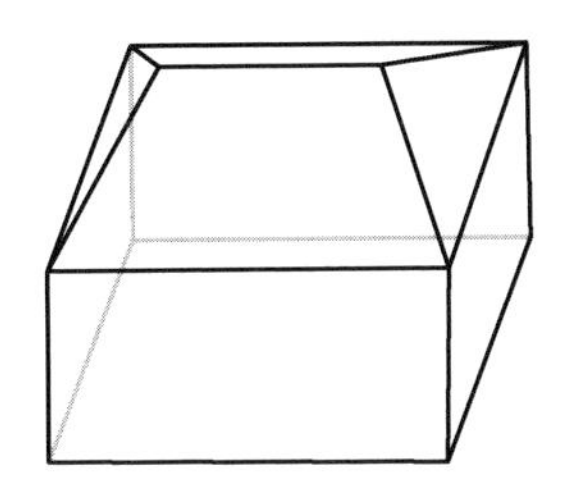
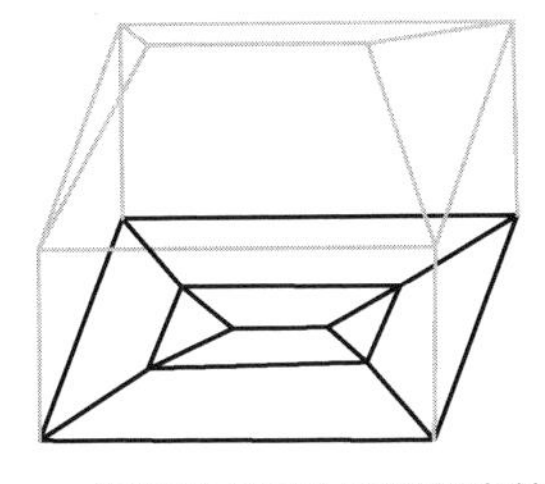
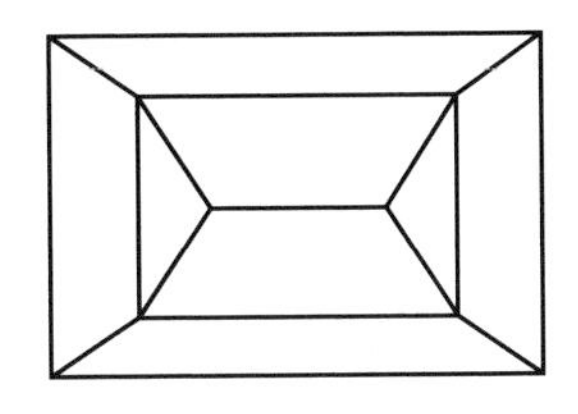

图 12.2 柯西把多面体投影到它的底面上

约瑟夫·迪亚·热尔戈纳（1771—1859），一个我们将在第十五章中谈到的柯西同代人，将上面的过程描述如下：

> “取一个多面体，假设它的某个面是透明的；想象一下，我们从外部接近这个透明面，直到能看清其余所有面的内部为止；如果多面体是凸的，这件事就总能办到。此时请设想，在那个透明面所处的平面上，多面体的其他面都被用透视法画了出来。”

在《证明与反驳》这本精彩的书中，伊姆雷·拉卡托斯（1922—1974）给热尔戈纳的想法赋予了一种更为现代的表述。他建议我们把相机放在被移除的面附近，给多面体的内部拍照。这样，柯西的投影图就会出现在照片上。另一种常见的可视化方法是在被移去的面旁边放一只灯泡。它给每条棱照出的影子就形成了我们想要的多面体图（见图 12.3）。

柯西意识到，我们只要了解图中顶点数、边数和面数间的关系即可。他证明了每一个如上所述的图都满足 $V-E+F=1$。一旦建立了这个关系，多面体公式的证明就变得简单了。把多面体“运送”到平面所得的图有着与原多面体相同的边数（即棱数）和顶点数，但面数却比原多面体少 1。由于在图中有 $V-E+F=1$，所以在原多面体中有 $V-E+F=2$。在欧拉公式的推广形式中，柯西所提出的是最有用的之一。

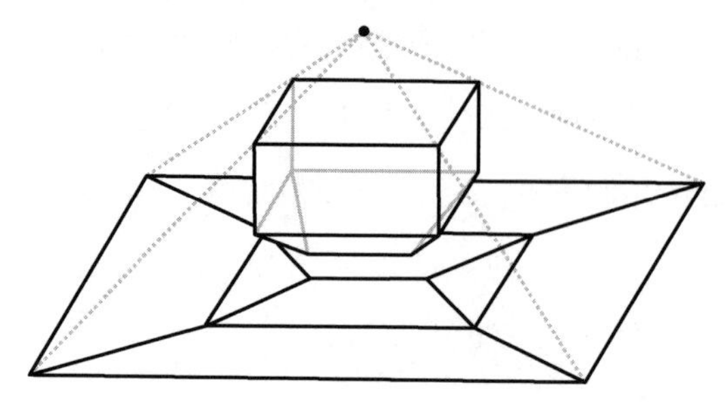

图 12.3 多面体图可以被看作棱的影子

柯西的证明思路是，先添加再减少边，使得 $V-E+F$ 的结果在每一步都保持不变。这样，我们最后就会得到一个三角形，它满足 $V-E+F=3-3+1=1$，所以在原多面体图中也有 $V-E+F=1$。柯西先用添加对角线的方式把原图中所有非三角形的面都分割成了三角形（见图 12.4）。这个过程被称为图的三角剖分。每添加一条对角线，图中的边数和面数就各增加 1，而顶点数则不变。因此，$V-E+F$ 的结果对原图和剖分后的图来说是一样的。完成三角剖分后，我们从图的最外侧开始，每次移除一个三角形，直到只剩最后一个三角形（一种可行的移除顺序如图 12.4 中的标号所示）。

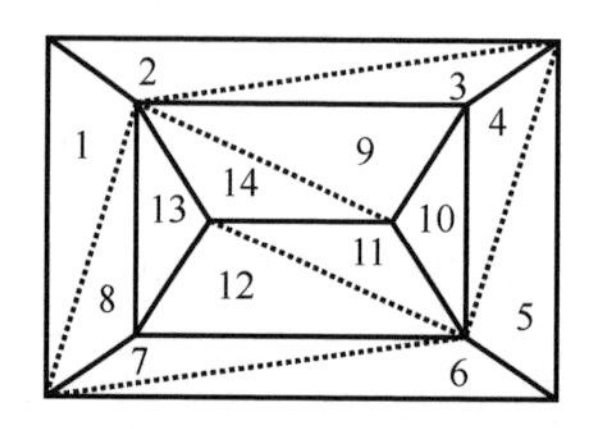

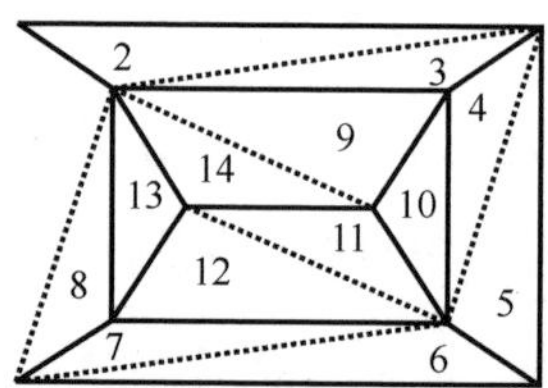

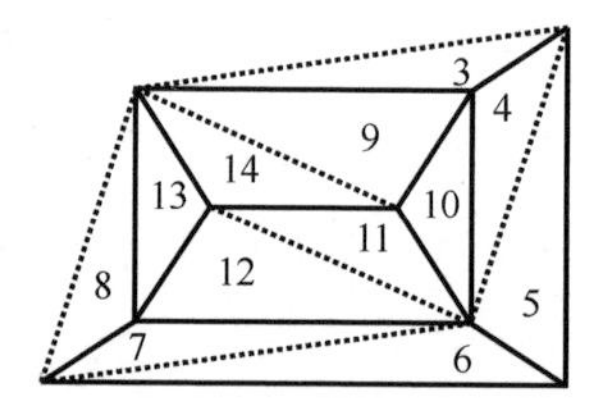

图 12.4 从被剖分后的图中移除三角形的顺序

请注意，最外侧的三角形可能有一条或两条边是整张图的边缘。在前一种情形中，移除这个三角形时只需取走那条边缘边即可，而不必取走任何顶点（比如 1 号三角形的移除）。在后一种情形中，移除三角形时需要去掉两条边缘边和一个顶点（比如 2 号三角形的移除）。不管是哪种情形，$V-E+F$ 的结果都没有变化。因此，对原图来说，$V-E+F=1$ 必然成立。

柯西的证明后来遭受了批评。就像欧拉因为没有指明切除金字塔的顺序而陷入了麻烦一样，柯西也没有对如何移除三角形提供可靠的建议。如果不够谨慎，我们可能会依照柯西的算法得到一张不连通的图，使得 $V-E+F=1$ 不再成立。例如，在图 12.5 中，我们移除三角形的顺序有误，因而得到了一张不满足欧拉公式的不连通的图（$V=10$，$E=14$，$F=6$）。尽管如此，运用柯西的分解技巧时，我们总能避免这种情况的发生。

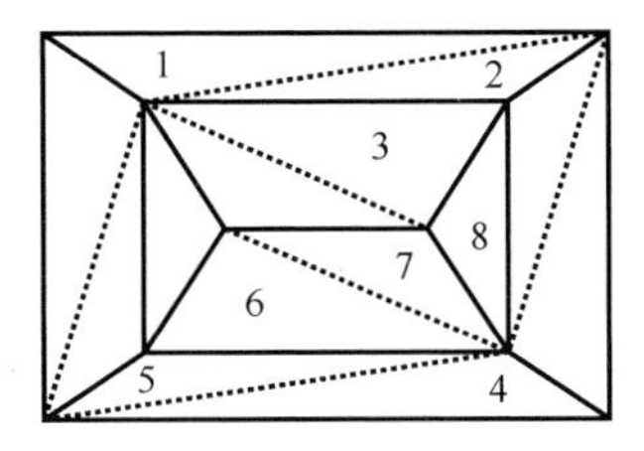

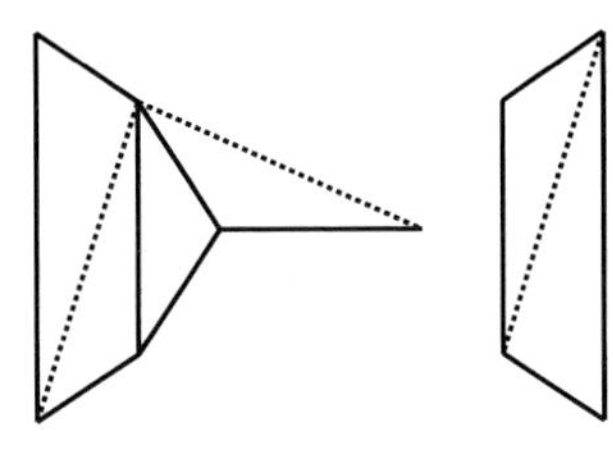

图 12.5　柯西的方法可能生成退化的多边形

前文已经提到，柯西往往意识不到自己所证定理的重要性，也不会在逻辑上往前走太远。他对欧拉公式的证明就是一个绝好的例子。在论文中他明确指出，自己的论证适用于凸多面体。这话不假，但他的方法其实还可以用到范围更广的一类多面体上。证明中的关键步骤是去掉原多面体的一个面，然后把其余的面互不重叠地“运送”到那个面所处的平面上。这一步不仅适用于任何凸多面体，也适用于其他很多多面体。

例如，柯西的证明可以不加修改地用到图 12.6 所示的非凸多面体上。为此，只需把拉卡托斯的相机移到立方体的底面附近即可。

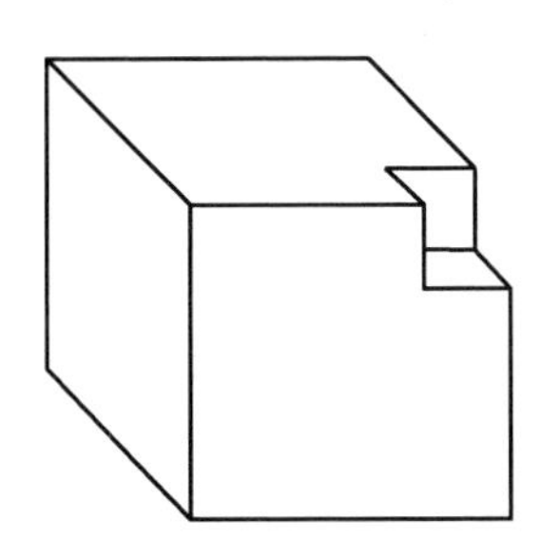
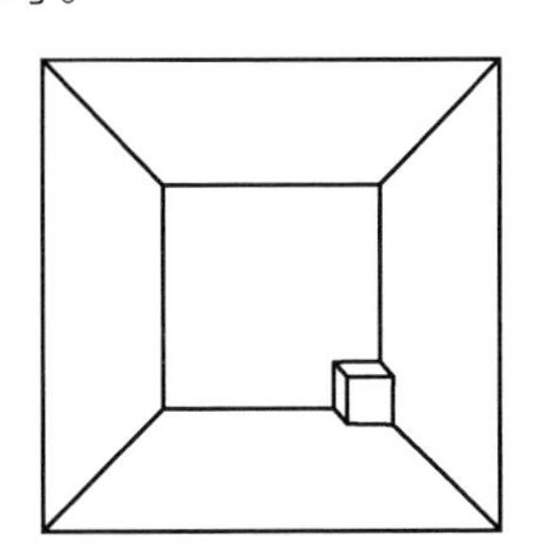

图 12.6　缺了一个角的立方体及其投影图

拉卡托斯和数学家恩斯特・施泰尼茨（1871—1928）宣称，柯西知道自己的证明适用于某些或几乎所有的非凸多面体。但这一点在柯西的论文中体现得并不清晰。问题出在他对“凸”这个词的随意使用。定理的陈述中没有提及“凸”，但柯西却在证明中说他考虑的是“多面体的凸表面”。鉴于他从未解释过这种不一致，我们不可能猜出他究竟知道什么，或是不知道什么。

不管柯西是否意识到了他的结论可以推广到某些非凸多面体上，其他人倒是很快看清了这一点。1813 年，也就是柯西的论文发表的那一年，热尔戈纳也给出了自己对欧拉公式的证明。之后他写道：“不过，人们也许会合理地偏爱柯西先生的优美证明，因为他有一个宝贵的优势，那就是没有假设多面体是凸的。”

稍稍发挥想象力，我们便可以把柯西的证明用到范围更广的一类多面体上。按照现代说法，他的证明描述了由橡皮膜制成的多面体。如果一个多面体被去掉一个面后，它的其余部分能被铺展在那个面所处的平面上，且不存在重叠或折叠，那么柯西的证明就适用于它。在第十五章中，我们将看到一些不具备此性质的“病态”例子——当一个面被移除后，多面体的其余部分不能被“运送”到平面上。事实证明，关键在于多面体必须是球状的。我们会在第十六章中更详细地讨论这个看似模糊的性质。柯西几乎就要察觉到它了。如果他真的注意到了，那他可能早已对彼时还未成形的拓扑学——或者说人们最初所称的位置分析学——做出了重大贡献。1907 年，雅克·阿达马（1965—1963）写道：

“我把柯西的错误看作科学史上最引人注目的事件之一。他证明欧拉的定理时相信自己没有对所研究的多面体做任何性质上的假设。一个头等重要的原则就这样从他眼前溜走了，留待黎曼来发现：位置分析学在数学中起着基础性的作用。”

柯西不仅没有发掘出他的证明在多面体上的全部潜力，也没有认识到它在其他图上的威力。例如，阿瑟·凯莱（1821—1895）在 1861 年观察到，柯西的证明对包含曲边的图也成立（该事实也被利斯廷和卡米耶·约当各自独立地发现于 1861 年和 1866 年）。

陈述定理时，柯西假设了他的图由一个多边形轮廓和其内部的一系列多边形组成。而在下一章中我们将看到，可以给出一个更一般的关于图的命题。为此，我们得先介绍一些现代术语。

第十三章
可平面图、几何板和抱子甘蓝游戏

在大多数科学中，一代人拆毁另一代人建立起来的东西，或是否定那些已有的拆毁行为。只有在数学中，每一代人总是续写前人留下的篇章。

——赫尔曼·汉克尔

在上一章里，我们已经见识过了柯西用以证明欧拉公式的聪明技巧。他取了一个多面体，去掉它的一个面，然后把余下部分投影到了那个面所处的平面上。接着，他证明了由此生成的图中有 $V-E+F=1$ 成立，因此对于原多面体有 $V-E+F=2$ 成立。这种思路和图论有着明显的联系。初看起来，把欧拉公式推广到非多面体图或是包含曲边的图上似乎不用费什么工夫。

难点在于，欧拉公式并不适用于所有的图。计算顶点数和边数很容易——它们正是图的构成要素——但一张图中不一定有面。即使把图画在纸上，其中的边也未必会把那块区域分成若干个面。例如，图 13.1 的左侧图中的边 *PR* 穿过了边 *QS*，所以它不可能成为面的边界。然而，这张图能被重画成没有任何交叉的形式（如它右侧的图所示），使得整个区域被分成多个面。一张能被画得不含交叉边的图被称为可平面图。

多面体的面都是被多边形围成的区域。而对于图，我们采用一个更宽松的定义。围成一个面的可以是一条边，如图 13.1 中顶点 *P* 处的自环；也可以是两条边，如顶点 *Q* 和顶点 *R* 之间的那对边（一对连接两个相同顶点的边叫作平行边）；一个面甚至可以包含一条伸入它内部的边，如顶点 *S* 和顶点 *T* 之间的边。

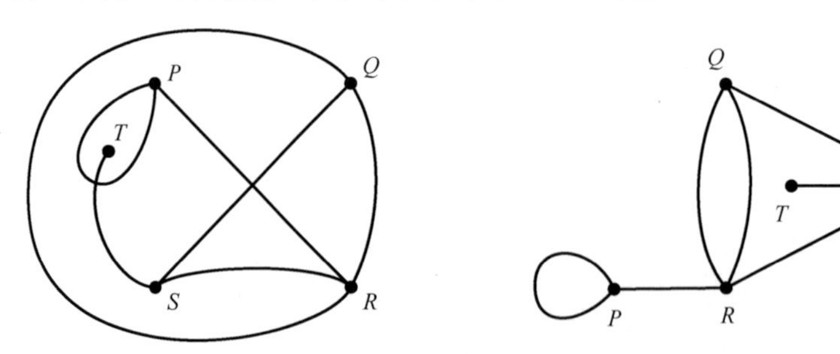

图 13.1　同一张图的两种画法

许多图论学家把图外面的区域也算作一个面。如果图本身是一座小岛，那么图之外的无界区域就是向无穷远处延伸的海洋。虽然把这个无边界区域称为“面”有些不够优雅，但这种做法往往更加实用。一个折中的解决办法是，把图看作球面上的对象（见图 13.2），而不是海上的岛屿。这样，无边界的面就是有限的了。

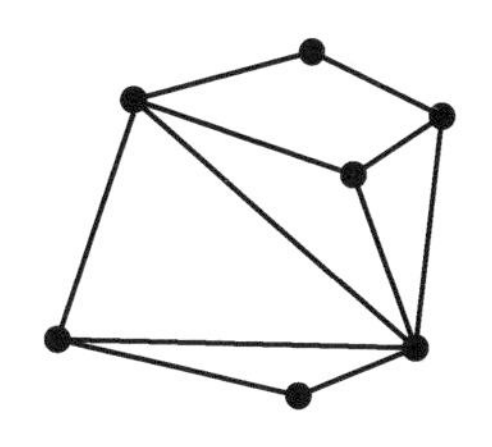
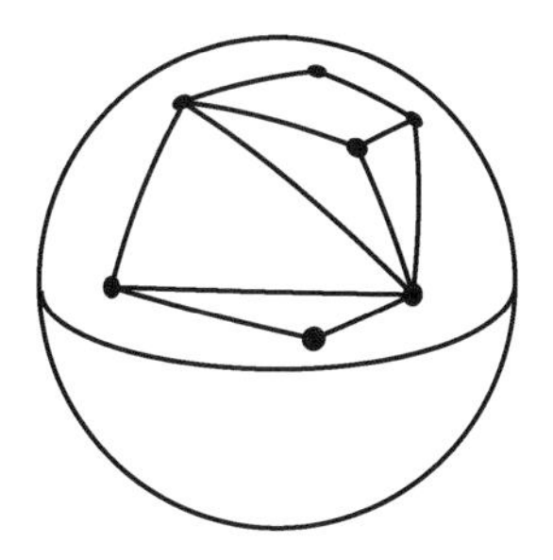

图 13.2　把可平面图放到球面上

因此，我们得到了欧拉公式在可平面图上的如下推广形式。

> 可平面图的欧拉公式
>
> 一个拥有 V 个顶点、E 条边和 F 个面的连通可平面图满足 $V-E+F=2$。

如果我们计算面数时不计入无边界区域，那欧拉公式就变成了 $V-E+F=1$。请注意，图 13.1 中的图包含 5 个顶点、7 条边和 4 个面，因此如我们所料，有 5−7+4=2。

先考虑一个简单的例子：一棵树。树是一张不含回路的连通图（见图 13.3）。由于没有回路，它唯一的面就是那个无边界的面，所以根据欧拉公式，$V-E+1=2$，或者说 $V=E+1$。换言之，树的顶点数比边数多 1。图 13.3 中的树就有 19 个顶点和 18 条边。

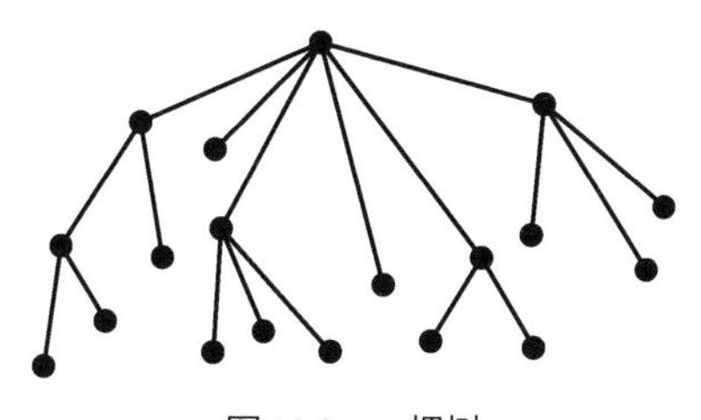

图 13.3　一棵树

有很多方法都可以证明图的欧拉公式，这里我们给出一种较为简短的。和柯西的证法类似，我们每次从图中移除一条边，但我们将小心规避他所犯的错误。

从任意一张连通图开始。选择它的任意一条边。这条边要么连接着两个不同的顶点，要么是某个顶点处的自环。假设它连接的是两个顶点。缩短这条边，直到它完全消失，且它两端的顶点变为同一个。进行这项操作时，我们可以让新图仍是一张可平面图（参考图 13.4 中边 a、边 c 和边 d 的缩短过程）。完成这一步后，图的边数和顶点数各减少 1，面数则不变。因此，$V-E+F$ 的结果没有改变。现在，假设我们选择的边是一个自环。如果是这样，就直接从图中去掉它（参考图 13.4 中边 b 和边 e 的移除过程）。这使得边数和面数各减少 1，而顶点数不变。因此，$V-E+F$ 的结果也没有改变。

继续上述操作，直到图中只剩下一个顶点。此时，我们有一个顶点、零条边和一个面（图外部的区域），所以 $V-E+F=2$。因为 $V-E+F$ 的结果在整个过程中都没有变化，所以对原图来说有 $V-E+F=2$。

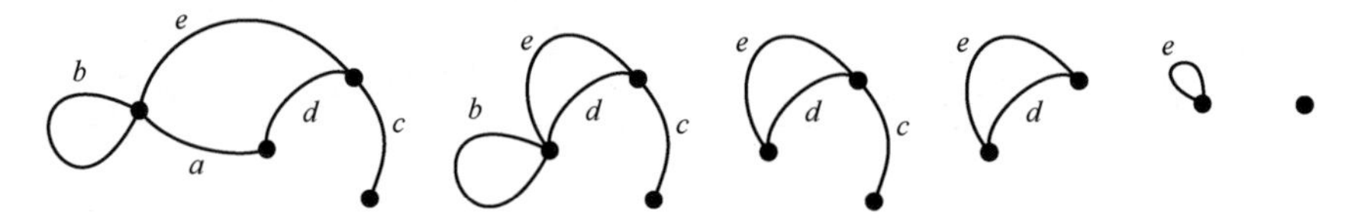

图 13.4　依次去掉边 a、b、c、d、e，把一张可平面图缩减为一个顶点

这个公式的一个有趣推论是，对一张边数为 E、顶点数为 V 的可平面图来说，任何一种可能的构型都有着相同的面数。换句话说，如果 10 个人各自拿出一张可平面图，按照自己的喜好设定顶点的位置，并把边排布成两两不交叉的状态，那么每张图的面数都会是一样的（不考虑无边界的面时，$F=1+E-V$）。例如，图 13.5(a) 为一张包含 4 个顶点和 6 条边的图，它的两种可平面构型，即图 13.5(b) 和图 13.5(c)，都有 3 个面。

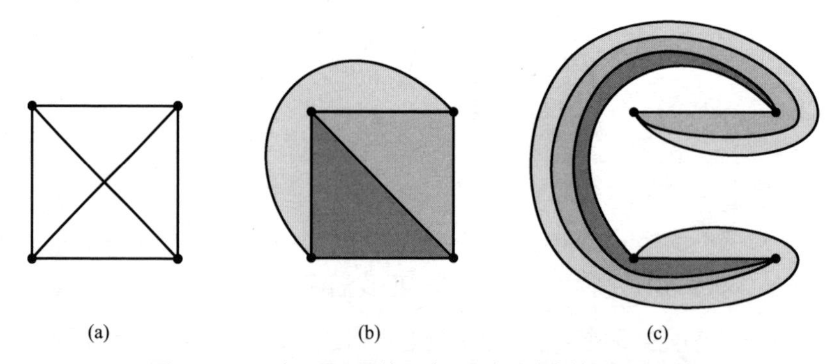

图 13.5　同一张可平面图的两种不同表示法有着相同的面数

因为欧拉公式只对可平面图成立，所以我们经常可以用它来证明一张给定的图

不是可平面图。为了进一步阐释这个想法，让我们引入两类重要的图：完全图和完全二部图。

一张有 n 个顶点的完全图被记作 K_n，它的每一对顶点之间恰好有一条边。在没有自环和平行边的条件下，完全图是顶点数为 n 的图中度最大的。图 13.6 展示了 K_1 到 K_5 这五张完全图。如果我们去掉多米诺骨牌示意图（见图 11.11）中的自环，我们就得到了 K_7。

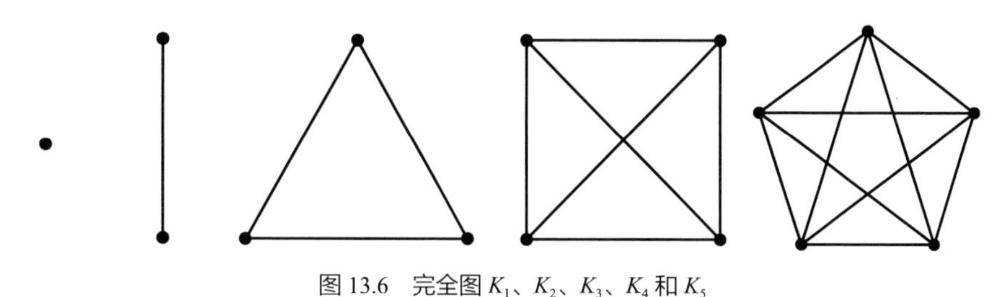

图 13.6　完全图 K_1、K_2、K_3、K_4 和 K_5

完全二部图是完全图的“近亲”。一张完全二部图中的顶点可以被分成两个集合，如 U 和 V，使得 U 中的任意两个顶点间没有边相连，V 中的任意两个顶点间也没有边相连，且 U 中的每个顶点和 V 中的每个顶点间恰有一条边。如果 U 包含 m 个顶点，V 包含 n 个顶点，我们就把相应的完全二部图记作 $K_{m,n}$。图 13.7 中的是 $K_{3,2}$ 和 $K_{3,3}$。完全二部图的一个典型例子是公共事业公司图，出现于每一本图论基础教材中。在此图中，集合 U 由公共事业公司（燃气公司、自来水公司、电力公司等）组成，集合 V 则由顾客组成。由于集合 U 中的每一项都是每名顾客所必需的，所以这张图是完全二部图。

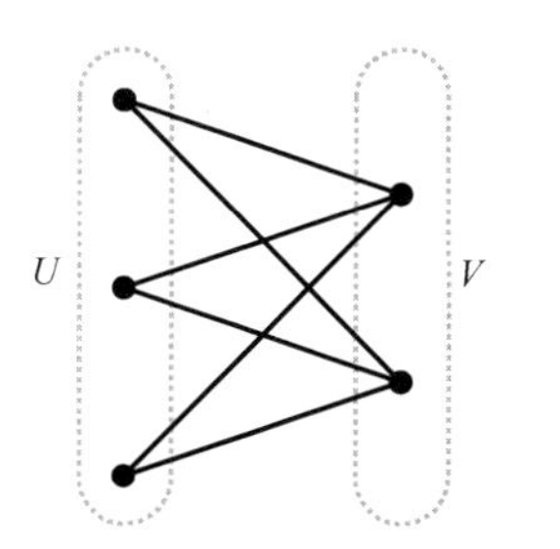

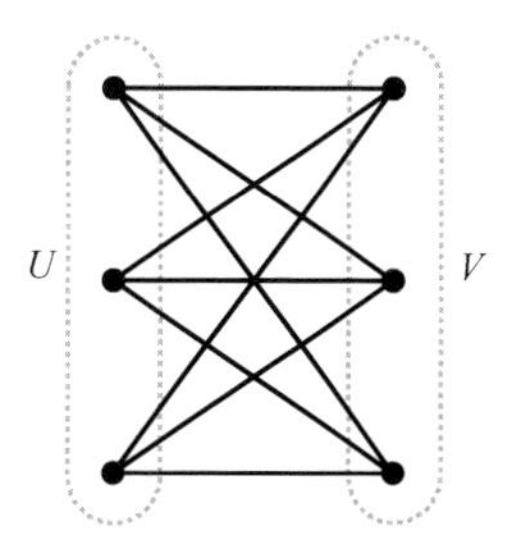

图 13.7　完全二部图 $K_{3,2}$ 和 $K_{3,3}$

现在，我们想判断哪些完全图和完全二部图是可平面图。容易证明 K_1、K_2、K_3、K_4、$K_{m,1}$ 和 $K_{m,2}$ 都是可平面图。例如，图 13.8 中的 K_4 和 $K_{3,2}$ 就是可平面图。然而，其他的完全图和完全二部图都不是可平面图。我们将利用欧拉公式来对 K_5 和 $K_{3,3}$ 证明这一事实。

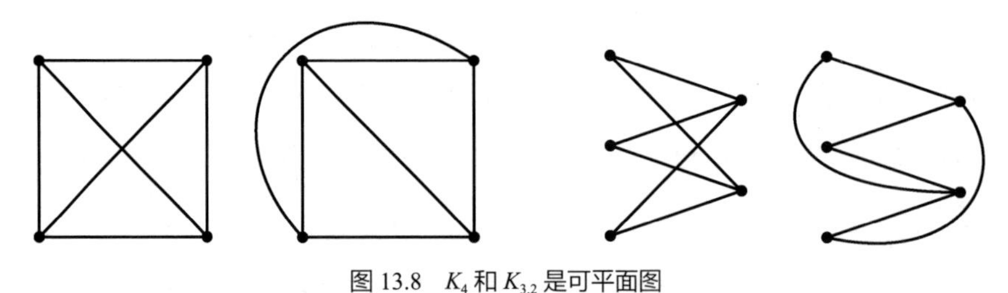

图 13.8　K_4 和 $K_{3,2}$ 是可平面图

为了证明 K_5 不是可平面图，我们会用到一个被称为反证法或归谬法的技巧。先假设一个和待证结论相反的结论（假设 K_5 是可平面图）成立，然后推出逻辑上的矛盾。这样，我们就能得出 K_5 不是可平面图的结论。戈弗雷・哈罗德・哈代曾写道："欧几里得钟爱的归谬法是数学家们最精良的武器之一。它远胜过任何一种开局让棋法：棋手也许会牺牲一个兵，甚至一枚别的棋子，但数学家却直接赌上整盘棋局。"

假设 K_5 是一张可平面图。那么，我们就可以在一个平面上把它画成边与边两两不交叉的形式。已知 K_5 有 5 个顶点和 10 条边。由可平面图的欧拉公式可知 $V-E+F=2$，因此，算上无边界区域，我们画出的可平面图必定有 7 个面（因为 $2=5-10+F$）。

每条边都是两个面的公共边界，所以 $2E=pF$，其中 p 是每个面的平均边数。K_5 是完全图，所以它没有自环或平行边。因为没有自环，所以图中没有任何一个面是仅由一条边围成的；又因为没有平行边，所以图中没有任何一个面是由两条边围成的。由此可知，每个面的平均边数至少是 3。故 $p \geqslant 3$，且 $2E \geqslant 3F$。然而，结合 $F=7$ 和 $E=10$ 可以推出 $20 \geqslant 21$，这是一个矛盾。因此，K_5 一定不是可平面图。

类似地，我们可以证明完全二部图 $K_{3,3}$ 不是可平面图（请试一试！）。$K_{3,3}$ 与 K_5 关键的差别在于，$K_{3,3}$ 是二部图，所以图中一条起点和终点相同的路径所包含的棱数一定是偶数。因此，$K_{3,3}$ 没有边数为 3 的面。

一般来说，有如下定理成立。

> 当 $n \geqslant 5$ 时，K_n 不是可平面图；当 $m \geqslant 3$ 且 $n \geqslant 3$ 时，$K_{m,n}$ 不是可平面图。

从某种意义上来讲，K_5 和 $K_{3,3}$ 是一张图成为可平面图的全部障碍。著名的库拉托夫斯基定理告诉我们，当且仅当一张图包含了 K_5 或 $K_{3,3}$ 的复制图时，它才不是可平面图。例如，图 13.9 中的图不是可平面图，因为它包含了 K_5 的复制图。

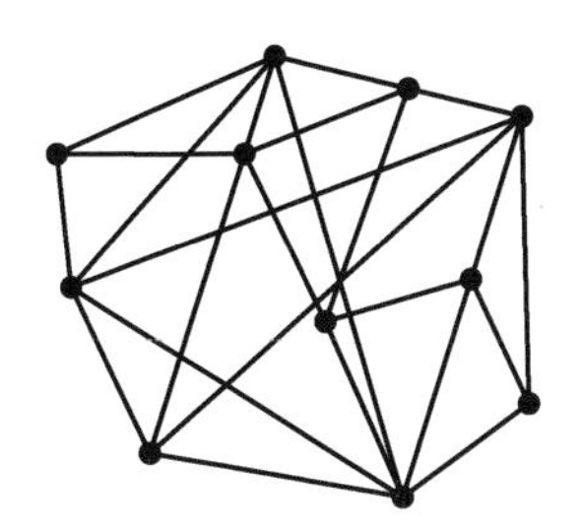
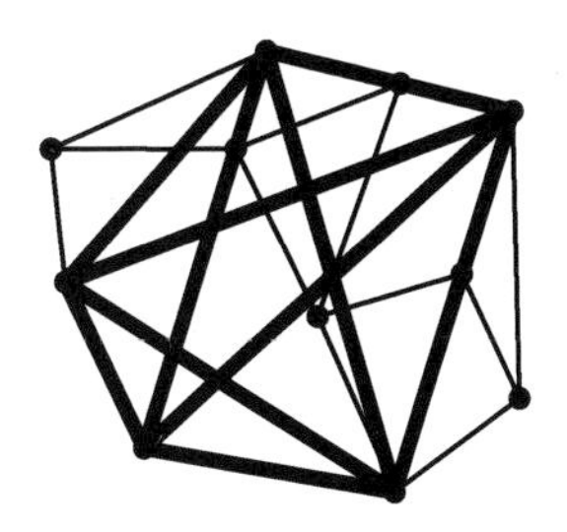

图 13.9　一张包含 K_5 的非可平面图

接下来，我们要展示欧拉公式的另一个有趣应用，叫作皮克定理。它是由格奥尔格·亚历山大·皮克（1859—约 1943）在 1899 年证明的。皮克是一位奥地利数学家，在布拉格度过了生命中的大部分时光，后去世于捷克斯洛伐克境内的特莱西恩施塔特集中营。

我们借助几何板来介绍皮克定理，它是凯莱布·加泰尼奥（1911—1988）发明的一种广受欢迎的教学工具，能让学生通过实际操作学习基础几何。一种居家自制几何板的方法是，把一批钉子钉成半截没入木板的状态，且使它们排成一片方格网。学生可以把橡皮筋缠在钉子上，绷成多边形的形状（见图 13.10）。完成这一步后，老师就能讨论诸如周长、角度、面积和毕达哥拉斯定理之类的概念了。

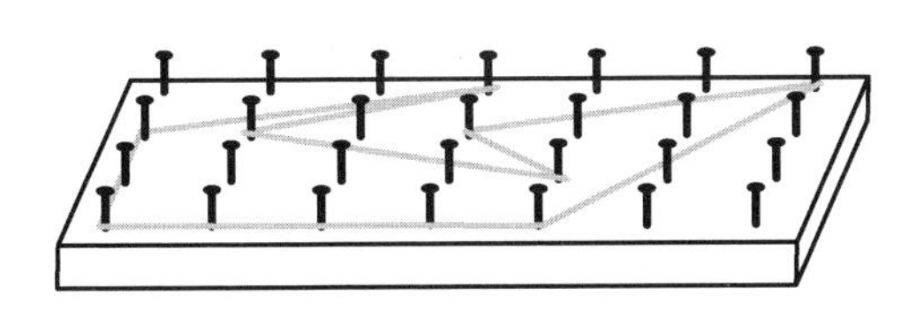
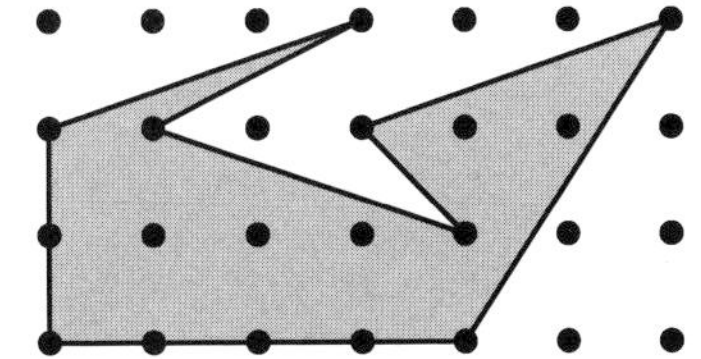

图 13.10　用几何板制作的多边形

皮克定理提供了一种计算面积的简便方法，它甚至可以处理最复杂的非凸多边形（不过我们规定，橡皮筋不能和自身有交叉）。

> 皮克定理
>
> 如果一个格点多边形的边界上有 B 根钉子，内部有 I 根钉子，那么它的面积（A）就是 $A=I+B/2-1$。

例如，因为图 13.10 所示的多边形满足 $B=12$，$I=5$，所以其面积为 $5+12/2-1=10$。

事实上，美国俄勒冈州有不止一名护林员曾利用近似版的皮克定理估算过森林的面积。护林员先拿出一张印着格点的透明正片，把它放在地图中代表自己林区的多边形区域上。随后，只需把区域内部的点数和边界点数的一半相加（这和皮克定理非常接近了！），再乘一个适当的比例因子，就估算出了林区的面积。

一旦知道了“原始三角形”的面积，我们就能用欧拉公式轻松地推出皮克定理了。原始三角形是一个内部不含钉子且边界上只有顶点处有钉子的三角形（比如图 13.11 中的阴影三角形）。换句话说，一个原始三角形的 $B=3$，$I=0$。令人惊讶的是，每个原始三角形的面积都是 1/2。

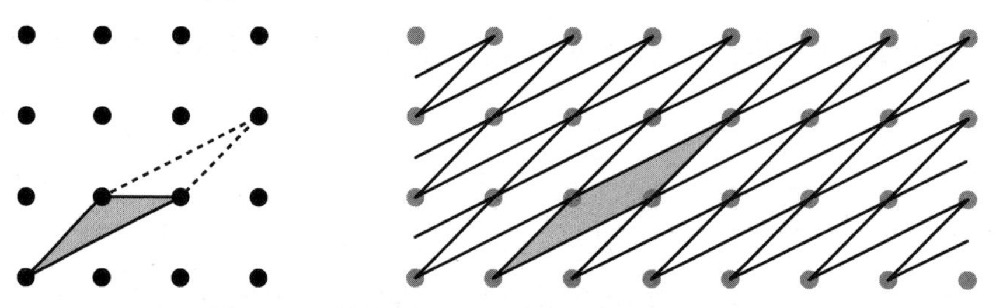

图 13.11　用原始三角形生成的菱形可以铺满整个平面

很不幸，这个事实的证明有些冗长。因此，我们不给出完整证明，只给出一个暗示着它成立的迹象。容易看出，平面（一张无限大的几何板）可以被无数个 1×1 的正方形铺满。这些正方形不管是向上、向下、向右还是向左移动一个单位后，都能恰好跟另一个正方形重合。类似地，取一个原始三角形，把它扩充成一个面积是原来的两倍的平行四边形（见图 13.11）。通过不断地向上下左右移动一个单位，这个平行四边形也能像正方形那样铺满整个平面。因此，和正方形一样，它的面积也为 1。故原始三角形的面积是 1/2。

现在，我们可以证明皮克定理了。首先把一个多边形剖分成 T 个原始三角形（图 13.12 所示的分法就是一个例子）。如果我们把无边界区域也算作一个面，那么 $F=T+1$。因为每个三角形的面积都是 1/2，所以多边形的总面积是 $A=(1/2)T$。

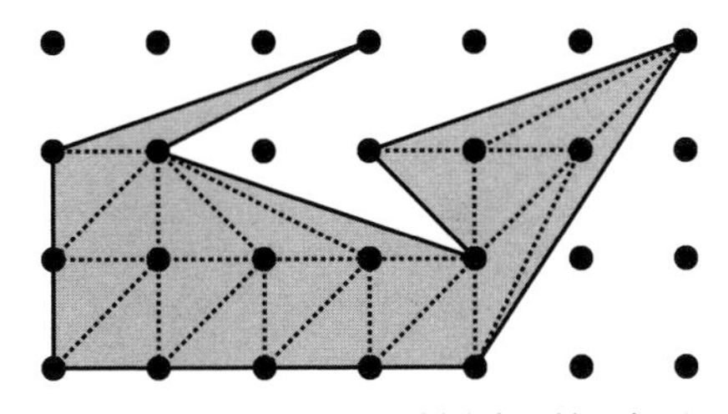

图 13.12　多边形被三角剖分为原始三角形

此时，图中每个有边界的面都有三条边，所以 $3T$ 等于总边数的两倍减去多边形边界上的边数。由于原多边形边界上的边数和顶点数相同，所以

$$3T=2E-B$$

如果解出 E，就有

$$E=\frac{3T}{2}+\frac{B}{2}$$

图 13.12 中顶点的总数是 $V=I+B$。运用欧拉公式，我们可得

$$2=V-E+F$$

$$2=(I+B)-(\frac{3T}{2}+\frac{B}{2})+(T+1)$$

$$2=-\frac{T}{2}+\frac{B}{2}+I+1$$

因此，三角形面的个数为

$$T=2I+B-2$$

故如前所述，原多边形的面积等于

$$A=\frac{T}{2}=\frac{1}{2}(2I+B-2)=I+\frac{B}{2}-1$$

最后，让我们用两个纸笔游戏来结束本章。尽管它们很相似，但其中一个是真正的智力游戏，另一个则是一场开始前就已知道结果的骗局。

据马丁•加德纳（1914—2010）——《科学美国人》的长期数学专栏作家——所说，1967 年 2 月的一个下午，剑桥大学的约翰•霍顿•康韦（1937—2020）和迈克尔•佩特森利用下午茶时间发明了“发芽游戏”。很快，它就引发了轰动。康韦写信给加德纳说：“从发芽游戏‘发芽’的那天起，似乎每个人都在玩它。在下午茶时间，总有一些小群体端详着或是荒谬、或是绝妙的发芽位置。”

发芽游戏从白纸上任意数量的点开始。第一名玩家从某个点画出一条连接到其他点或该点自身的曲线，然后在线上画一个新点。随后，两名玩家轮流画出新曲线和新点。唯一的规则是，新曲线不能和已有的曲线交叉，且任意一点处最多只能有三条曲线交会。最后一个拥有作画机会的人就是胜者。图 13.13 展示的是从两个点开始的发芽游戏，其中，二号玩家在第四步赢得了胜利。

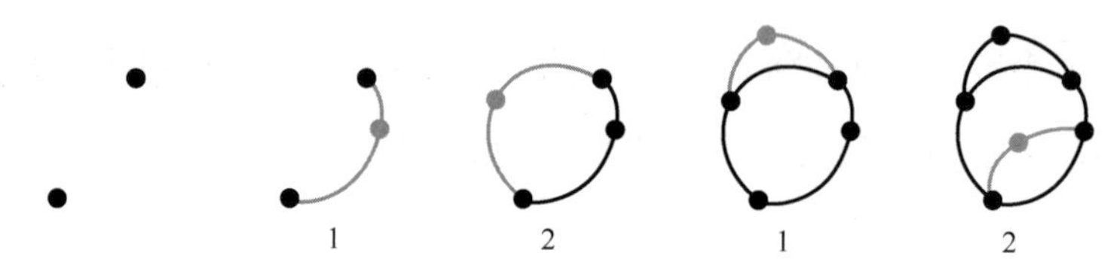

图 13.13　二号玩家赢得了这局发芽游戏

开局时的点数越多，游戏就进行得越久，但它不可能永远继续下去。一个以 n 点开局的发芽游戏最初有 $3n$ 个空位可以用来画边。玩家每画出一条新边，空位就减少一个（用掉两个，新增一个）。因此，游戏最多能持续 $3n-1$ 步。

其实，对于较小的 n，先手或后手都可能占据优势，具体取决于 n 的值。如果游戏从两个点开始，那么二号玩家就总能做出使自己必胜的选择。当 $n=1$，6，7，8 时也是如此。另外，一号玩家在 $n=3$，4，5，9，10，11 时更有优势。这些情形中的大部分（$n>6$）都被计算机核验过。对于足够大的 n，哪名玩家会有优势就不得而知了。虽然这个游戏理论上是不公平的，但除了 n 等于小整数的情形，其他时候的必胜策略都还没有被找到。所以在实际中，赢得发芽游戏仍然是一项智力挑战。

后来，康韦发明了发芽游戏的一种变体，他称之为“抱子甘蓝游戏”。它不是从 n 个点开始，而是从 n 个加号状的十字符开始。每一回合，一名玩家都要画一条曲线连接两个十字符的空余端，并把一个新的“加号”（由此就又增加了两个空余端）画在这条新边上（见图 13.14）。与发芽游戏不同，抱子甘蓝游戏允许四条边交于同一位置。游戏的胜者仍然是最后一名拥有作画机会的玩家。实际上，“抱子甘蓝游戏”这个幽默的名字已经暗示出游戏本身是场恶作剧了。

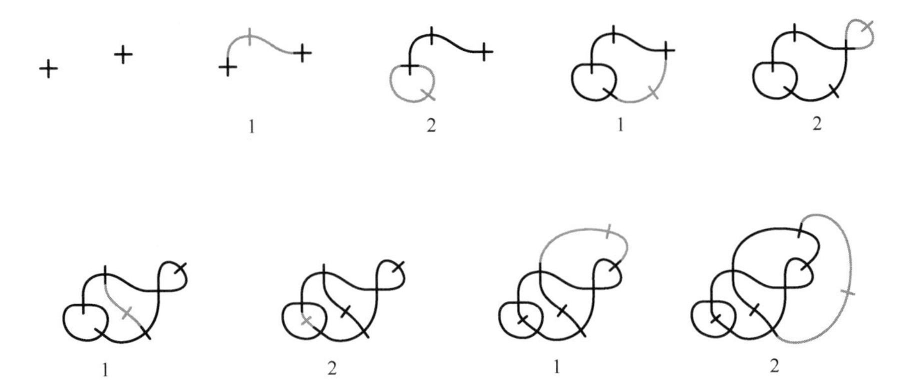

图 13.14　二号玩家赢得了这局抱子甘蓝游戏

我们已经知道，一场发芽游戏总有尽头。但对抱子甘蓝游戏来说，真相就不那么显然了。玩家的每一步操作都会消去十字符的两个空余端，同时又增添两个，因此游戏似乎可以永远进行下去。然而，每场抱子甘蓝游戏都注定会结束，它的滑稽之处也来源于此。不管一名玩家是聪明绝顶还是愚不可及，游戏都必定会在 $5n-2$ 个回合之后结束。也就是说，奇数个点的开局总能为一号玩家确保胜利，而偶数个点的开局总能让二号玩家赢得游戏。

如果我们忽略十字符的空余端，那么每一回合呈现在玩家面前的就是一张可平面图（也许包含好几张连通子图）。如果把每个十字符当作一个顶点，那么每一步操作就为图增加了两条边和一个顶点。而且除非新曲线连接的是两个分离的连通子图，否则每一步操作总是会让图增加一个面。

我们断言，当图变为连通图且恰好有 $4n$ 个面（包括外部的无边界面）时，游戏结束。一开始，有 n 个十字符和 $4n$ 个空余端。因为玩家的每次操作都会去掉两个空余端，并增添两个，所以空余端的个数总是 $4n$。每个区域必定至少有一个指向其内部的空余端，即它的最新边界曲线上的那一个。因此，图的面数不能超过 $4n$。另外，如果图的面数少于 $4n$，那么一定有某个区域至少包含两个空余端，游戏也就还没有结束。

假设游戏在 m 个回合后结束，留下了一张有 V 个顶点、E 条边和 $F=4n$ 个面的连通图（例如，图 13.15 中的游戏终局图有 $V=10$，$E=16$，$F=8$）。如前所述，每个回合中都有两条新边和一个新顶点被创造出来。因为游戏开始时图中有 0 条边和 n 个

顶点，所以结束时有 $E=2m$ 条边和 $V=n+m$ 个顶点。现在，使用欧拉公式可得

$$2=V-E+F=(n+m)-2m+4n$$

解出 m，就得到 $m=5n-2$。

因此，如果你想逗一逗对你深信不疑的朋友，那就请他们一起玩抱子甘蓝游戏吧。你可以让他们选择指定先后手或是开局时十字符的个数。不论是哪种情况，你都能稳操胜券。

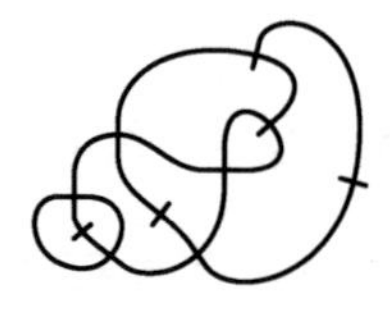

图 13.15　图 13.14 中抱子甘蓝游戏的终局图

第十四章
缤纷的世界

“伊利诺伊州是绿色的，印第安纳州是粉色的。但你绝对没法从那儿给我找来粉色的东西。不，先生，那里是绿色的……”

“赫克·芬恩，你觉得门外的美国和地图上会是同一种颜色吗？”

“汤姆·索耶，地图的作用是什么？不就是把事实教给你吗？”

“当然。”

“那如果它对我们说谎怎么办呢？这正是我想知道的。”

——马克·吐温，《汤姆·索耶出国记》

数学家查尔斯·勒特威奇·道奇森（1832—1898），即刘易斯·卡罗尔，《爱丽丝漫游奇境记》的作者，曾发明了一种两人游戏。玩家 A 画出一张包含任意数量国家的陆地地图。玩家 B 给地图上色，使得相邻的国家（它们得有一条公共边界，不能只有一个角相邻）颜色不同。玩家 A 的目标是画出一张复杂的地图，迫使玩家 B 用到许多种颜色。与此同时，玩家 B 则要弄清楚如何用尽可能少的颜色给地图涂色。

仅用两种颜色，我们就可以给一张像棋盘那样简单的地图上色。但即便最拙劣的地图画师也能逼对手用出第三种颜色。要得到一张需要四种颜色的地图也没什么难度——画一个正好被三个邻国围住的国家就行了（就像被德国、法国和比利时所环绕的卢森堡那样）。因为四个国家彼此相邻，所以第四种颜色是必需的（巴拉圭和马拉维是另外两个这样的例子）。

那么，玩家 A 能做得更好吗？他能逼迫玩家 B 用第五种颜色吗？进一步的简短讨论将表明，五个彼此相邻的国家是不存在的（我们事先规定，不考虑包含数个不相连区域的国家，比如图 14.1 中的 a 国）。这个结论足以确保四种颜色就能为任何地图上色吗？

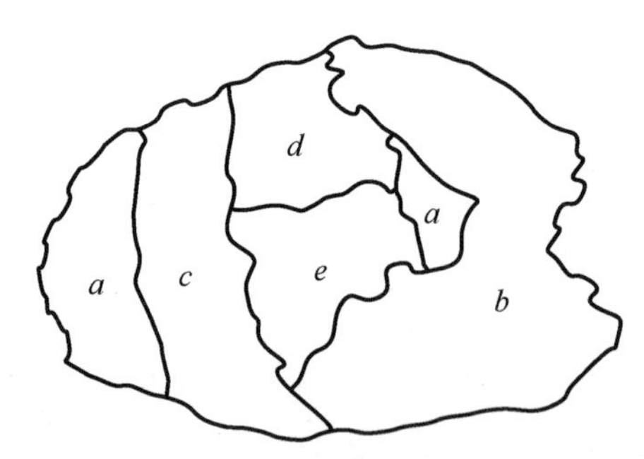

图 14.1　领土不连通的国家可能迫使我们用第五种颜色

根据民间传说，最先注意到任何地图只需四色就能涂好的群体是地图制作者们。但没有什么证据能支持这一观点。即便他们真的发现了这个事实，也没有将它公之于众。肯尼思·梅翻阅了大量关于制图学和地图制作史的书籍，却找不到任何提及四色问题的地方。没有什么迹象显示出地图制作者们有减少地图颜色的冲动。

从现有信息推断，四色现象最早是在 1852 年被观察到的。弗朗西斯·格思里（1831—1899），一名数学系的应届毕业生，注意到只用四种颜色就能给英格兰的所有郡上色，并想知道这是否对所有地图都成立。于是，他提出了一个猜想，一个后来成为数学中最棘手也最著名的问题之一的猜想：四色问题（又称四色猜想）。

四色问题
每一张地图都能用四种或更少的颜色来上色，使得相邻的国家颜色不同。

弗朗西斯·格思里把这个发现告诉了自己的兄弟弗雷德里克，后者又把它分享给了自己的教授，也就是受人尊敬的数学家奥古斯塔斯·德·摩根（1806—1871）。德·摩根很快就迷上了它。1852 年 10 月 23 日，他写信给威廉·罗恩·哈密顿爵士（1805—1865）说：

“今天，我的一名学生让我帮他解释一个事实，但我以前不知道它——现在也仍然不确定它到底是不是事实。他说如果随意分割一个图形后，给每一块都涂上颜色，使得共享边界的那些块颜色不同——也许只需要四种颜色，但绝不需要更多种……问题是，难道没法设计一张需要五种或更多颜色的图吗？……你怎么看？如果这是真的，以前有人注意到吗？……我越思考这个结论，就越觉得它似乎显然成立。如果你用一些简单的反例就证明了我的愚蠢，那我恐怕就只能效仿斯芬克斯了。”

幸运的是，德·摩根不必效仿斯芬克斯——那头在自己出的谜语被俄狄浦斯解开后就羞愤自尽的怪物。实际上，哈密顿甚至对这个问题提不起太大的兴趣。他回复道：“我短期内可能不会尝试去解决你的‘颜色四元组’问题。”

尽管德·摩根找到了几个愿意研究四色问题的人，但整个数学界还是固执地拒绝接纳它。在接近二十年的时间里，没有任何相关结果刊登出来。转折点出现在

1878 年 6 月 13 日。那天，在伦敦数学学会的一场会议上，著名数学家阿瑟・凯莱询问是否有人解决了四色问题，并承认自己对其无能为力。此后的学会会议中，四色问题得到了广泛的印发。

自从凯莱为四色问题带来了世界性的关注后，它就成了数学爱好者的最爱之一。它的美妙之处在于陈述起来毫不费力，甚至一个孩子都能听懂它。诚然，它是个数学问题，但它却不涉及算术、代数、三角学或是微积分。它的证明总是似乎触手可及。知名几何学家哈罗德・斯科特・麦克唐纳・考克斯特（1907—2003）写道：

“几乎每位数学家都体验过一个自认为证明了四色问题的光荣之夜，但第二天早上就会发现落入了一个似曾相识的圈套。”

《科学美国人》的专栏作家马丁・加德纳每隔几个月就会收到一份四色问题的冗长证明（当然，它们都是错误的）。所以，当他决定为 1975 年的愚人节创作一篇专栏文章时，他把四色问题也写了进去。在《六个不为公众所知的爆炸性发现》中，他介绍了 1974 年的六个重大发现，其中就有四色问题的一个“反例”。它是一张由 110 个区域组成的地图，有一个言简意赅的标题：“四色地图定理被推翻了”。不过，很多读者并没有注意到这是个玩笑。有多达上千名受骗者写信给加德纳，给出了共计一百多种为“反例”上色的方法。

虽然我们现在将四色问题的提出归功于弗朗西斯・格思里，但许多更古老的文献却把功劳错误地记在了德国数学家奥古斯特・默比乌斯（1790—1868）头上（见图 14.2）。默比乌斯是马丁・路德的后裔，也是一个安静寡言的恋家男人。成年后的他不常旅行，但研究生时期的他却先后就读于莱比锡大学、格丁根大学（跟高斯共事了两个学期）和哈雷大学，然后又回到莱比锡，完成了天文学方向的博士论文。经历这段漂泊后，他立誓要留在自己深爱的萨克森州。尽管后来多次收到其他大学发来的邀请，他还是把余下的职业生涯都献给了莱比锡。

默比乌斯成了莱比锡的一位天文学家，任职于当地的天文台。他热爱数学，而且他最大的贡献也是在数学领域而非天文学领域做出的。他以重心微积分、射影与仿射几何、拓扑学基础方面的工作而闻名。他惯于独处和小心谨慎的个性为他带来了高质量的数学成果，却没能使他成为一名有天赋的讲解者。正因为如此，很少有学生愿意来听他的课。

关于四色问题出处的误传来自默比乌斯的一名学生里夏德·巴尔策（1818—1887）。他写道，1840 年，默比乌斯向学生们提出了“五王子问题”，内容如下：

“曾有一位印度国王统治着辽阔的疆域，并有五个儿子。他在遗嘱中宣布，自己死后，王国将被分给儿子们，使得每个王子的领土都与其余四人的相邻（不能只有一个点相邻）。那么，应该怎样来实现这种分割呢？”

图 14.2　奥古斯特·默比乌斯

第二天，默比乌斯对着沮丧的学生们承认，问题无解。

凭借我们所掌握的知识，很容易就能证明上述问题的解不存在。假设有一种分法把王国分成了五个满足条件的区域，且在每个区域内都有一座王宫。那么，对任何一对兄弟来说，在他们的王宫之间都可以修建一条不经过其他王子领土的路。此时，以王宫为顶点，以道路为边，可以画出一张可平面图。确切地说，这张图正是拥有五个顶点的完全图 K_5，但我们已经证明过它不是可平面图了。

在文章的后记中，巴尔策下了一个错误的结论，那就是五王子问题的不可解意味着四色定理成立。他写道："要是默比乌斯能早点发现这个意义如此深远的应用，他该有多高兴啊。"其实，五王子问题和四色问题之间的确有着微弱的联系。如果前者寻求的分法存在，那么相应的王国地图就不可能用四种颜色来完成上色（就像图 14.1 中的地图一样）。但这只扫清了一个证明四色定理的障碍。也许还有其他的复杂地图，尽管其中不存在五个彼此相邻的区域，却仍然需要不止四种颜色来上色。马丁 • 加德纳告诉我们，他收到的不少错误证明正是换汤不换药的五王子问题。

然而，我们也不该完全抛弃默比乌斯的谜题。用道路连接王宫的技巧相当实用。如同哥尼斯堡七桥问题那样，地图上每个国家的地理环境并不重要，重要的只是它们的相对位置。这是一个能用图论术语重述的拓扑学问题。

在地图上的每个国家内画一个顶点，并把每一对相邻国家内的顶点用边相连，就得到了这张地图的邻接图（见图 14.3）。如果两个国家拥有不止一条公共边界，我们也只在相应的顶点间画一条边。

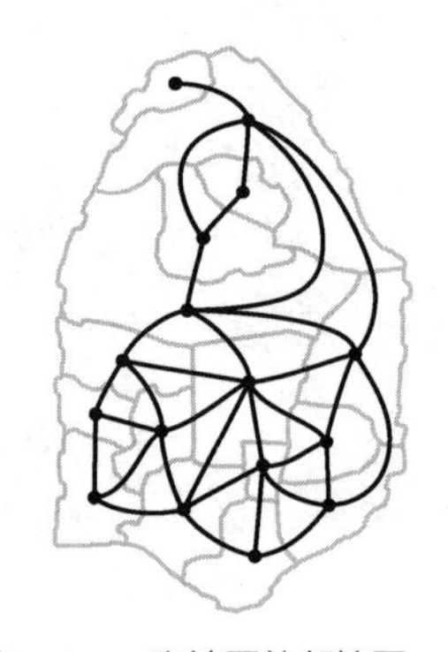

图 14.3　一张地图的邻接图

邻接图有一些美妙的性质。不难看出，任何地图的邻接图都是可平面图，只需把顶点取成每个国家的首都，把边取成首都间不超出两国总疆域的道路即可。根据定义，邻接图中没有自环或平行边，这样的图被视为简单的。简而言之，一张地图的邻接图是简单的可平面图。请注意，如果地图上的区域是连通的，那么它的邻接图也是连通的。

创造出一张地图的邻接图后，我们就把地图涂色问题转化成了图着色问题。现在，我们要为之上色的不是地图上的国家，而是图的顶点了。如果一张地图（或一张图）能被涂上 n 种颜色，使得相邻的国家（顶点）颜色不同，我们就称它是 n 着色的。据此，四色问题可以被重述如下：

可平面图的四色问题
每一张简单可平面图都是 4 着色的。

从图 14.4 中可以看到内华达州及其邻州的地图，还有它对应的邻接图。我们先用四种颜色给邻接图上了色，然后把涂色结果转换到了原地图中。

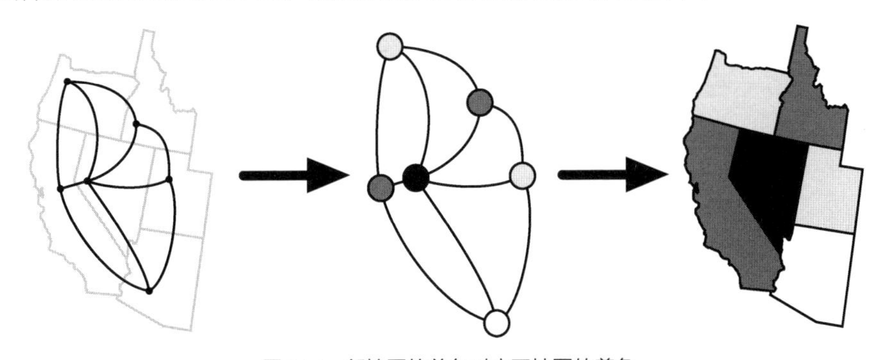

图 14.4 邻接图的着色对应了地图的着色

在一张典型的地图中，有些国家也许邻国很多，但不可能每个国家都是如此。任何一张地图必定包含邻国数小于等于五的国家。我们将这个重要事实称为“五邻定理”。它的证明只需用到欧拉公式和一点计数法。以图论的视角，我们将其表述如下：

五邻定理
每一张简单可平面图都有一个度不超过 5 的顶点。

假设我们有一张简单的可平面图。由于图中没有自环或平行边，我们可以给它添加边，直到每个面都有三条边为止。我们将证明，这张被三角剖分后的（更大的）图有一个度不超过 5 的顶点，因而（更小的）原图也必定包含一个度不超过 5 的顶点。

假设剖分后得到的新图有 V 个顶点、E 条边和 F 个面（算上外部的无边界区域）。它的每条边都是两个面的公共边界，每个面都有三条边，因此 $3F=2E$。由欧拉公式可知，$V-E+F=2$，或者 $6E-6F=6V-12$。用 $4E$ 替换 $6F$，我们得到

$$2E=6V-12$$

因为每条边都有两个端点，所以所有顶点的度之和为 $2E$。故各顶点的度的均值为

$$\text{度的均值}=\frac{2E}{V}=\frac{6V-12}{V}=6-\frac{12}{V}<6$$

既然度的均值小于 6，那当然就至少存在一个度不超过 5 的顶点了。

为了体现五邻定理在图着色问题中的作用，我们用它来证明六色定理。

六色定理
每张地图都能用六种或更少的颜色来着色。

根据归谬法，首先假设这个陈述是错的。那么，至少存在一张地图不是 6 着色的。查看所有这类地图，找到国家数最少的那张。假设它包含 N 个国家。像这样规模最小的反例常被称为“最小反例”。挑出最小反例的好处是，我们可以断言任何所含国家数不超过 $N-1$ 的地图都是 6 着色的。

考虑该最小反例的邻接图 G。由五邻定理可知，G 中有一个顶点 v 的度小于或等于 5。去掉 v 和所有交于它的边，得到一张新图 H。不难看出，H 是一张包含 $N-1$ 个国家的地图的邻接图。既然 H 只有 $N-1$ 个顶点，那它就是 6 着色的。现在，把刚刚去掉的顶点和边重新加进图里。由于 v 至多和 5 个顶点相邻，所以至少有一种还没被用过的颜色适用于 v。因此，G 也能被六色涂好。这和 G 是最小反例矛盾，所以每张地图必定能用六种或更少的颜色来着色。在图 14.5 中，利用这一证明技巧，我们用红色、蓝色、黄色、绿色、紫色和橙色给一张图着了色。

遗憾的是，同样的证明不适合只有四种或五种颜色可选的场景。因为当重新插入顶点 v 时，可能没有多余的颜色可以用来给它着色。对于这些情形，我们必须采取更机智的策略才行。

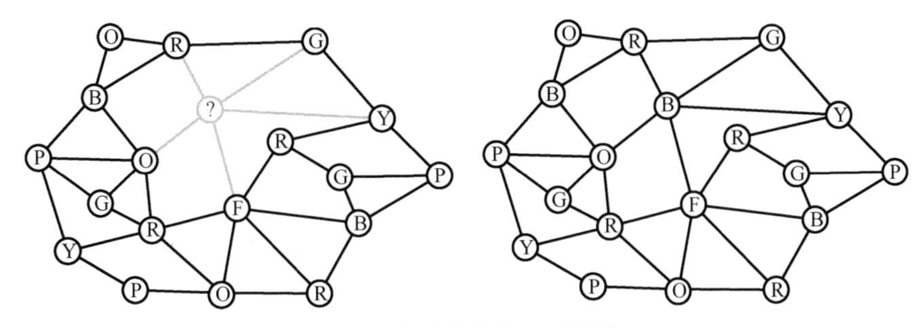

图 14.5　用六色给最小反例着色

艾尔弗雷德·布雷·肯普（1849—1922，见图 14.6）就提出了一种好策略。作为凯莱的学生，他在 1879 年 7 月 17 日宣布自己证明了四色问题，并于当年晚些时候发表了他的证明。和之后几百年间频繁出现的错误证明不同，肯普的证明非常令人信服。他聪明地提出了一种能为最小反例中的顶点着色的新技巧。这使得整个数学界都兴奋异常。

图 14.6　艾尔弗雷德·布雷·肯普

之后的十年中，人们一度认为肯普的证明已经终结了四色问题。然而很不幸，问题仍未被解决。1889 年，珀西·约翰·希伍德（1861—1955）从肯普的论证中找到了一个致命的错误。他构造了一张地图，使得肯普的逻辑土崩瓦解。在一篇发表于 1890 年的笔记中，希伍德写道：

“这篇文章不会为四色定理给出一个新证明；实际上，它是破坏性的而非建设性的，因为它将揭示，如今广受认可的那个证明中有一个缺陷。”

就这样，四色定理又一次变回了四色问题。

虽然肯普的证明是错的，但他引入的技巧却很重要。希伍德承认，肯普的想法已经足以证明五色定理。事实上，即便是在四色定理的最终证明中，肯普的思路也很关键。对他来说，错误的证明也许尴尬，却没有长久地损害他的职业生涯。他后来仍然活跃在皇家学会（凭借与四色定理无关的数学成果入选），还被册封为爵士。

任何一个试过只用四色给大地图上色的人都知道，刚开始涂的时候很容易，慢慢就会陷入僵局，以至于再也涂不下去。[1] 此时，负责着色的人必须取消一些已有的操作，为地图的某些部分重新上色。肯普的技巧就是一种重涂颜色的简便方法。

从任意一张已涂好色（或部分着色）的图开始。选择两种颜色，比如红和蓝，然后选一个被涂成了这两色之一的顶点。从该顶点出发，走过所有红蓝顶点交错出现的道路。这些顶点的集合被称为红蓝链或肯普链（见图 14.7）。请注意，一条肯普链常常不是线状的，它可能有分支或自环。一个重要的观察结果是，因为和肯普链相邻的顶点都不是红色或蓝色，所以我们互换肯普链中的红顶点和蓝顶点后仍能得到一种合理的着色法。

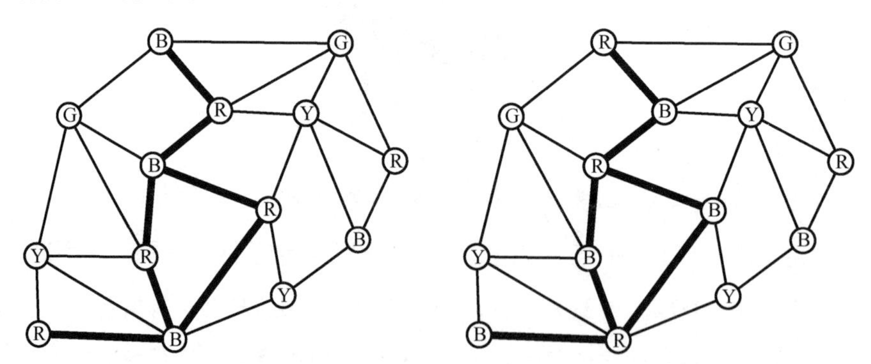

图 14.7　互换红蓝链中的颜色后，我们有了另一种合理的着色法

[1] 斯蒂芬·巴尔据此设计了一种两人游戏。第一名玩家先画一个国家，用四种颜色之一为其着色。随后，第二名玩家画出另一个国家并涂色。当轮流上色的两人之一不得不使用第五种颜色时，游戏结束。——作者原注

早些时候，我们证明过六色定理。运用肯普的技巧，我们就可以证明五色定理了。

> 五色定理
>
> 每一张地图都能用五种或更少的颜色来着色。

证明的第一步和六色定理的情形相同。假设我们找到了一个最小反例——一张国家数最少（N个）的不能用五种颜色涂好的地图。根据五邻定理，这张地图的邻接图 G 中一定有一个度不超过 5 的顶点 v。把移除 v 之后的图记为 H。因为 H 有 $N-1$ 个顶点，所以它是 5 着色的。考虑那些与 v 相邻的顶点。如果这些顶点只被涂成了四种或更少的颜色（例如，如果 v 的度小于或等于 4），那我们只要给 v 涂上第五种颜色就行了。但如果和 v 相邻的顶点已经用完了五种颜色，那解法就没这么简单了。

假设和 v 相邻的顶点是 a、b、c、d、e（按顺时针方向），且它们分别被涂成了红色、蓝色、黄色、绿色和紫色。考虑红顶点 a 及包含它的红黄链，这分为两种情况。首先，如图 14.8 所示，假设顶点 c 不在这条红黄链中。我们可以不改变 c 的颜色，并交换链中的红顶点和黄顶点。接下来，我们可以把 v 涂成红色，得到 G 的一种五色涂法。

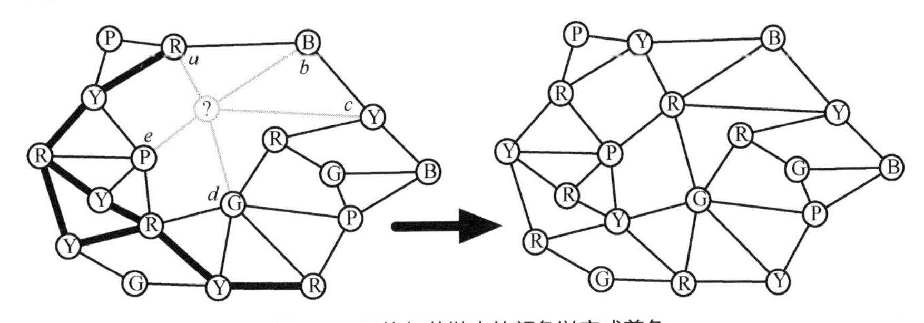

图 14.8　互换红黄链中的颜色以完成着色

另外，假设 c 就在这条红黄链中（见图 14.9）。此时，交换链中的红顶点和黄顶点也会改变 c 的颜色，使我们无法为 v 腾出一种颜色。这对问题的解决毫无帮助。然而，由于 G 是可平面图，顶点 d 所处的蓝绿链不可能包含顶点 b。因此，交换这条蓝绿链中的蓝顶点和绿顶点之后，我们可以把 v 涂成绿色，从而得到 G 的一种五色涂法。

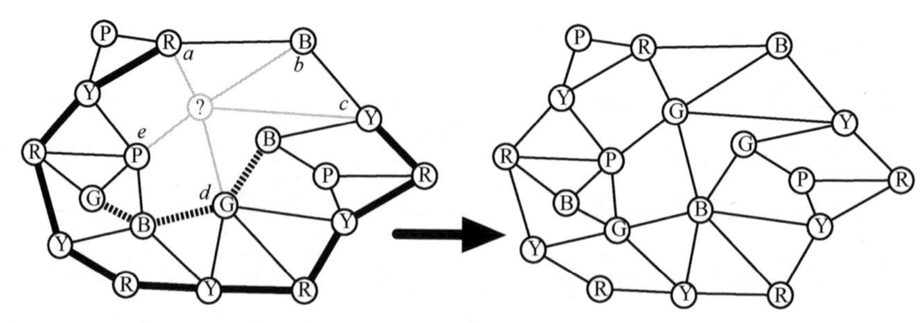

图 14.9 互换蓝绿链中的颜色以完成着色

肯普的错误证明很像这个五色定理的证明。然而，四色的情形难免会更加棘手。一个度为 5 的顶点 v 有可能被四个颜色不同的顶点所环绕。他必须为一条或两条肯普链重新涂色，把那四个顶点的颜色减为三种后，才能给 v 着色。虽然他的方法看似正确，但他却少考虑了一种情形，那就是重涂两条肯普链的颜色后有可能产生一种不被允许的着色方式。

此后多年，四色问题魅力不减，使数学家和初学者都心醉神迷。乔治•大卫•伯克霍夫（1884—1944）、哈斯勒•惠特尼（1907—1989）、亨利•勒贝格（1875—1941）和奥斯瓦尔德•维布伦（1880—1960）等重要数学家都尝试过解决它。这些数学巨人的成就可以列成长长的清单，但他们也无法攻克这道难题。一些德高望重的数学家，例如哈罗德•斯科特•麦克唐纳•考克斯特，甚至怀疑四色问题不成立。

进入二十世纪后，人们的注意力逐渐转到了不可避免集（也称不可免完备集）和可约构形上。不可避免集是由一些构形组成的集合，它的元素中至少有一个必定出现在每张邻接图中。例如，五邻定理就给了我们一个最简单的不可避免集，如图 14.10 所示——每张邻接图中至少有一个度小于 6 的顶点。

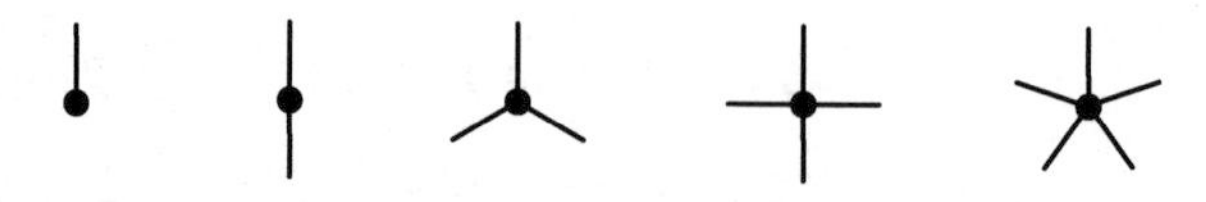

图 14.10 一个由五种构形组成的不可避免集

另外，可约构形是最小反例中不可能出现的那些顶点和边的集合。利用肯普链，很容易就能证明图 14.10 中的前四种构形是可约的。我们可以去掉邻接图中符合这些构形的顶点，给图的其余部分着色，用肯普链重新涂色一次（如有必要），再把那个顶点加回来上色。第五种构形才是真正的麻烦。

因此，目标变成了寻找由可约构形组成的不可避免集。这个集合里的构形不可能出现在最小反例中，却一定会出现在每张邻接图中。这和最小反例的存在性互相矛盾。由此我们也就证明了四色定理。

1976 年 7 月 22 日，在肯普的错误证明出现约一个世纪后，伊利诺伊大学的两名研究者——肯尼思 • 阿佩尔（1932—2013）和沃尔夫冈 • 哈肯（1928—2022）（见图 14.11）——宣布，他们找到了一个包含 1936 种可约构形的不可避免集。第二年，他们发表了两篇论文，把可约构形的数目精简到了 1482 种（他们也把约翰 • 科克列为了其中一篇文章的作者，因为他帮助他们完成了计算）。终于，四色定理被攻陷了！

四色定理

每张地图都可以用四种或更少的颜色着色。

1976 年夏末，在美国数学学会和美国数学协会的一场联合会议上，哈肯将他们的研究成果向与会者报告。讲座结束之际，听众们没有爆发出雷鸣般的掌声，没有欢呼雀跃，也没有走上前去热情地拍打哈肯的后背。他们只是礼貌地鼓了鼓掌。对屋子里的理论数学家们来说，数学中最有趣的故事之一在满载期待之后以一种极度令人失望的方式收尾了。

听众们反应平平的原因是，阿佩尔和哈肯列出了多达七百页的构形后，把它们全部输入了计算机，让它来核验这上千种特殊情况。计算机的运算根本不可能用手算来检验。整个计算过程持续了六个月，包含了一千多小时的计算机运行时间，生成了堆起来有四英尺（约 1.22 米）高的打印资料。尽管大多数人都相信哈肯等人的证明是对的，但大部分纯数学家却觉得这个证明不够优美，不尽如人意，也不甚公平。这就好比埃韦 • 克尼韦尔[1] 夸耀自己能骑摩托车飞越科罗拉多大峡谷，却先修了

[1] 美国特技明星，以驾驶摩托车飞越障碍闻名。

一座桥而后从桥上通过一样。也许登山的纯粹主义者们对于在高海拔地区使用氧气瓶也是这样的态度。

图 14.11　肯尼思·阿佩尔和沃尔夫冈·哈肯

科学家和工程师们此前已用计算机解决过无数的问题，但数学家们还没有这样做过。计算机擅长快速运算，却不擅长做出数学证明中所需的那种精确而微妙的论证。如同写作、哲学和艺术，数学一直都是一项不可自动化的人类劳动。或许有一天，某个人真的能制造出一台可以证明定理的黑箱。我们只需输入一个命题，它就会输出“真”或“假”（已经有人初步尝试过这种研究）。但有些人也许会说，这种机器剥夺了人们研究数学的乐趣和数学自身的优美。

四色定理的证明是第一个高调出场的借助计算机的证明，而且这种证明方式丝毫没有要淡出人们视野的迹象。另一个充满争议的例子是 1998 年托马斯·黑尔斯对开普勒猜想的证明。开普勒宣称，把球装满箱子的最高效方式是将它们交错排列成晶体结构状，就像杂货商摆放橙子或是炮手摆放加农炮弹那样。黑尔斯证明了开普勒是对的。虽然他的成果最终登上了声誉卓著的杂志《数学年刊》，但它却在很多年后才获准发表（论文于 2005 年见刊），甚至直到发表之时，编辑们还说他们没法检验上千行的相关代码是否有误。

阿佩尔和哈肯的争议性证明面世之后，许多人都在独立地验证它。一些数学家找到了由更少的可约构形组成的不可避免集，也开发出了更高效的证明方式。但迄今为止，每个证明都需要计算机的辅助。

举世闻名的古怪匈牙利数学家保罗•埃尔德什（1913—1996）曾谈到“天书”——一本收录了最美妙、最优雅的数学证明的虚拟巨著。时至今日，通往四色定理的大门几乎已经关上，但我们还是在等待一个老派的、仅靠纸笔的证明——那个还未出现的来自天书的证明。

第十五章

新的问题，新的证明

拓扑学中的第一批重要概念出自人们对多面体的研究。

——亨利·勒贝格

假如有人问你："什么树在秋天改变颜色并落叶呢？"如果你回答"枫树"，那你就给出了一个正确答案。然而，任何曾在十月驾车穿过宾夕法尼亚乡下的人都知道，明艳的橡树、白桦和山毛榉也纷纷踩在落叶铺就的床上。因此，虽然你的答案是对的，它却并不完善。那你又能否断言所有树的树叶都在秋天变色飘落呢？不能。松树、冷杉、云杉和雪松就是例子。为了提出一条一般的真命题，我们得仔细观察多种树木才行。一个更完备的答案是：落叶树在秋天变色和落叶。

凸多面体满足 $V-E+F=2$。这是一个真命题。我们是从欧拉、勒让德、柯西等人的证明中了解到的。但是，我们也知道答案不止于此。就像普安索曾指出的那样，欧拉公式对某些非凸多面体也成立——比如星凸多面体。数学家邓肯·麦克拉伦·扬·萨默维尔（1879—1934）写道："从某种程度上来讲，凸性是一种偶然；举例来说，一个凸多面体只要有一个凹坑或者有顶点被向内推动，就变成了一个构型数与原来相同的非凸多面体。"因此，如果我们说只有凸多面体才满足欧拉公式，那便既有误导性，也把事情不必要地简化了。欧内斯特·德·容凯尔认为："在援引勒让德和其他权威学者的话时，人们只是助长了一种连某些大智者也逃不过的流行偏见：欧拉公式的适用范围只是凸多面体。"

那么，我们能说欧拉公式对所有多面体都成立吗？也不能。就像有些树在秋天不变色一样，有些多面体也不满足欧拉公式。我们想确定的是，一个多面体必须具备什么性质才满足欧拉公式。矿物学家约翰·弗里德里希·克里斯蒂安·黑塞尔（1796—1872）——我们后面还会遇到他——称这类多面体为欧拉多面体。

如第二章所言，数学家们曾在许多个世纪中研究多面体，却没有为它下过一个适当的定义。只要假设了凸性（几乎总是隐式地），他们就不会犯错；可一旦想要断言某个结论对所有多面体都成立，他们往往就会遇到麻烦。到了十九世纪初，对多面体进行严格定义的需求越发迫切。

第一个认真考虑哪些多面体满足欧拉公式的人是西蒙－安托万－让·吕利耶（1750—1840）。也许他命中注定要研究多面体。他和欧拉都是瑞士人，而且他出生的那年正好是欧拉发现多面体公式的那一年。最有趣的是，“吕利耶”的字面意思是“油壶”或“涂油的人”，因此吕利耶也能被称为“涂油工”[1]。

吕利耶的经历和欧拉如出一辙，也是因被数学吸引而远离了神学。年轻的吕利耶曾有机会从一名亲戚那里得到部分家产，条件是走上牧师的道路。然而，吕利耶拒绝了这个慷慨的提议，决心成为一位数学家。

他到华沙度过了自己的早期数学职业生涯，给王子亚当·恰尔托雷斯基的儿子担任家庭教师。后来，他回到瑞士，得到了日内瓦学院的一份教职，并最终晋升为校长。在漫长的一生中，他为几何、代数和概率论都做出了贡献，并凭此赢得了国际性的声誉。他也写出了一批在波兰经久不衰的教材。关于他的性格，一位传记作家写道：“虽然波兰人觉得吕利耶无疑过着清教徒式的生活，但他的日内瓦同胞们却责备他不思禁欲和行为怪诞。不过，说到怪诞，他也只是把几何定理写成了诗句，并以数字 3 和虚数单位 i 为主题作过诗而已。”

1813 年，吕利耶为多面体理论添上了重要一笔，使人们更深入地理解了欧拉公式。在一篇论文中，他展示了三种不满足欧拉公式的多面体，并将它们称作“例外”（见图 15.1）。

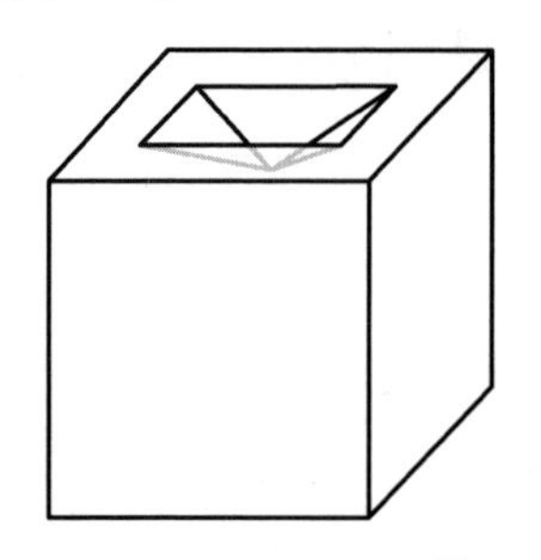
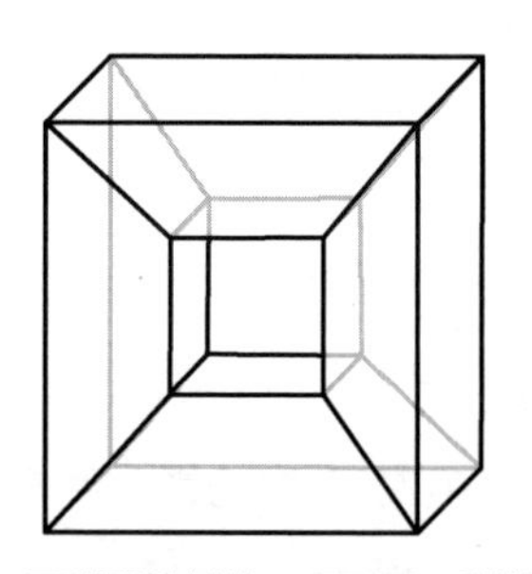
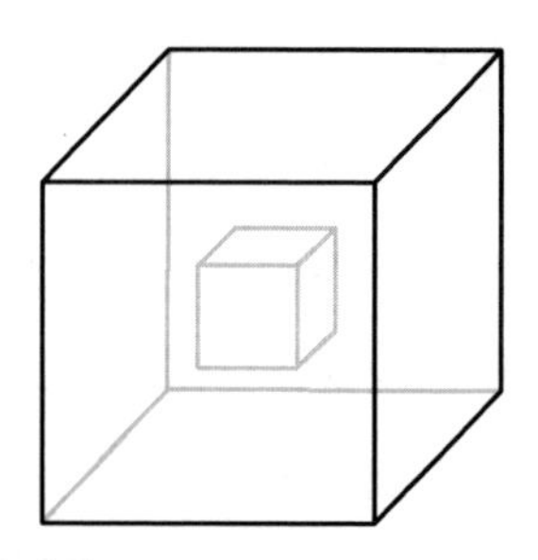

图 15.1　吕利耶的例外：环形面、隧道和空腔

吕利耶的论文发表在一本由私人创办的新杂志《纯粹与应用数学年刊》上。这是史上第一本纯粹的数学期刊，创办者和主编都是法国炮兵军官和杰出的几何学家约瑟夫·迪亚·热尔戈纳。数学家让·克劳德·蓬写道，热尔戈纳“有一个可憎的习惯，那就是只发表一篇稿件中使他感兴趣的部分”。热尔戈纳不仅大幅改动了吕利耶

[1] Oiler，与欧拉（Euler）发音相近。——译者注

的成果，还总是把自己的评注和吕利耶的正文混杂起来——他甚至断言自己在读到吕利耶的论文前就已经知道三种例外中的两种了！

吕利耶的第一种例外拥有环形面或者说戒指形面。例如，在图 15.1 的左侧图中，一个凹坑出现在了立方体某个面的中心，使那个面看起来像一个方垫圈。这个多面体有 13 个顶点、20 条棱和 10 个面（5 个正方形面、4 个三角形面和 1 个环形面）。此时，欧拉公式不成立，因为 13−20+10=3。吕利耶没有把那些不寻常的面称为环形面或戒指形面。他的说法是，那个面有一个“内部多边形”。

第二种例外拥有一条或多条贯穿其中心的“隧道”。在图 15.1 的中间图中，我们能看到一个形如甜甜圈的多面体。它有 16 个顶点、32 条棱和 16 个面，因此有 16−32+16=0。

第三种例外则来源于吕利耶的朋友所收藏的矿物。在那位朋友的藏品中，吕利耶看到了一块处于透明水晶内部的彩色水晶（后来在 1832 年，黑塞尔也受到了这种水晶的启发——他见到了一块内含硫化铅立方体的氯化钙晶体）。他据此想象了一个内部有多面体状空腔的多面体。当然，只有当我们假设立方体是实心而非空心时，这种例外才有意义。一个含立方体状空腔的立方体被画在了图 15.1 的右侧图中。这个多面体有 16 个顶点、24 条棱和 12 个面，故有 16−24+12=4。

吕利耶（和热尔戈纳）相信，上述三种多面体包括了欧拉公式的所有例外情形。吕利耶写道：“很容易让人们相信，除了我即将举出的例子，欧拉公式对所有多面体都成立，不管它们是不是凸的。”

随后，他没有忽略这些例外，而是修改了欧拉公式，将例外所具备的特征也考虑了进去。他断言，一个有 T 条隧道、C 个空腔和 P 个内部多边形的多面体满足

$$V-E+F=2-2T+P+2C$$

快速数一数即可发现，这个公式在图 15.1 中的三个多面体上都成立。

然而，事实证明，吕利耶的三种例外并没有囊括欧拉公式的所有反例，他那富有洞察力的公式也不适用于所有的“奇异”多面体。例如，图 15.2 中的四个多面体就不属于三种例外中的任何一种，我们也很难弄清楚如何对它们使用吕利耶的公式。第一个多面体中有一个面包含了两个内部多边形，但它们却相交于一个公共顶点；

第二个多面体中的隧道有一个分支；第三个多面体的空腔是环面状的；而第四个多面体虽然形似环面，但它的隧道在哪里却不好说。

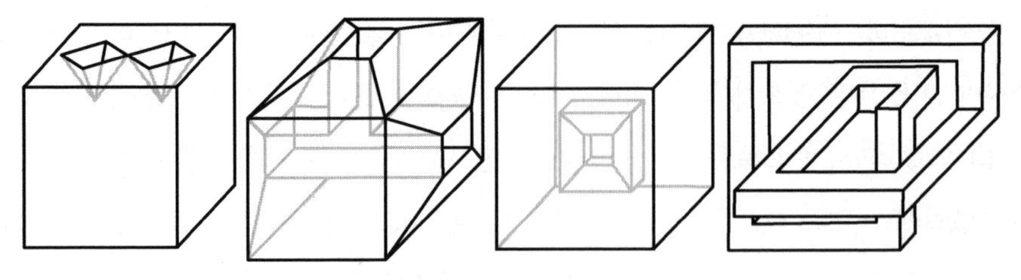

图 15.2　复杂的多面体

又一次，我们回到了定义多面体的问题上——如果没有一个精确的多面体定义，就不可能界定欧拉多面体。尽管如此，吕利耶对例外情况的分类是极其重要的，而且只需稍加改动就能变成最终的正确答案。事实上，据拉卡托斯所说，在吕利耶的发现公布后的八十年内，和他的成果相同或类似的修正版欧拉公式又被发现了许多次。

约翰·黑塞尔早年接受过医学训练，但自从著名矿物学家卡尔·凯撒·冯·莱昂纳德敦促他成为一位矿物学家后，他就改了行。最终，黑塞尔在德国马堡当上了一位矿物学和采矿技术方面的教授。他对科学贡献良多，但其中最广为人知的还是他用数学方法对矿物对称性所开展的研究。

在 1832 年的论文中，黑塞尔提出了欧拉公式的五种例外。当他写作和投稿时，他并不知道吕利耶二十年前所做的工作。不过，他很快就听说了吕利耶的成果，发现自己的五种例外中有三种和吕利耶的相同。但他认为很多人都不知道这些重要例外的存在，所以决定不撤回自己的文章。图 15.3 中就是黑塞尔提出的两种新例外。其中一种是由两个相交于一条公共棱的多面体组成的，另一种则是由两个相交于一个公共顶点的多面体组成的。这两种形体是否应该被算作多面体尚有争议，但它们的确不满足多面体公式。第一种形体有 12 个顶点、20 条棱和 11 个面（$12-20+11=3$），第二种形体则有 8 个顶点、14 条棱和 9 个面（$8-14+9=3$）。

1810 年，路易·普安索找到了另外两种“例外”。在那篇改进了勒让德的证明的文章中，普安索列举了图 15.4 所示的四种星形多面体。由此我们看到，数学常常被发现、遗忘，而后又被重新发现。普安索的四种星形多面体中有两种——大星形十二面体和小星形十二面体——被开普勒描述过（见图 6.6），而且在那之前还出现在了雅姆尼策和乌切洛的艺术作品中（见图 6.3）。不过，普安索却是第一个在数学背景下展示另外两种星形多面体——大十二面体和大二十面体——的人，尽管前者其实也能从雅姆尼策的画作中找到（见图 6.3）。今天，这四种多面体被称为开普勒 - 普安索多面体。

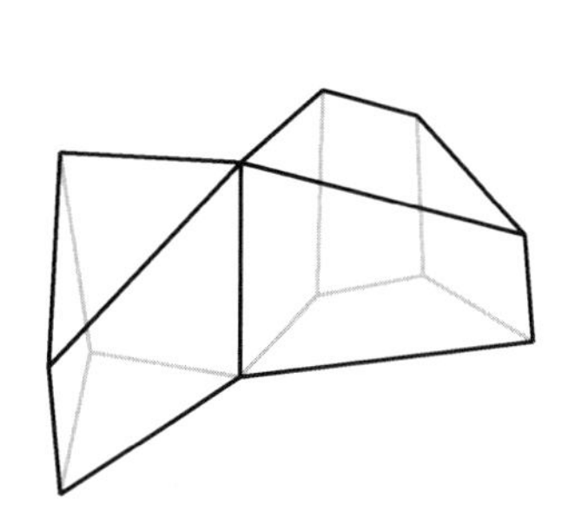
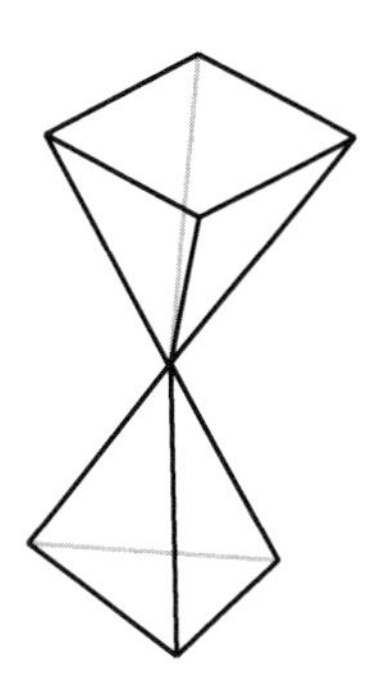

图 15.3　黑塞尔提出的多面体公式的例外

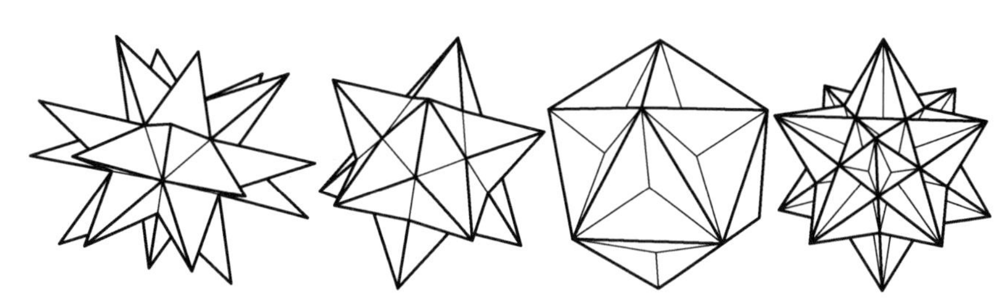

图 15.4　开普勒 - 普安索多面体：（从左到右）
大星形十二面体、小星形十二面体、大十二面体和大二十面体

显然，可以将这些多面体看作由三角形面组成的非凸多面体。如前所述，它们是星凸的，所以由勒让德的证明可知，它们也满足多面体公式。但开普勒和普安索没有采用这种视角，而是将这些奇异的多面体当成了新的正多面体。

为了理解这种观点，我们需要回顾平面上的多边形。之前我们曾断言，每一个大于 2 的 n 都只对应于一种正 n 边形。图 15.5 中的正五边形就是一个例子。然而，如果我们放宽要求，允许多边形的边彼此交叉，那我们就能找到另一种正五边形——毕达哥拉斯学派的五角星形。毕竟，用铅笔画一个五角星形也只要五笔。我们可以认为五角星形有五个顶点和五条连接它们的边。虽然每条边都恰好和其他两条边交叉，但我们不把这些交叉点算作顶点。这样，五角星形的五条边就长度相等，且它们形成的五个夹角也相等。因此，把五角星形叫作正多边形十分合理。

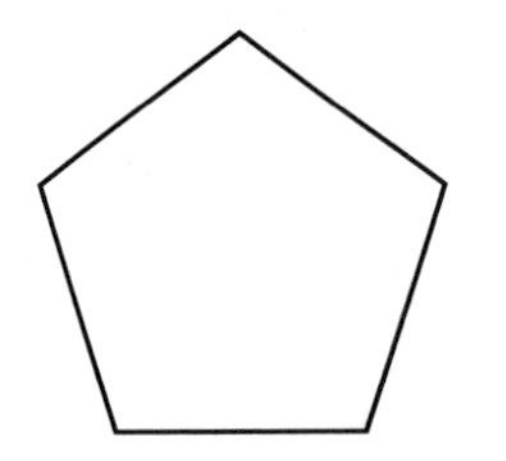

图 15.5　正五边形和自相交的正五边形（即五角星形）

开普勒和普安索也是这样审视星形多面体的。也就是说，构造大十二面体时，我们不用三角形面，而是用十二个相互交叉的五边形面（见图 15.6）。这等同于把多面体中每组共平面的面都合成一个面。如此，大十二面体的构成要素就变成了全等的正五边形，且它的每个顶点处都有相同数量的面相交。如果我们愿意丢掉凸性的限制，那么大十二面体就能像柏拉图立体一样被看作正多面体。同理，另外三种开普勒 - 普安索多面体也具备这种被重新定义的正则性——大星形十二面体和小星形十二面体都有五角星形的面，大二十面体则有等边三角形的面。

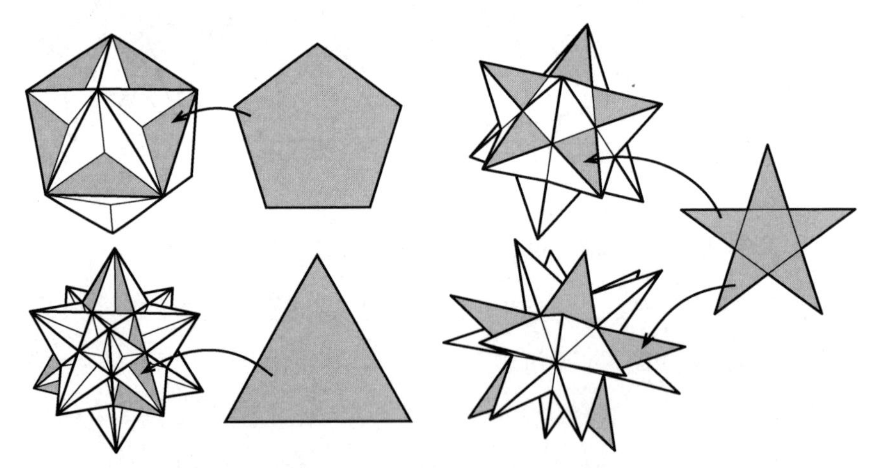

图 15.6　各个面相互交叉的正多面体

就像特埃特图斯证明了只有五种正多面体一样，柯西也在 1811 年证明了只有四种多面体满足上述被放宽的正则性定义——四种开普勒 - 普安索多面体。

尽管这些多面体并不常见，我们还是可以按上述新视角计算它们的 $V-E+F$。大二十面体（V=12，E=30，F=20）和大星形十二面体（V=20，E=30，F=12）确实满足欧拉公式。然而，另外两种多面体则不然——它们成了欧拉公式的两个新反例。事实上，当我们把大十二面体看成有十二个五边形面的多面体时，它就不满足欧拉公式了。它有 12 个顶点和 30 条棱，因此有 12−30+12=−6。小星形十二面体也有 12 个顶点、30 条棱和 12 个面，所以其交错和也等于 −6。

十九世纪上半叶，欧拉公式的反例纷纷涌现，但公式的新证明也在继续登场。到 1811 年为止，欧拉、勒让德和柯西都给出了证明。1813 年，在提出了三种例外的那篇论文中，吕利耶用新方法证明了欧拉公式对凸多面体成立。他的思路和欧拉的相似，也是把多面体分解成金字塔形。为此，他在多面体内部放置了一个新顶点，把该点和多面体的其他顶点相连，从而创造出了新的棱和面。这样，原多面体就被分解成了许多金字塔形，且它们有一个共同的顶点。接着他证明，对于任何金字塔形，以及由金字塔形按上述共顶点方式拼成的立体，多面体公式都成立。

热尔戈纳也在吕利耶的论文里写下了自己对凸多面体欧拉公式的证明（他的证明十四年后被雅各布·施泰纳再次做出）。他把多面体投影到了平面上，并使用了一个关于多边形的角的结果。

在多面体公式的众多证明中，卡尔·格奥尔格·克里斯蒂安·冯·施陶特（1798—1867）在 1847 年给出的可以位列最巧妙的之一。他的证明有一个特别的优势，那就是适用于一大类非凸多面体。

施陶特生于德国罗滕堡的一个贵族家庭。二十岁时，他进入了格丁根大学，在高斯的指导下学习天文学和数学。他博士阶段的天文学研究成果使高斯印象深刻，以至于高斯帮助在高中任教的他找到了一个维尔茨堡大学的讲师职位。1835 年，施陶特成了埃朗根大学的教授，并在那里最终成为一位出色的数学家。他并不多产，但他 1847 年撰写的射影几何学教材《位置的几何学》却很有影响力。后来，他又给这本书添加了三份长篇补充材料。正是这部著作使得他被后世永久铭记。

如普安索所指出的那样，凸性是欧拉公式成立的充分条件，但不是必要条件。在《位置的几何学》中，施陶特终于提出了一套非常宽泛的标准，用以描述欧拉多面体。他不加说明地假设了自己谈及的多面体是空心的，而非实心的。此外，他还提出了如下两个假设条件（也就是需满足的标准）：

1. 从多面体的任意一个顶点出发，我们都能经由一些棱到达另一个被任意选出的顶点。

2. 对于任何一条由棱组成的路径，只要它的起始顶点和结束顶点相同，且不重复经过任何一条棱（请回忆图论中回路的定义），它就能把多面体分成两块。

施陶特这套极富洞见的标准囊括了不少非凸多面体。例如，从图 15.7 中，我们看到两个异常复杂的多面体。可以证明，左边那个满足施陶特的所有标准（它的 V=48，E=72，F=26，故有 48−72+26=2），右边那个则不然。沿着图中被加粗的路径切开后者后，我们不能将它分成两个不相连的部分（它的 V=40，E=60，F=20，故有 40−60+20=0）。

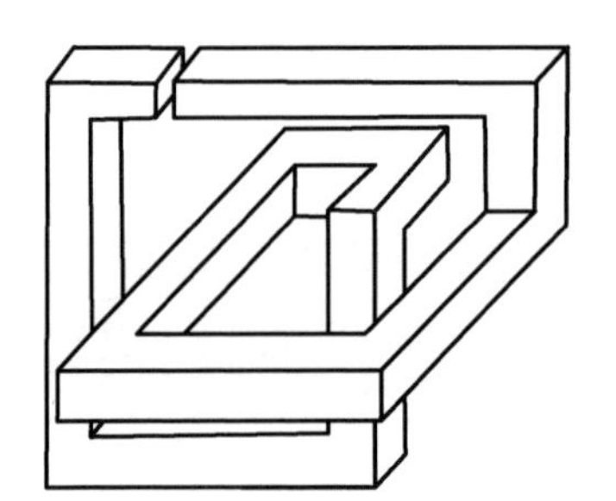
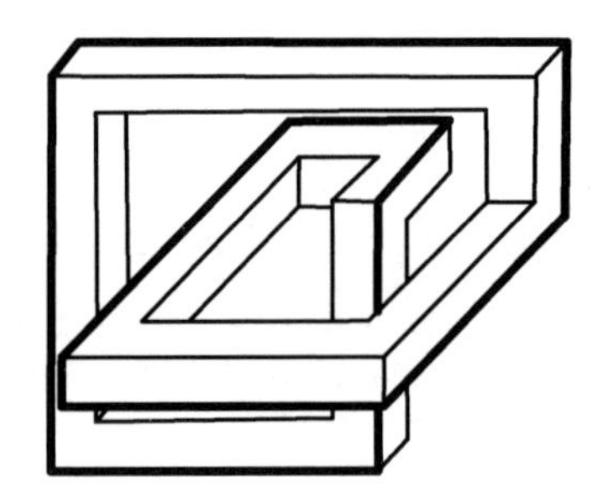

图 15.7　两种复杂的多面体

随后，施陶特漂亮地证明了任何满足上述标准的多面体必定满足多面体公式。我们在此简述他的论证过程。

把多面体的一个顶点涂成红色。从该顶点开始，把和它相连的某条棱与那条棱的另一个顶点也涂成红色（在图 15.8 中，我们对一个立方体画出了这个过程，并用粗线来代表红色的棱）。接着，选择两个红顶点中的一个，把与它相连的一条棱和棱的另一个顶点涂红。继续这种涂色方式，并遵守一条重要原则：绝不创造出红色回路。最终，涂色过程会结束。对任何满足施陶特标准的多面体来说，涂色结束之时恰好就是它的全部 V 个顶点被涂红的时候。因为这个红色棱的集合不包含回路，所以它是一棵树。根据我们之前所学的内容（见图 13.3 和相应的正文），它必定有 V−1 条红色棱。

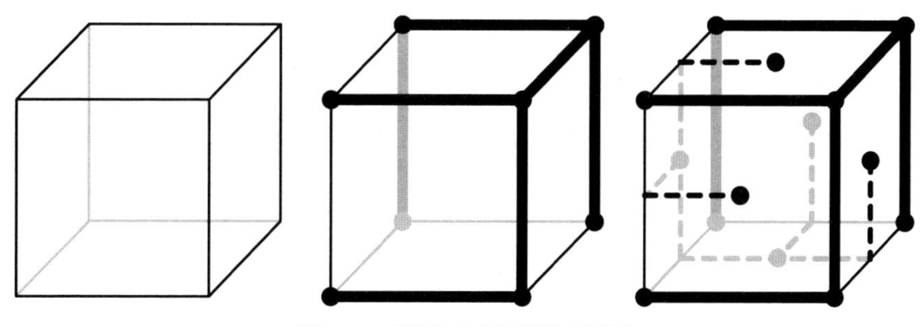

图 15.8　施陶特的证明里的两棵树

现在，在每个面的内部放置一个蓝顶点。如果两个相邻的蓝顶点之间没有红色棱，就把它们用一条蓝色棱连起来（图 15.8 中的虚线表示蓝色棱）。同样地，对于满足施陶特标准的多面体，这个由蓝顶点和蓝色棱组成的图也是一棵树。这棵树有 F 个顶点，所以它有 $F-1$ 条棱。一个重要的观察结果是，原多面体的每条棱要么是红的，要么和一条蓝色棱交叉。因此，原多面体的棱数是红色棱和蓝色棱的数目之和：

$$E=(V-1)+(F-1)$$

整理等式可得，$V-E+F=2$。

此时，我们应该停下脚步，回想一下吕利耶的三种例外（见图 15.1），并证明它们不满足施陶特的（欧拉）多面体定义。吕利耶的第一种多面体有一个环形面。由于不可能从环形面的外侧棱经由一些棱到达其内侧棱，所以无法满足施陶特的第一个标准。但请注意，我们可以对这种多面体稍加改动，使它满足施陶特的标准。为此，只需手动添加一条连接环形面外侧和内侧的棱即可（见图 15.9）。

第二种例外的中心有一条隧道。它不满足施陶特的第二个标准，因为如图 15.9 所示，我们可以沿着某个由棱组成的回路把它切开，却不至于使它分成两块。1879 年，赖因霍尔德 • 霍佩评论道："用像软黏土这样易于切割的材料制成多面体，然后用一根线穿过隧道、切开黏土。多面体并不会因此而分崩离析。"回顾一下，吕利耶并没有恰当地定义隧道。霍佩则借鉴了施陶特论文里的想法矫正了这个缺陷。他基于把曲面一分为二所需的切割次数给出了隧道的定义。我们将在第十七章中再次谈到它。

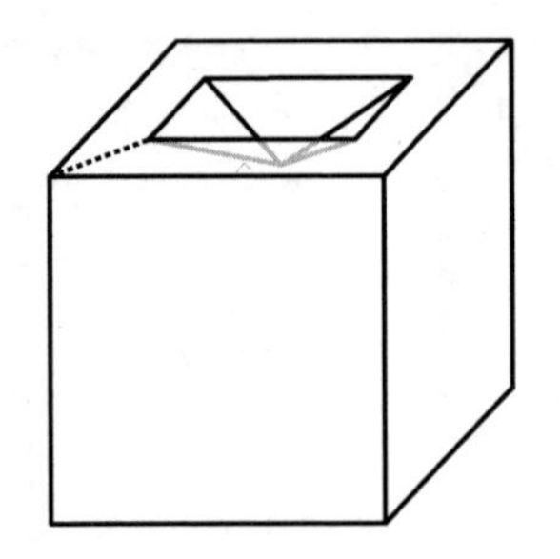

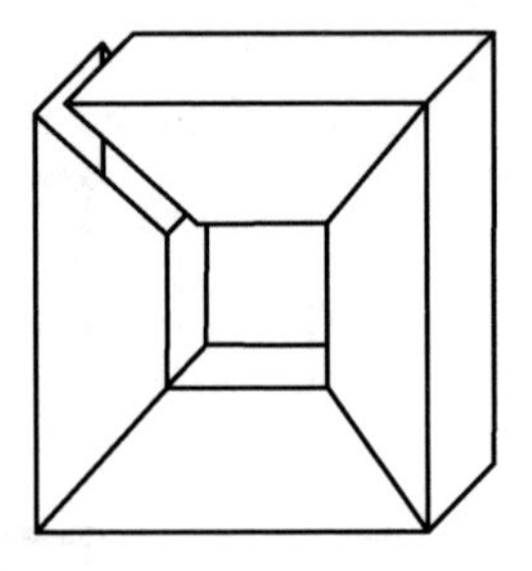

图 15.9　改变环形面和切开环状体

最后，我们可以轻易地将第三种例外排除出欧拉多面体的范畴。它是一个有多面体状空腔的多面体，仅对实心多面体有意义，而施陶特假设了欧拉多面体都是空心的。即便施陶特作出了实心的假设，这种多面体也会违反他的第一个标准，因为这个多面体的内部顶点和外部顶点之间没有棱。另外，尽管黑塞尔提出的例外满足施陶特的两个标准，但他本人却和大多数数学家一样，不把那些形体看作多面体。

从直觉来看，满足施陶特标准的多面体是“类球的”，且每个面只有一个多边形边界。它可以不是凸的，但不能有隧道。如果这种多面体是用橡皮膜做成的，那它们充满气后就能膨胀成一个球状气球。

十九世纪上半叶的这场关于欧拉多面体和非欧拉多面体的对话产生了丰硕的成果，为日后拓扑学的诞生奠定了基础。这些思想被其他学者进一步探究，最终造就了十九世纪末庞加莱对欧拉公式的绝妙推广。我们将在第十七章、第二十二章和第二十三章中介绍这一发展历程。

第十六章

橡皮膜、空心甜甜圈和疯狂的瓶子

有位数学家名叫克莱因

视默比乌斯带为神明。

他说："若你

合二棱为一，

便如我这般造出奇瓶。"

——佚名

十九世纪中叶，数学家们已经更好地理解了如何将欧拉公式用到多面体上。也是在这个时期，他们开始思考它是否适用于其他对象。如果一个形体不像多面体那样有平坦的面，而是像球面和环面那样只含一个弯曲的面呢？此时，该如何把这个面划分成不同的面？请回想一下，1794 年，勒让德把球面分割为测地多边形，从而证明了欧拉公式。凯莱也证明了，当我们对图应用欧拉公式时，图中的边不一定非得是直的。

这些讨论说明，人们思考形状时一直在从几何思维转向拓扑思维。大众媒体经常用“橡皮膜几何学”来向不熟悉相关术语的人们描述拓扑学。尽管死板的数学家们反感这种过分简单的说法，但它确实合理展示了几何学与拓扑学之间的差异。在几何学中，刚性是研究对象的必备性质。因为不管是测量角度和长度，证明图形的全等，还是计算面积和体积，都依赖于精确而固定的几何结构。

不过，如我们之前所见，有些问题并不需要刚性的、不可弯曲的结构。因为这些结构甚至有可能掩盖问题的数学本质。欧拉研究哥尼斯堡七桥问题时就发现，重要的是各种特征的整体布局，而非它们的确切位置。这一观察结果催生了图论，即拓扑学最早的化身之一。本章之后的内容也将暗示出，$V-E+F$ 的结果只跟研究对象的整体形状——拓扑——有关，而跟它的面数或面的构型无关。我们注意到，对任何一个球状多面体都有 $V-E+F=2$，对任何一个有 g 条“隧道”的多面体都有 $V-E+F=2-2g$，而对任何一张连通的可平面图都有 $V-E+F=1$。

因此，不难想象欧拉公式也许适用于多面体之外的形体。让我们从一个满足 $V-E+F=2$ 的橡胶多面体开始。能否改变它的形状使得 $V-E+F \neq 2$ 呢？不太容易。如果我们像吹气球一样使它的面和棱都变得弯曲，交错和的值并不会改变。如果我们压缩它，扭转它，或是拉伸它，顶点数、棱数和面数之间的关系也还是不变。只有当我们用刀在它的表面切开一个口子后，交错和的值才会发生变化（这至少会让棱数增加 1）。在下一章中，我们将更详细地讨论两种形状在拓扑学上“相同”是什么意思，也会研究如何将欧拉公式用到不同的拓扑形状上。

“拓扑学”这个数学名词可以追溯到1847年（在那之前，它是一个植物学术语）。这一名词首次出现于利斯廷的德语著作《拓扑学的初步研究》中，尽管他此前在书信中使用这个词已有十年之久了。它的英文形式则最早见于1883年彼得•格思里•泰特（1831—1901）为利斯廷所作的悼词中。他写道:“术语‘拓扑学’由利斯廷引进，以把一种也许应称之为定性几何学的学科和侧重定量关系的传统几何学区分开来。”

一开始，术语“拓扑学”没有很快流行起来。亨利·庞加莱和奥斯瓦尔德·维布伦这样的大数学家都还在继续使用法语词组“位置分析学”。然而，二十世纪初的杰出拓扑学家所罗门·莱夫谢茨（1884—1972）却不喜欢这种通行叫法，他将“位置分析学”称作“一个美丽却笨拙的术语”。

莱夫谢茨的成功之路非比寻常。1884年，他生于俄罗斯，父母都是土耳其人。在法国成长和求学后，他移民到了美国，在费城当了一名工程师。二十六岁时，他因为一场工作事故失去了双手和前臂，不久便决定钻研数学。仅用一年，他就在克拉克大学拿到了博士学位，之后短暂任教于内布拉斯加，又在劳伦斯的堪萨斯大学找到了教职。连续十多年产出重要成果后，他在四十岁的年纪被普林斯顿大学聘用。他漫长而杰出的职业生涯为他赢得了无数荣誉，其中包括美国国家科学奖章。

据莱夫谢茨的学生艾伯特•塔克（1908—1995）所说，第一个推广术语“拓扑学”的人正是莱夫谢茨。1930年，莱夫谢茨把自己为美国数学学会所著的杰作命名为《拓扑学》。塔克写道:

“莱夫谢茨想要一个独特而精练的标题，于是决定从德语中借来‘拓扑学’（topologie）这个词。这种做法有点奇怪，因为他受的是法式教育，而且‘位置分析学’正是庞加莱使用的术语；可一旦选定，他便开始劝说每个人使用它。他的推广很快获得了成功，主要是因为——在我看来——人们可以方便地创造不少相关的派生词，例如拓扑学家（topologist）、拓扑化（topologize）和拓扑的（topological）。而对‘位置分析学’（analysis situs）来说，这种创造就有些麻烦了！”

让我们从曲面开始研究拓扑学。二维平面、球面、环面、圆盘和圆柱面都是曲面的例子。曲面就是任何在局部结构上类似于平面的对象。如果一只蚂蚁停在一张大曲面上，它会觉得自己身处一个宽广的二维平面（见图 16.1）。这和我们的实际体验也不相悖——地球是球形的，但它太大了，以至于居住其上的我们无法把它和平面区分开。一只聪明的蚂蚁也许能通过冒险和探索发现它脚下的曲面不是平坦的（就像哥伦布曾努力向西航行寻找东印度群岛一样）。但如果站着不动，它就绝不会察觉这一点。

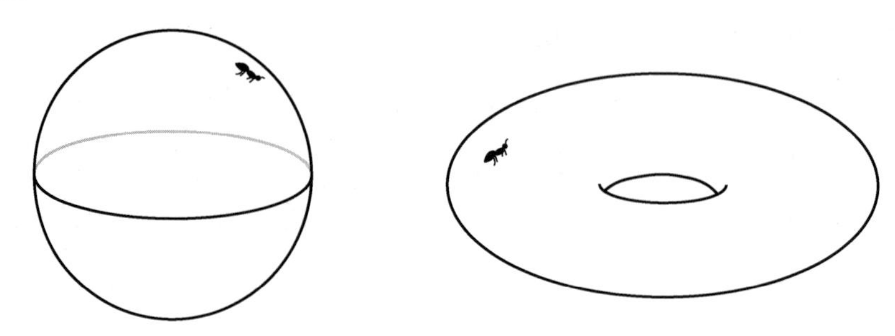

图 16.1　球面和环面上的蚂蚁

分清本征维数和外在维数很重要。蚂蚁会告诉你，它所处的曲面是 2 维的——曲面的本征维数是 2。然而，如果我们要动手制作这个曲面，就必须让它置身于某个空间之中，而这个包围它的空间的维数就是外在维数。球面和环面的本征维数都是 2，但它们必须存在于 3 维空间，所以它们的外在维数是 3。稍后我们会遇到一些不能在 3 维空间中构造出来的曲面，因为它们的外在维数是 4。从拓扑学的观点来看，曲面的本征维数是最重要的，所以我们说曲面是 2 维的。

曲面既有局部简单性，又有整体复杂性。换句话说，只要离得足够近，所有的曲面看起来都一样。它们都像欧几里得式的平面。但从整体上讲，它们却明显不同。有些曲面的一部分会绕一圈后与整体相接，有些曲面可以包含孔洞，有些曲面则可以是扭转的或打了结的。

球面和环面都属于闭曲面。它们没有洞，不会向无穷远处延展，也没有尖锐的边界。不过有时候，我们也想考虑不封闭的曲面。圆盘和圆柱面就属于有边界曲面。一张有边界的曲面在局部上仍然是二维的，但可能拥有一条或多条一维边界曲线。某些地平说的支持者就相信地球有边界。在这样一颗行星上，倒霉的哥伦布到不了东印度群岛，只能从海洋的边缘掉下去。

为简便起见，我们用“曲面”来指代紧曲面。“紧”意味着曲面是有界的，且包含自己的所有边界曲线。也就是说，我们不考虑像 2 维平面或者延伸到无限远处的圆柱形管道那样的无界曲面。而谈到曲面必须包含它所有的边界曲线时，我们就排除了像单位开圆盘（$x^2+y^2<1$）这样的曲面。单位开圆盘由所有到原点的距离严格小于 1 的点构成，它其实是去掉了边界圆的单位圆盘（$x^2+y^2\leqslant 1$）。对此，一个形象的类比是磨掉了裤口的裤腿——我们需要那些裤口。

1882 年，菲利克斯·克莱因（1849—1925）想出了一种新颖的曲面构造法。他从一个多边形开始（想象一下，这个多边形是用极易弯曲的橡胶材料制成的），通过把它的边成对地粘到一起来制造曲面。例如，如果我们把一个正方形卷起来，并把它的一组对边粘到一起，我们就得到一张圆柱面（见图 16.2）。但请注意，如果我们弯折正方形直到它的一组对边相接，且在此过程中让整个图形一直留在平面上（为此我们需要一个极度柔软的橡胶正方形！），它就会变成一个垫片状的环形。对一位拓扑学家来说，圆柱面和环形是无法区分的。

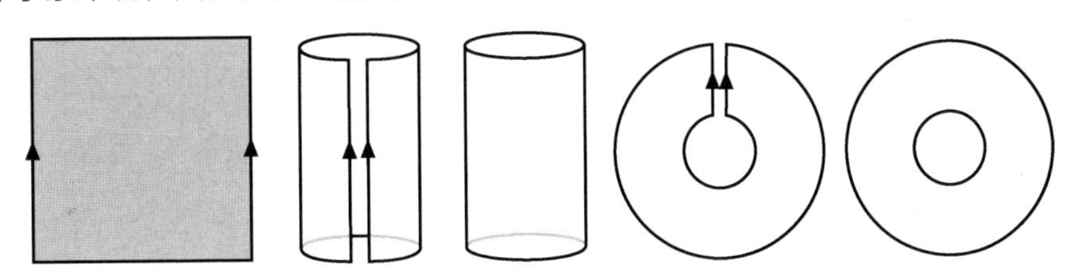

图 16.2　制作圆柱面或环形

为了清楚地显示哪些边沿什么方向被粘到了一起，我们常给它们标上箭头。有两种方法可以黏合一组边——带扭转的或不带扭转的。因此，我们用多种箭头来表示正确的对齐方式。当需要被黏合的边不止一组时，我们就用不同数量或不同形状的箭头来体现边的匹配情况。例如，在图 16.3 中，我们把正方形的两组对边都粘了起来。为此，我们在其中一组上标了单箭头，在另一组上标了双箭头。我们先把一组对边粘到一起，制成一个圆柱面。随后，由于圆柱面两侧的圆上有相同方向的箭头，我们再把它们粘在一起，得到一个环面。

一些老式的街机风格游戏，比如《爆破彗星》，就采用了这种环面设计。当宇宙飞船从矩形屏幕的一条侧边穿过后，它会突然出现在屏幕的另一边（见图 16.4）。如果它从屏幕的顶端飞出，那它马上又会从底端飞入。别的游戏中则有其他的拓扑构型。比如《吃豆人》的世界就是一个圆柱面。

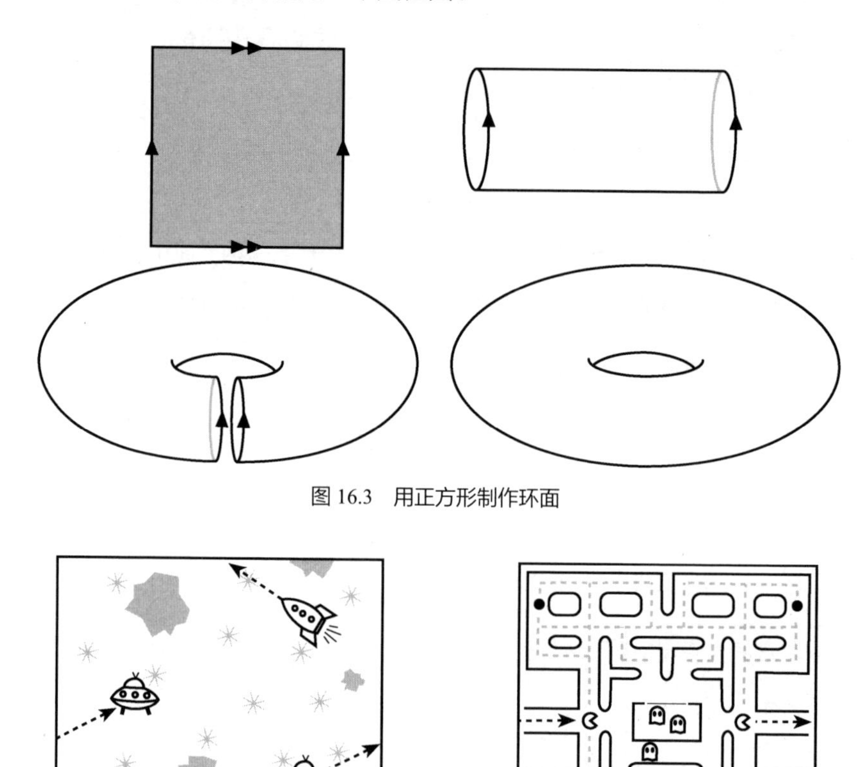

图 16.3　用正方形制作环面

图 16.4　环面和圆柱面上的街机游戏

构造曲面时，我们没必要局限于正方形。在图 16.5 中，我们看到一个八边形，它的四组边被标上了不同的箭头（分别是单箭头、双箭头、单三角形和双三角形）。为了看清由此得到的曲面形状，我们沿对角线切开八边形（我们在切口处标上了三重箭头，以便稍后把它们粘回去）。先把切得的两个五边形变形为带缺口的正方形。它们和图 16.3 中的正方形很相似，所以被黏合后它们会各自形成一个单孔洞的环面。最后，我们再把两个环面沿孔洞粘在一起，这样就得到了一张双洞环面（或称双环面）。

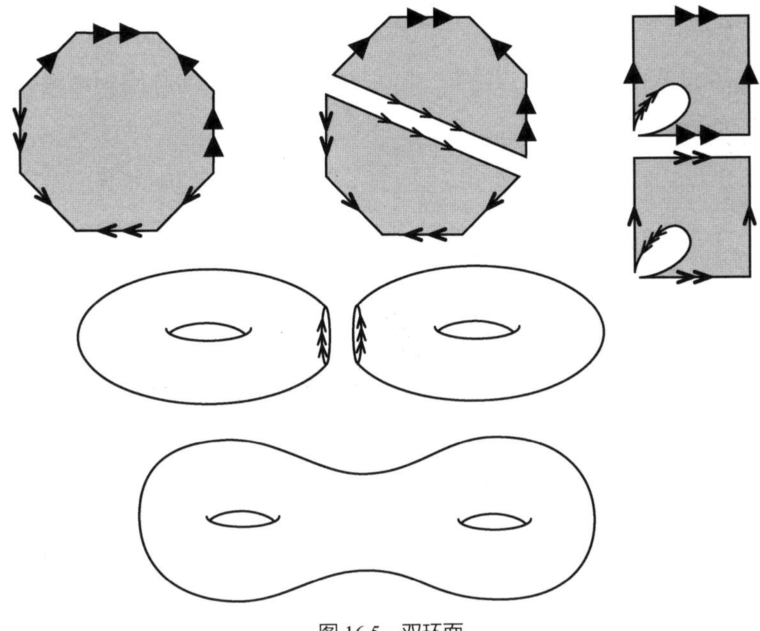

图 16.5 双环面

克莱因证明，任何曲面都能通过把多边形的某些边两两粘在一起来得到，但同一曲面可能对应于多种黏合方式。幸运的是，就像我们给出的例子那样，每张曲面都有一种“好的”多边形黏合方式。而只要引入切开和粘回的操作，任何一种多边形黏合方式都能被转化成“好的”方式。

到目前为止，我们黏合多边形之前还没扭转过它的边。在图 16.6 中，我们把正方形的一组对边扭转之后粘到了一起。因为正方形是用橡胶制成的，所以我们可以先拉伸它，然后像制作圆柱面一样卷起它，最后在黏合前把它扭转半周。由此得到的形状就是著名的默比乌斯带。

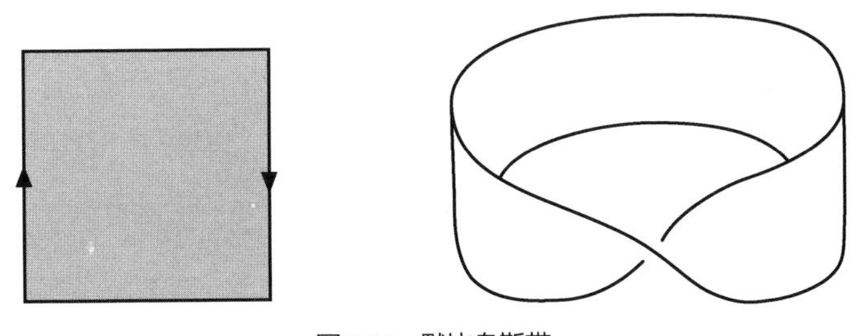

图 16.6 默比乌斯带

尽管默比乌斯带易于制作，但它却有很多奇妙的性质。和圆柱面不同，它只有一侧。一只沿着默比乌斯带中心线爬行的蚂蚁最终会回到出发点，只是所站的位置将和起始位置隔带相望。换句话说，我们可以把圆柱面的一侧涂成红色，另一侧涂成蓝色；但默比乌斯带必定会被涂成全红或全蓝。另一个和圆柱面的差异是，默比乌斯带只有一条边界。带子上的蚂蚁可以看到它的左右两边各有一条棱，但它不知道的是，它们其实是同一条。

默比乌斯带是数学爱好者们最偏爱的拓扑对象。不少雕塑家和艺术家的作品都描绘了它。其中，最著名的也许就是毛里茨·科内利斯·埃舍尔（1898—1972）在 1963 年创作的木版画，它展现了（还能是什么呢！）一只蚂蚁在默比乌斯带上爬行的场景。默比乌斯带也出现在文学作品（常常是科幻小说）中，例如阿瑟·查尔斯·克拉克 1949 年的短篇小说《黑暗之墙》。1970 年的世界地球日比赛中，加里·安德森的获奖设计——如今已随处可见的“回收”标志——也是以默比乌斯带为基础的（见图 16.7）❶。为了使磨损更加均匀，传送带和卡带磁轨的设计也参考了默比乌斯带。

图 16.7　著名的默比乌斯带：回收标志

默比乌斯带甚至为有着神秘名字的魔术“阿富汗带”奠定了基础，后者至少能追溯到 1882 年。在魔术中，一名马戏团魔术师手拿三个被他称为布腰带的圈状织物。他首先哀叹自己要为两个小丑、一个胖女人和一对连体双胞胎提供腰带。随后，他拿出第一根带子，把它沿中心线撕开，从而得到两个小丑的腰带。接着，他用同样的方式撕开第二根带子，但得到的却不是两个布圈，而是一个周长为原来两倍的布圈——胖女人的腰带。最后，为了给双胞胎制作腰带，他撕开第三个布圈，得到

❶ 实际上，安德森标志的一种变体，即包含三处半周扭转的回收标志，有时也会出现。现在，这两个版本都很常见了。——作者原注

两根连在一起的带子。如图 16.8 所示，这个戏法的本质在于，有些布圈是经过了扭转的（它们分别有零处、一处和两处半周扭转）。为了最大化节目效果，表演中使用的织物或纸带应该是易变形的，而且它们的宽度应远小于长度，使观众注意不到被扭转的部分。斯蒂芬·巴尔还提出了该魔术的一个改良版。节目开始前，在被扭转的布圈的中心线上秘密地涂一层可燃液体。面对观众时，表演者把布圈在墙上绷住，然后拿一根火柴靠近它。火光一闪之后，布圈就会分裂成我们设想中的构型。

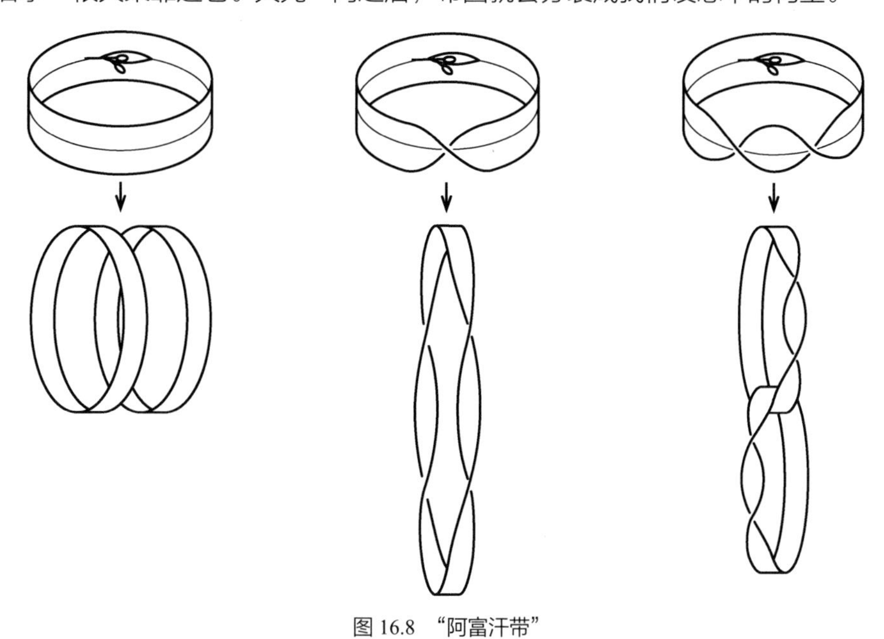

图 16.8 “阿富汗带”

读到这里，读者可以放下书，自己动手试一试上述切割技巧和其他技巧（见附录 A 中的模板）。你们可以给布带加上两处以上的半周扭转，也可以把默比乌斯带沿“两条”边界间的三等分线割开。我个人的最爱则是由斯坦利·科林斯提出的一种玩法。用带子穿过一枚婚戒，然后在带子上施加三处半周扭转，并把它粘好。当带子被割开时，一个结会随之产生，而婚戒就处于这个结中间！

虽然默比乌斯带的名字来源于默比乌斯，但利斯廷（他首先注意到了后来催生出“阿富汗带”魔术的数学）却几乎和他同时发现它。1861 年，利斯廷就发表了对默比乌斯带的描述，比默比乌斯还早了四年。二人的往来信件和笔记也显示，默比乌斯带最早出自利斯廷之手（1858 年 7 月），几个月后才见于默比乌斯的笔端（1858

年 9 月）。

然而，默比乌斯带之所以不叫利斯廷带，是因为默比乌斯最先从数学上理解了带子的单侧性。今天，我们把这类曲面称作不可定向曲面。有好几种数学方式都能描述这种性质。默比乌斯说的是，把默比乌斯带分割成三角形并给它们标注方向后，不可能使得所有三角形的方向都与自己“邻居”的相同（见图 16.9）。

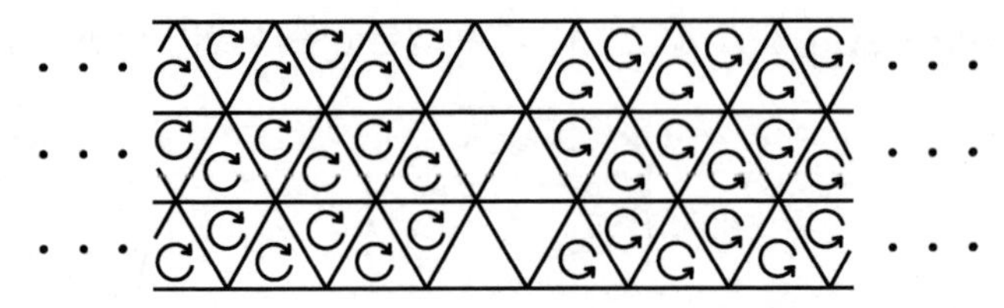

图 16.9　默比乌斯带的三角剖分不能被定向

后来，克莱因用另一种方式定义了可定向性。在曲面上放置一个小圆，并给它确定一个方向。假设它不是被画在曲面的一侧，而是曲面本身的一部分，因此从曲面的“两侧”都能看到它（从一侧看去它是顺时针方向的，从另一侧看去则是逆时针方向的）。例如，可以想象曲面是用卫生纸做成的，而圆是用能浸透纸面的毡头墨水笔画的。克莱因把这个有方向的圆称为“指示圆”。如果指示圆沿曲面滑动一周回到出发点后，方向和原来的相反，那曲面就是不可定向的。在图 16.10 中，通过把指示圆沿默比乌斯带的中心线拖动一圈，我们展示了默比乌斯带的不可定向性。

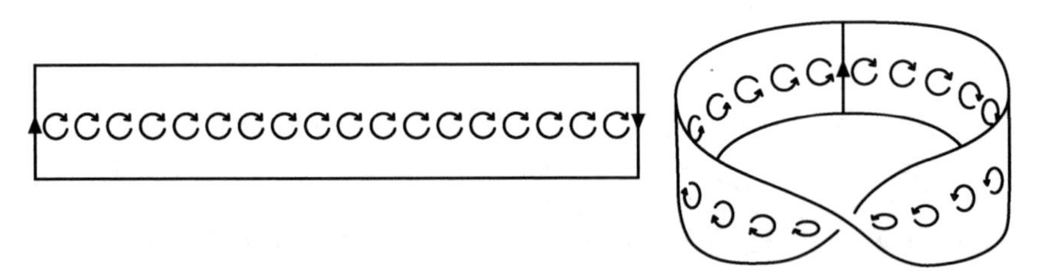

图 16.10　默比乌斯带不可定向

瓦尔特・冯・迪克（1856—1934），克莱因的学生，也给出了一种可定向性的定义。他在曲面上放置了一个可移动的坐标系，也就是一根 x 轴和一根 y 轴。如果沿曲面移动一周后，坐标系的两根轴交换了位置，那么曲面就是不可定向的（迪克的定义有一个优势，那就是它可以被轻易地推广到更高维的拓扑对象上）。

有趣的是，数学家们没有用单侧性来定义不可定向性。虽然单侧性看起来和不可定向性等价，但克莱因和迪克认为，在高维空间中单侧性会失去意义，不可定向性则不会。“侧”的概念仅对 3 维空间中的曲面才讲得通。对 4 维空间中的曲面——即使是球面——来说，“内侧”和“外侧”都没什么意义。

这个结论，以及我们即将对高维空间给出的其他结论，都不易理解。它们需要人类进行一些自己不擅长的思维体操。正如数学家托马斯·班科夫所写：“我们都是受到自己维度偏见束缚的奴隶。”

为了解释 4 维空间为什么没有侧，让我们先降低一个维度，来看看曲线。如图 16.11 的左侧图所示，对平面曲线上的一个点来说，该点处的法向量只可能指向两个方向（如果一个向量垂直于曲线的切线，它就是曲线的法向量）。因此，平面曲线是有侧的。又因为把法向量沿曲线移动一周后，它不会指向和原来相反的方向，所以平面曲线是双侧的。如果这条曲线碰巧是一条简单闭曲线，也就是一个不和自己交叉的圈，那我们就把上述两个方向称为内侧和外侧（事实上，“每条简单闭曲线都有内侧和外侧”这个看似显然的陈述就是深刻的约当曲线定理）。

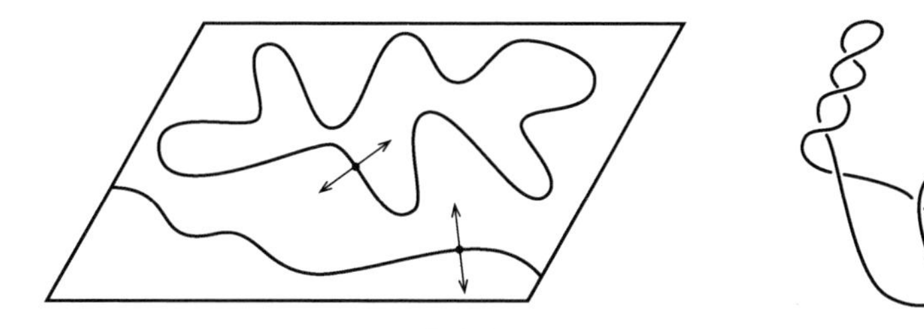

图 16.11　平面上的曲线有两侧，但 3 维空间中的曲线没有“侧”

另外，对一条 3 维空间中的曲线来说，它每一点的法向量都可以指向无穷多个方向（如图 16.11 的右侧图所示的法向量圆盘）。因此，在这种情况下，术语“侧”就失去了意义。

类似地，在 3 维空间中，曲面上的任意一点处都有两个法向量方向（曲面的法向量垂直于曲面的切平面）。对于不可定向的曲面，我们可以把法向量沿曲面移动一周，使得它回到出发点时指向与原来相反的方向，因此，这样的曲面是单侧的（见图 16.12）。可定向曲面则不具备这种性质，所以它们是双侧的。但在 4 维空间的曲面上，任意一点处都存在无穷多个法向量方向，因此和 3 维曲线的情形一样，我们没有谈论“侧”的必要。

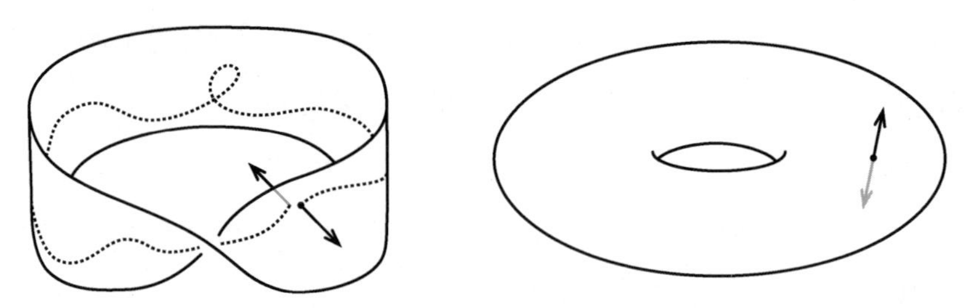

图 16.12　在 3 维空间中，默比乌斯带是单侧的，环面是双侧的

不可定向曲面不止默比乌斯带一种。1882 年，克莱因发现了一种无边界的不可定向曲面，即如今人们所称的克莱因瓶。图 16.13 给出了用正方形制作它的方法。我们必须把正方形的两组对边都粘到一起；其中，左右的那组对边在粘之前需要扭转，上下的那组则不用。为了构造克莱因瓶，先把方向相同的两条边黏合，得到一个圆柱面。如果把这个圆柱面拉成环面状，我们会发现它两端的圆方向相反。因此，圆柱面的一端必须“穿过”它自身，从面的内部接近另一端，才能使两端的圆以相同的方向对齐。

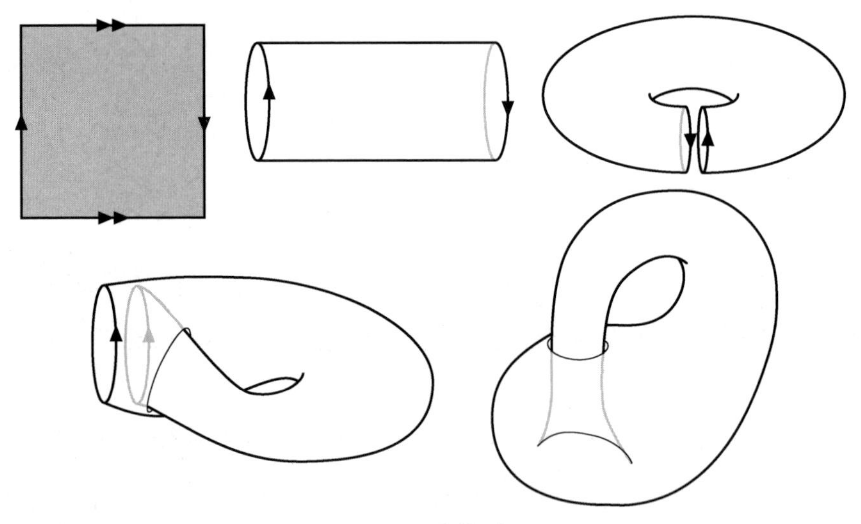

图 16.13　克莱因瓶

“穿过”是什么意思呢？这里用的不是字面含义。克莱因瓶是我们遇到的第一个不能在 3 维空间中构建的曲面。当我们说瓶子穿过了它自身时，它其实是沿第四

个维度路过了自己。为了解释这个令人困惑的说法，让我们再次降低一个维度。假设我们想在一个平面上画出两条既不平行也不相交的直线。很明显，这是不可能的。但如果能离开 2 维纸面，使用第三个维度，我们就可以让第二条直线在到达交点前从第一条直线的上方跳过去（见图 16.14）。因此，两条线本来都在平面上，但是需要稍微借用一下第三个维度。利用同样的技巧，我们可以构造出克莱因瓶。当瓶子即将穿过自身时，它应该在第四个维度中越过自己。

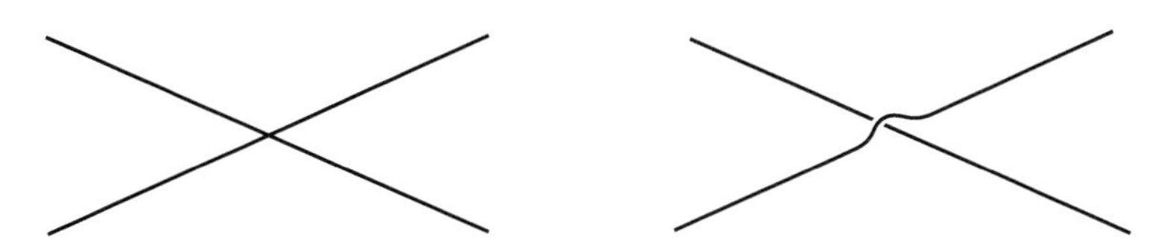

图 16.14　只需稍微绕进第三个维度，我们就能让一条线越过另一条线且不与后者交叉

现在，我们用正方形来创造最后一种曲面。它的可视化是最困难的。把正方形的两组对边都先扭转再黏合，就得到了这张曲面（见图 16.15）。首先，取一片正方形的橡胶，把它变成碗状。在这一步中，我们要小心地追踪那些即将被粘到一起的边。接着，继续改变碗的形状，直到需要被黏合的边都互相对齐且方向相同为止。随后，粘好其中的一组边（在图 16.15 中，我们粘的是两条标有双箭头的边）。如我们所见，此时产生了一点小麻烦——刚刚的操作使得剩下的一组边被曲面隔开了。为了完成最后一步，我们必须利用第四个维度，让曲面经过它自己。图 16.15 从两个角度展示了这种古怪的不可定向曲面，它被称为射影平面。

射影平面的首次出现并不是在上述语境中——作为一种因黏合而生的曲面。恰如其名，它原本是射影几何中的研究对象，是一种使其表面上任意两条线——哪怕是两条平行线——都交于一点的几何系统。克莱因和路德维希·施拉夫利（1814—1895）是最早发现射影平面不可定向的人。

附录 A 包含了用于制作圆柱面、环面、默比乌斯带、克莱因瓶和射影平面的纸质模板。

克莱因给出了一种用简单形状创造复杂曲面的方法——将多边形的边成对粘好。我们现在展示另一种构造复杂曲面的方法。先从两个例子开始：给球面加上圆柱形

“把手”，使之成为可定向曲面；给球面加上默比乌斯带，使之成为不可定向曲面。

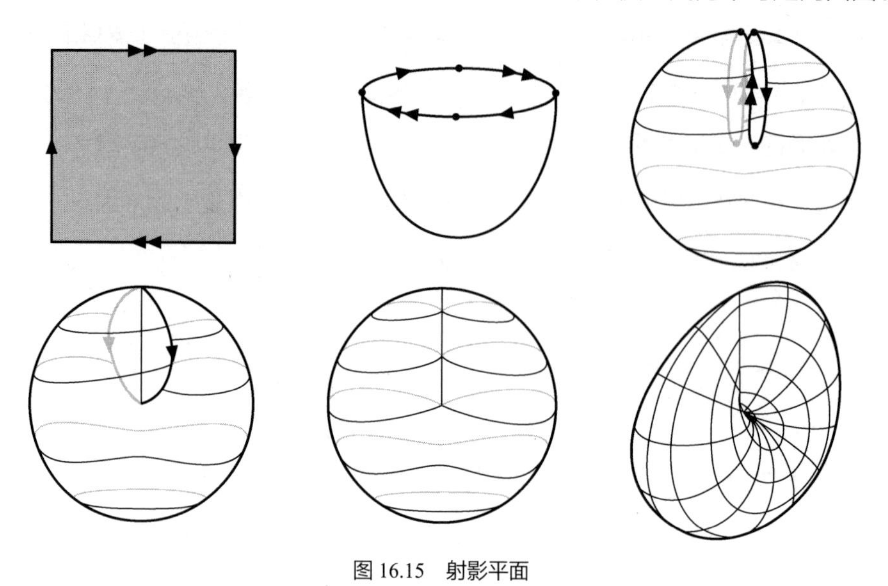

图 16.15　射影平面

如图 16.16 所示，从曲面上切下两个圆盘，再把圆柱面的两端和切口黏合，就得到了一张带把手的曲面。带单个把手的球面就是环面。我们可以给环面再加上一个把手，得到双环面；而给球面添加 g 个把手后所得的曲面则是 g 洞环面。

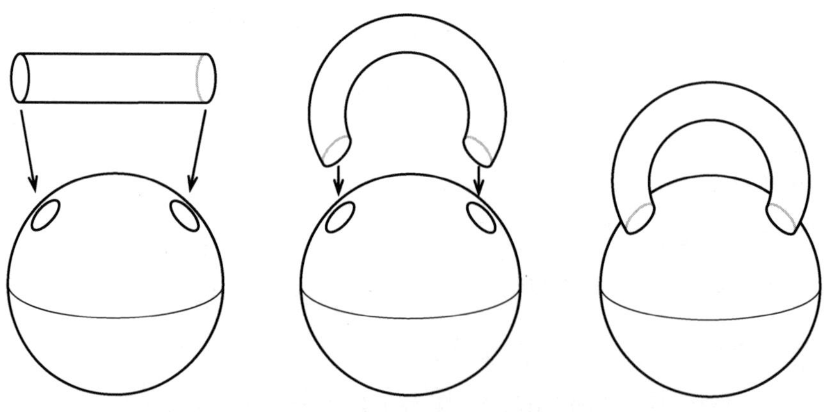

图 16.16　带一个把手的球面（即环面）

这类曲面的把手数和一个叫亏格的拓扑量紧密相关。对一张可定向曲面（有边界或无边界均可）而言，如果最多能把它沿 n 条不相交的闭曲线切开，却仍使它保持连通，那么 n 就被称为它的亏格。

为了阐释这个概念，让我们考虑一张球面。把它沿表面上任何一条简单闭曲线切开后，它都会变得不再连通。这是约当曲线定理的另一个应用——和平面的情形类似，一条简单闭曲线会把球面分成两个区域。因此，球面的亏格是 0。另外，把环面沿其表面的一条回路切开后，它仍有可能保持连通状态（见图 16.17）。但完成这次操作后，我们就不可能再找到这样的闭曲线了。因此，环面的亏格是 1。

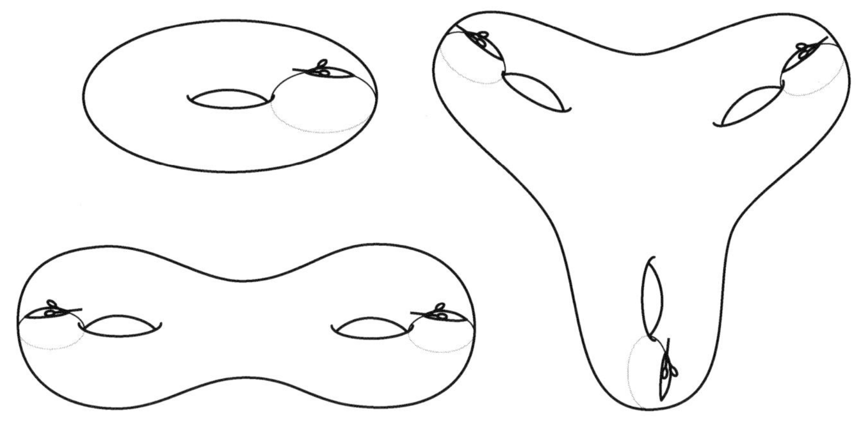

图 16.17　亏格分别为 1、2、3 的曲面

一张带把手球面的亏格等于球面上的把手数。双环面的亏格是 2，而一般来说，g 洞环面的亏格是 g。曲面的亏格可以用来严格定义吕利耶的“隧道”数。我们也能对不可定向曲面定义亏格，而有些人也确实这么做了。但由于亏格的概念和环面的孔洞数密切相关，所以在不可定向的情形中，人们不常使用它。

就像添加把手后可以得到一系列可定向曲面一样，我们也能借助类似的技巧创造出不可定向曲面。要理解这个流程，我们必须回到默比乌斯带。它的重要性质之一是它只有一条圆形边界。绘制默比乌斯带时，人们常把这个边界圆画成绕被扭转的圆柱面两周的状态。我们的目标是对默比乌斯带施加一些操作，使它的边界变得像一个普通的圆，而不是被扭转了两次的圆。很明显，我们需要四个维度才能完成这套“拓扑瑜伽”。

从图 16.18 中，我们看到了以上述方式变形的默比乌斯带。请注意，这个图形沿着一条线段穿过了自己。由它的顶部尖点和其下的交叉面组成的自相交部分常被称作惠特尼伞形面，以拓扑学家哈斯勒·惠特尼的名字命名。默比乌斯带的这种奇异形式被称为交叉帽。它和射影平面的相似性很明显，因为交叉帽就是去掉了一个圆盘的射影平面。

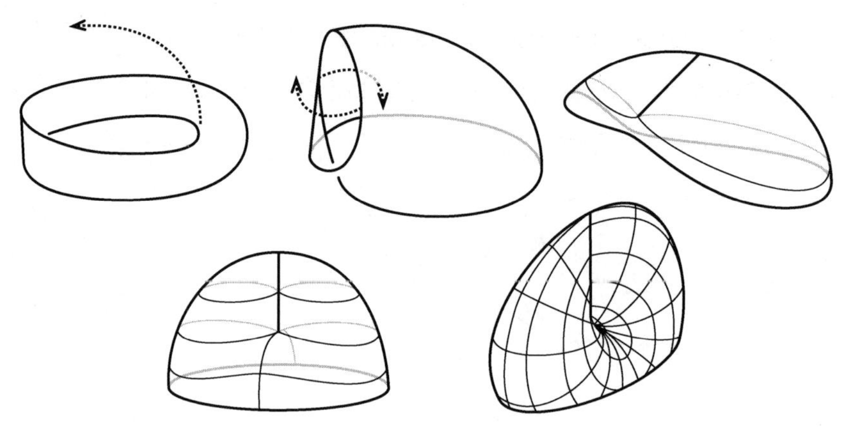

图 16.18　默比乌斯带与交叉帽相同

我们可以用添加默比乌斯带的方法来得到不可定向曲面。为此，从原曲面上切下一个圆盘，然后把默比乌斯带的圆形边界与切口黏合。如图 16.19 所示，将普通的默比乌斯带换成交叉帽后，我们更容易看清这步操作。通过给球面添加一个交叉帽，我们造出了一个射影平面。换句话说，射影平面就是在默比乌斯带的边界处粘上一个圆盘后所得的产物。

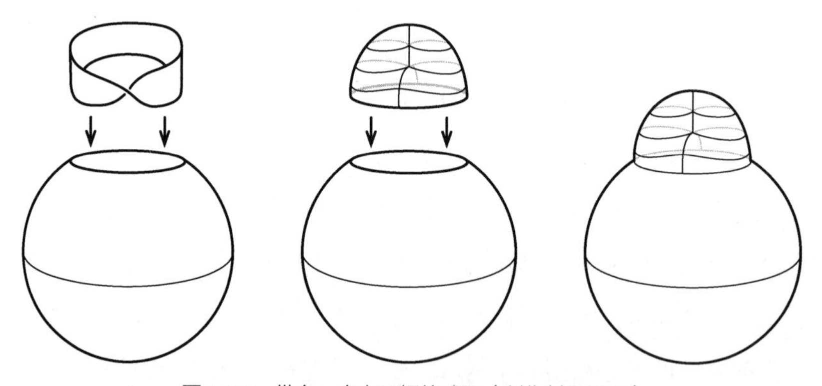

图 16.19　带有一个交叉帽的球面（制作射影平面）

一个更难看出的事实是，带两个交叉帽的球面是克莱因瓶。也就是说，克莱因瓶可以通过把两个默比乌斯带沿边界黏合来得到。因此，本章开头的五行打油诗也就不是无病呻吟了。如果把三个或更多的交叉帽粘到球面上，我们还能得到更古怪的不可定向曲面。

到目前为止，我们已有两种途径来构造可定向曲面和不可定向曲面了。在下一章中，我们将研究如何把欧拉公式应用到这些曲面上。我们也将展示曲面的分类定理。它告诉我们，每一张闭曲面的构造都无非是往球面上添加把手和交叉帽的过程。

第十七章

它们相同吗？

人们总说，几何是一门在劣质形体上做优质推理的艺术。这些形体必须满足一定的条件才不至于误导我们：量与量之间的比例关系可以剧烈变动，但不同部分的相对位置应该保持不变。

——亨利·庞加莱在《位置几何学》的引言中写道

数学中有一个被反复提出的重要问题：数学对象 X 和 Y 相同吗？在不同的语境中，我们用以谈论“相同”的标准也不同。很多时候，当说到相同时，我们指的是相等，比如表达式 $5\times 4+6-2^3$ 等于 18，多项式 x^2+3x+2 等于 $(x+2)(x+1)$。另一些情形中，相同和相等也许就不是一回事了。对一名用罗盘导航的水手来说，两个相差 360° 的角是相同的（30° 和 390° 相同）。而一位几何学家则可能把两个全等或相似的三角形称为相同的。

在拓扑学中，我们关于“相同性”的标准比几何学中的更加宽松。这也是橡皮膜类比的来源。从直觉上来讲，如果一个形状能被连续地变形成另一个，那它们就是相同的。弯曲、扭转、拉伸和压缩都不会改变形状的拓扑。例如，图 17.1 中的圆和它右侧的线团是相同的。另外，刺破、切开或是与自身黏合都可能生成一个拓扑意义上的新形状。一个圆如果和它自己粘连后形成了 8 字形，那它就跟原来不同了。

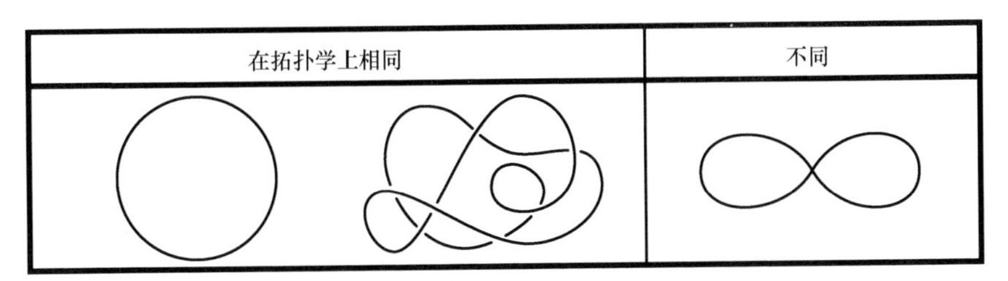

图 17.1　线团和圆在拓扑学上相同，8 字形则与它们不同

十九世纪上半叶，数学家们耗费了大量精力来界定满足欧拉公式的多面体——所谓的欧拉多面体。我们已经大致理解，所有“类球的”多面体都是欧拉多面体，而吕利耶和黑塞尔的那些古怪例外则不是。事实证明，欧拉公式可以用于所有在拓扑意义上和球面相同的多面体，包括立方体、柏拉图立体、阿基米德立体，甚至某些可以变形为圆球状的非凸多面体（见图 17.2）。而那些非欧拉多面体，比如仅有一条公共棱的两个多面体或是环面状的多面体，则是跟球面不同的拓扑对象。

粗看起来，这种研究形状的方法是直觉式的，但神奇之处在于，我们使用它时常常会遇到一些反直觉的结果。例如，图 17.3 中有一张挂在晾衣绳上的双环面，它的一个洞被绳子穿过了。执行某些拓扑操作（不必切开或黏合！）后，我们完成了第一眼看上去不可能的任务——让晾衣绳穿过双环面的两个洞。

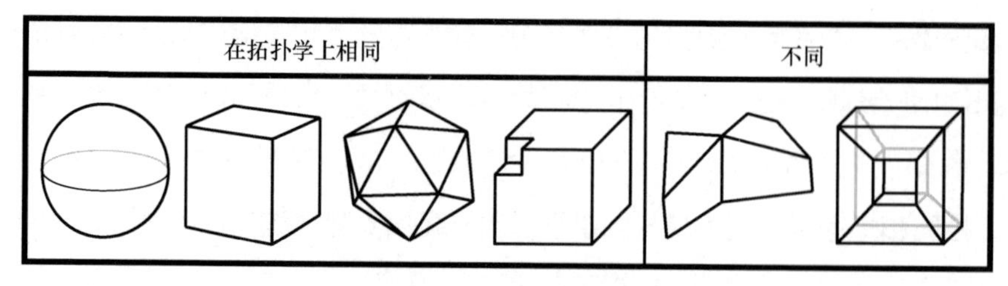

图 17.2　在拓扑学上与球面相同和不同的多面体

在第十六章中，我们已经了解到外在维数和本征维数之间的差异。类似的术语也可以用在这里。本章开头举的有些例子拥有相同的外在拓扑，因为在 3 维空间中，我们可以把其中一个变形成另一个。数学家们把两个外在拓扑相同的形状称为同痕的。要定义拓扑学里的“相同”，同痕是一个合理的选择。但事实上，拓扑学家们想要更多的自由度。我们需要一个更宽松的“相同”的定义。

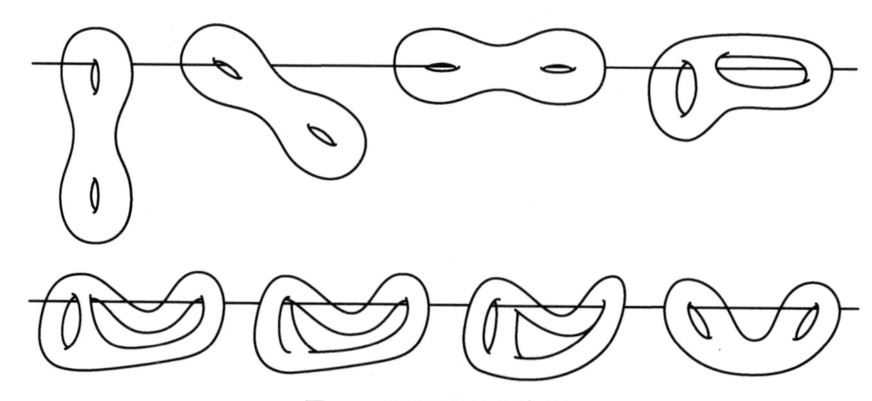

图 17.3　双环面的晾衣绳戏法

两个在拓扑学上相同的形状必须拥有相同的本征拓扑。如果两张曲面是相同的，那么不管生活在曲面上的蚂蚁有多聪明，它也不可能不离开曲面就区分开它们。实际上，我们有可能找到两张不能通过变形来相互转化的相同曲面。因此，橡皮膜的类比不是完美的。

要理解这个新定义，我们就得回顾切开和黏合的策略。虽然切开和黏合经常会改变曲面的拓扑，但也并非总是如此。一个重要的例外：切开一个形状，然后把得到的残片按照原样对齐粘好。这种操作不会对拓扑有丝毫影响。如果我们切开环面的管道，得到一个圆柱面，再把圆柱面打结后重新粘好（见图 17.4），那我们得到的新形状依然会在拓扑学上和环面相同。请注意，这个打了结的环面不能通过在 3 维空间中对原始环面变形而得到——它们不是同痕的。它们的本征拓扑相同，外在拓扑却不同。另外，不可能用切开、变形和粘回的操作把环面转化成双环面。一只足够聪明的蚂蚁可以证明两者在拓扑意义上是不同的（我们很快就会见到）。

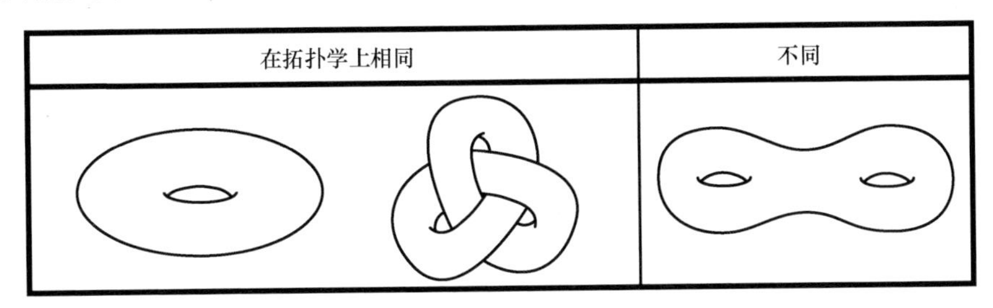

图 17.4 在拓扑学上与环面相同和不同的形状

受限于本书的讨论范围，我们略去拓扑学家们对“相同”的精确定义。本质上来讲，如果两个拓扑对象的点集间存在一个能保持“接近性”的一一映射——在一个形状上相距很近的点在被映射后距离也很近，那它们就是相同的。这个概念是由默比乌斯提出的，他将其中的映射称为“基本关系”。如今，这种映射被称为同胚。因此，用拓扑学的语言来说，只要两个形状是同胚的，它们就是相同的。

考虑第十六章中的魔术“阿富汗带”所用到的三个布圈。一个没有被扭转，一个有一处半周扭转，还有一个有两处半周扭转。显然，它们的外在拓扑不同。然而，根据我们的经验，第三根布带和未被扭转的圆柱形布带是同胚的，因为如果我们切开圆柱面，给它增加两处半周扭转，切口处的棱就会在黏合前正确对齐（见图 17.5）。我们将第三种形状称为扭曲圆柱面。但这对默比乌斯带不成立。如果我们切开圆柱面，仅给它添加一处半周扭转，切口处的棱就不能正确对齐。类似地，虽然默比乌斯带和扭曲圆柱面粗看之下很相似，但它们也不是同胚的。

直觉告诉我们，默比乌斯带和圆柱面（不管有没有扭转）不同胚，但我们还没有证明这个结论。虽然可能性不大，但也许真的存在一种精妙的切割法能把它们中的一个转化成另一个。我们已经从双环面的晾衣绳戏法中学到，直觉并不总是可信。

不过，在这个问题上，我们的直觉是对的——它们确实不同胚。

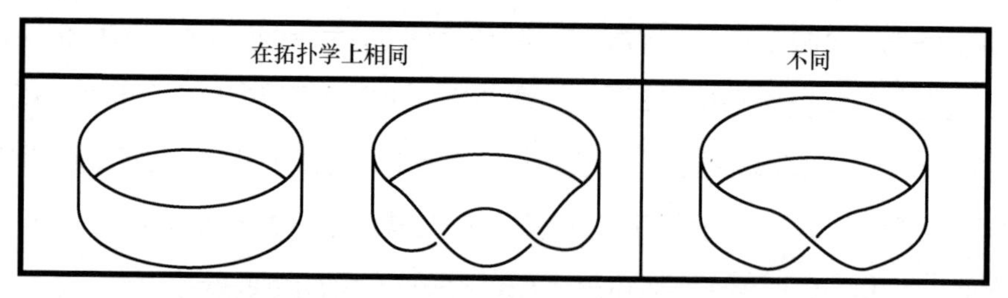

图 17.5　带有两处半周扭转的纸带与圆柱面同胚，而带有一处半周扭转的纸带则不然

拓扑不变量是与曲面有关的一种性质或数学量，它只取决于曲面的拓扑。它可能以数字的形式出现，例如边界的分量数。如果两张曲面是同胚的，那它们的边界数必定相等。在实际应用中，这个命题的逆否命题用处更大：如果两张曲面的边界数不同，那它们在拓扑学上就不可能相同。由于圆柱面有两条边界，默比乌斯带只有一条边界，所以它们不同胚。

本征维数是另一个拓扑不变量：它使我们能把（2 维）球面和（1 维）圆区分开。我们将在第二十二章中更全面地讨论维数。

可定向性也是一个拓扑不变量，或者更具体地说，是一种拓扑性质。两张在拓扑学上相同的曲面要么都是可定向的，要么都是不可定向的。换句话说，如果一张曲面是可定向的，另一张曲面是不可定向的，那它们就必定不是同胚的。不难看出，圆柱面和扭曲圆柱面都是可定向的，而默比乌斯带却不是。

根据我们的切割和黏合法则，一条拥有偶数个半周扭转的纸带在黏合后与圆柱面是同胚的，而一条拥有奇数个半周扭转的纸带在黏合后与默比乌斯带是同胚的。前一类曲面是可定向的，且有两个边界分量；后一类曲面是不可定向的，且只有一条边界。因此，两类曲面不同胚。此外，请注意，每一根被扭转的纸带都有一个镜像双胞胎。在扭转和黏合时，我们有两种扭转策略，一种是右手向的，一种是左手向的。

可定向性、维数和边界分量数是三个重要的拓扑不变量。而 $V-E+F$，虽有争议，却也许是最重要的拓扑不变量。给定一张曲面 S，将它划分成 V 个顶点、E 条棱和 F

个面（当然，我们得避免环状面的出现）。我们将 S 的欧拉数定义为 $V-E+F$（欧拉数也常被称为欧拉示性数）。人们习惯用希腊字母 χ 来表示欧拉数，因此 $\chi(S)=V-E+F$。

欧拉数是曲面的一个拓扑不变量。

当我们说欧拉数是一个拓扑不变量时，我们的意思是每张曲面都有自己的欧拉公式。例如，图 17.6 中的球面有个 62 个顶点、132 条棱和 72 个面，所以它的欧拉数为

$$\chi(\text{球面})=62-132+72=2$$

如我们所知，这对球面的任何划分或者与球面同胚的任何曲面都成立。

图 17.6 中的环面有 8 个顶点、16 条棱和 8 个面，所以它的欧拉数为

$$\chi(\text{环面})=8-16+8=0$$

类似地，图 17.6 中的克莱因瓶有 8 个顶点、16 条棱和 8 个面，因此

$$\chi(\text{克莱因瓶})=8-16+8=0$$

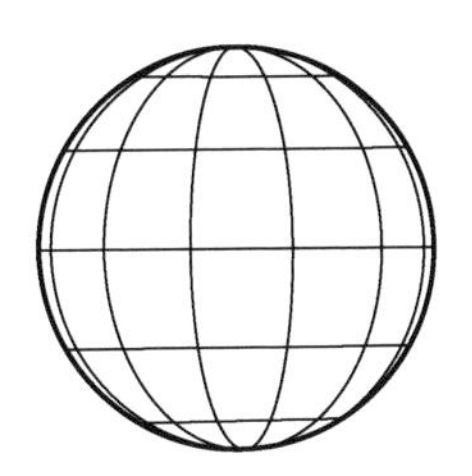
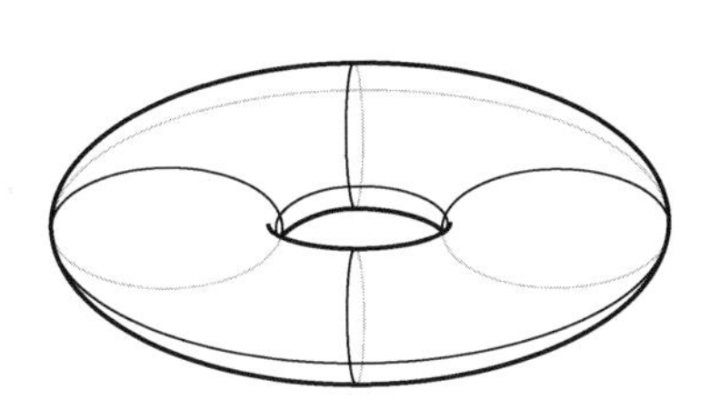
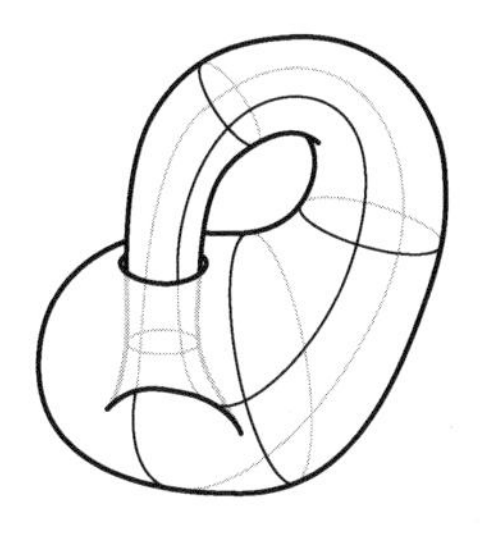

图 17.6　球面、环面和克莱因瓶的划分

想证明欧拉数是一个拓扑不变量，我们得分好几步。首先，我们必须证明任何一张曲面都能被划分为有限个顶点、棱和面。也就是说，不存在那种奇怪到没有有限划分的曲面（第十六章中的紧性假设正是用在了这里——欧几里得平面和单位开圆盘都没有有限划分，所以它们被排除在外）。研究多面体时，划分是现成的——即多面体的顶点、棱和面，但一般的曲面却没有自带的划分。令人惊奇的是，人们 1924 年才首次证明了每张曲面都能被分成多个顶点、棱和面。

下一步，我们必须证明欧拉数与对划分的选择无关。不难看出，给一种划分添加顶点和棱并不会改变 $V-E+F$ 的结果。因此我们想问，给定一张曲面的两种划分，

P和P'，能否为它们添加顶点和棱，使它们有相同数目的顶点、棱和面（三角形面、正方形面、五边形面等），且不改变这些组分间的相对位置呢？这个问题很早就被提出，并得到了“主猜想（Hauptvermutung）”这个昵称——其全称为“组合拓扑学的主要猜想”。它的证明晚至1943年才出现，而且如我们将在第二十三章中所见，高维空间的情形很棘手。因为主猜想对每张曲面都成立，所以欧拉数与对划分的选择无关。

最后，我们必须证明两张同胚的曲面有相同的欧拉数。如果曲面S和S'同胚，且P是S的一个划分，那么由于S和S'之间的同胚是一对一映射，我们就能用它把划分P映射成S'的一个划分。很明显，$\chi(S)=\chi(S')$。至此，我们就简述了定理——欧拉数是一个拓扑不变量——的证明思路。

研究多面体的欧拉公式时，最大的挑战之一就是理解“隧道”对$V-E+F$的影响。吕利耶和黑塞尔都断言，如果一个多面体有g条隧道，那么$V-E+F=2-2g$。用现代术语来讲，他们断定欧拉数等于$2-2g$。问题在于，他们没有定义隧道。现在，我们改用“把手”（在第十六章所讲的意义上）来描述“隧道”所涉及的拓扑特征。这种做法很有趣，因为他们关注的是形体的孔洞，而我们关注的却是为这些孔洞划定界限的把手。

让我们考察一下，当球面被添加一个把手后，它的欧拉数会如何变化。我们必须从球面上去掉两个区域才能添加把手。同时，我们可以把这些区域取成三角形面（见图17.7）。如果原来的球面划分中没有三角形面，那就把其中一个面分割成多个三角形。我们知道球面的欧拉数是2，且把手是欧拉数为0的圆柱面（它最简单的划分对应于$V=2$，$E=3$，$F=1$）。因此，在切开与黏合之前，我们有

$$V-E+F=\chi(\text{球面})+\chi(\text{把手})=2+0=2$$

切掉两个三角形后，我们失去了两个面。当我们将把手粘到球面上时，有六对棱连在了一起。因此，那十二条棱就变成了六条棱。类似地，原来的十二个顶点变成了六个顶点。所以，完成切开和黏合的操作后，V和E都减少了6，F减少了2，从而使得$V-E+F$减少了2。故

$$V-E+F=\chi(\text{球面})+\chi(\text{把手})-2=2-2=0$$

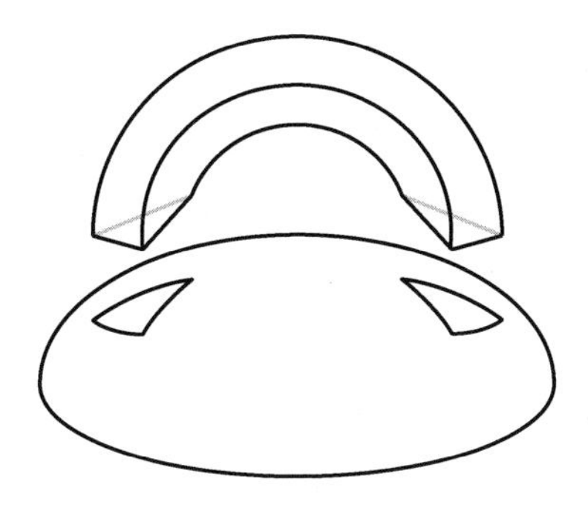
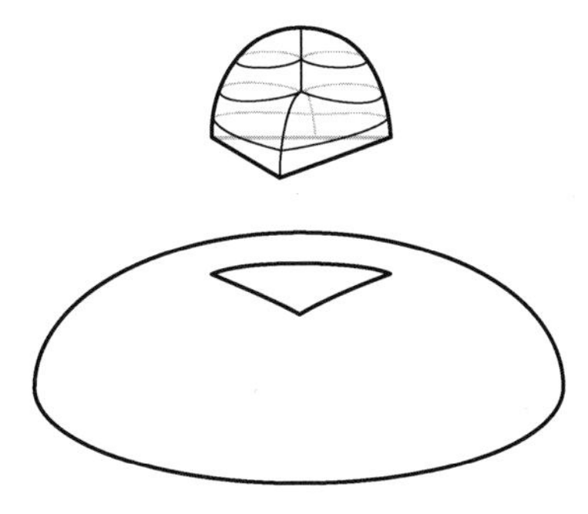

图 17.7 给球面添加一个把手或交叉帽

当然，我们知道带一个把手的球面等同于环面，所以上述结果并不令人意外。

根据同样的推理可知，每给曲面添加一个把手，曲面的欧拉数就减少 2。因此，我们证明了吕利耶的结果：

$$\chi(\text{带 } g \text{ 个把手的球面})=2-2g$$

我们也能用类似的方法来计算交叉帽对欧拉数的影响。请注意，χ(交叉帽)=χ(默比乌斯带)=0（就像划分圆柱面那样，我们可以得到 V=2，E=3，F=1）。由于交叉帽的边界是一个圆，我们必须从球面上移除一个面才能进行黏合操作。再次假设被移除的是一个三角形面。仿照上面的分析可知，当一个交叉帽被添加到球面上时，棱数和顶点数都减少 3，面数则减少 1。因此，黏合完成后，$V-E+F$ 减少了 1。所以对带一个交叉帽的球面，我们有

$$V-E+F=\chi(\text{球面})+\chi(\text{交叉帽})-1=1$$

由此，我们得出射影平面（带一个交叉帽的球面）的欧拉数是 1 的结论。当我们给球面添加 c 个交叉帽之后，可得

$$\chi(\text{带 } c \text{ 个交叉帽的球面})=2-c$$

现在，对于那些给球面添加把手或交叉帽后所得的曲面，我们已经知道怎么计算欧拉数了。可是，仍有一个重要的问题悬而未决——是否存在不能用这种方式构造的曲面呢？换句话说，我们能不能从把手和交叉帽的角度来描述所有曲面呢？或者用数学行话来说：能否给所有的曲面分类？

在数学中，得到一个分类定理往往是困难的，甚至是不可能的。难怪欧拉没能完成对多面体的分类。然而有时候，一些数学对象的确能被分类。毕竟，特埃特图

斯就给所有的正多面体分了类，而阿基米德也给所有的半正多面体分了类。

出人意料的是，曲面（不管是否有边界）可以被分类。每一张闭曲面都和一张带把手或交叉帽的球面是同胚的。这也就是说，在拓扑意义上，每一张可定向曲面都和多孔环面相同，而每一张不可定向曲面都和带一个或多个默比乌斯带的球面相同。事实上，分类定理的结论比这更强。给定任意一张闭曲面，如果我们知道它的欧拉数和它的可定向性，那我们就能精确地描述它。

曲面分类定理
一张闭曲面被它的欧拉数和可定向性完全决定。一张可定向曲面同胚于带 g 个把手的球面，其中 $g \geqslant 0$。一张不可定向曲面同胚于带 c 个交叉帽的球面，其中 $c > 0$。

例如，假设 S 是一张欧拉数为 −6 的可定向闭曲面。因为它是可定向的，所以我们知道它和一张亏格为 g 的曲面（有 g 个把手的球面）同胚，且 $-6=\chi(S)=2-2g$。这意味着 S 和一张 4 洞环面是同胚的。类似地，如果 T 是一张欧拉数为 −4 的不可定向闭曲面，那它就和一张带 c 个交叉帽的球面同胚，其中 $-4=\chi(T)=2-c$。换句话说，T 和一张带 6 个交叉帽的球面同胚。

对于有边界曲面，类似的分类定理也存在。任何一张有边界曲面其实都是上述标准曲面去掉一个或多个盘状区域后的产物。这张曲面被它的欧拉数、可定向性和边界分量数完全决定。例如，圆柱面是唯一一种欧拉数为 0、边界数为 2 的可定向曲面，默比乌斯带是唯一一种欧拉数为 0、边界数为 1 的不可定向曲面，等等（见表 17.1）。

从某种意义上来讲，最早研究曲面分类的人是十九世纪五十年代的伯恩哈德•黎曼（1826—1866，见图 17.8）。黎曼是十九世纪的卓越数学家之一。他在格丁根大学拿到了博士学位，而他的导师是已进入生涯末期的高斯。那时候，格丁根不是德国数学的中心（高斯也只是在格丁根大学教授一些基础课程），所以黎曼研究生阶段的大部分工作是在柏林大学完成的。

表 17.1　不同曲面的欧拉数、可定向性和边界数

曲面 S	$\chi(S)$	是否可定向	边界数
球面	2	是	0
环面	0	是	0
2洞环面	−2	是	0
g洞环面	$2-2g$	是	0
圆盘	1	是	1
圆柱面/环形	0	是	2
克莱因瓶	0	否	0
射影平面	1	否	0
带c个交叉帽的球面	$2-c$	否	0
默比乌斯带	0	否	1

图 17.8　伯恩哈德·黎曼

黎曼的才能很早就得到了认可。高斯不轻易表扬人，但他却对 1854 年首次公开作讲座的黎曼印象深刻。弗罗伊登塔尔这样描述这次讲座：

“这是数学史上的高光时刻之一：年轻腼腆的黎曼在年迈的数学传奇高斯面前发表演讲。此时，高斯的生命只能延续到下一个春天，而黎曼的讲座内容正是基于这位老人暗自酝酿了多年的想法。威廉·韦伯讲述了当时的高斯有多么困惑，以及如何在回家的路上以罕见的热情称赞了黎曼的深刻思想。”

黎曼的大部分成果都落在了复分析领域——对复数和复变函数的研究。复数是一个形如 $a+bi$ 的数，其中 a 和 b 都是实数，而 $i=\sqrt{-1}$ 。黎曼的很多研究——函数论、几何、偏微分方程和拓扑学——都是为了彻底地理解复变函数。他的一些成果，包括他对积分的处理方式，在他死后才得以出版，但它们现在已经成了每一门微积分基础课的主要内容。可惜天妒英才，在四十岁的年纪，这位有独创性的思想家就被肺结核夺走了生命。

黎曼对曲面的兴趣不是来自多面体理论，而是来自复分析。因为复数有两个自由度（a 和 b），所以所有的复数构成了一个二维平面——它看起来像欧几里得平面，只不过一根轴表示实部，另一根轴表示虚部。

彼时，黎曼正在研究多值复变函数。例如，考虑函数 $f(z)=\sqrt[4]{z}$ 。$f(16)$ 的值是多少呢？如果我们把答案记作 w，那它应该满足 $w^4=16$。不难看出，满足这个式子的复数有四个，分别是 2、−2、2i 和 −2i。因此，函数的单个输入产生了多个输出。对这类结果，一种理解方式是，函数的图像包含了好几层，或者说好几个分支。黎曼聪明地把这种分层图像解释成了曲面，也就是今天我们所说的黎曼曲面。一张黎曼曲面也许具备非常奇妙的拓扑，但它总是可定向的。

正是以这种方式，黎曼开始了他的拓扑学研究。他为曲面引入了亏格的概念（以及“连通性”这个将在第二十二章中介绍的相关概念）。他根据可定向曲面的亏格把它们分了类，并且凭直觉意识到两张在拓扑学上等价的曲面必定有相同的亏格。不过，尽管作了这种分类，他却没有意识到上述命题的逆命题也成立：两张亏格相同的曲面在拓扑学上是相同的。

默比乌斯是第一个阐述并证明了可定向曲面的分类定理的人。他掌握了黎曼所缺少的一种工具。1863 年，他提出了一种基本关系（本质上也就是我们所说的同胚）。因此，他能较为精确地解释两张曲面相同意味着什么。默比乌斯证明，每一张可定向曲面在拓扑意义上都等同于图 17.9 所示的标准形式之一——球面、环面、双环面等。

1866 年，卡米耶 • 约当证明，对于任意两张可定向的有边界曲面，当且仅当它们有相同的亏格和边界数时，它们才是同胚的。1888 年，迪克首次完整陈述并证明了分类定理——包含不可定向曲面的情形。然而，这仍然是在曲面和同胚的现代定义之前。第一个真正严格的对分类定理的证明出现在 1907 年，由马克斯·德恩（1878—1952）和波尔·希高（1871—1948）完成。

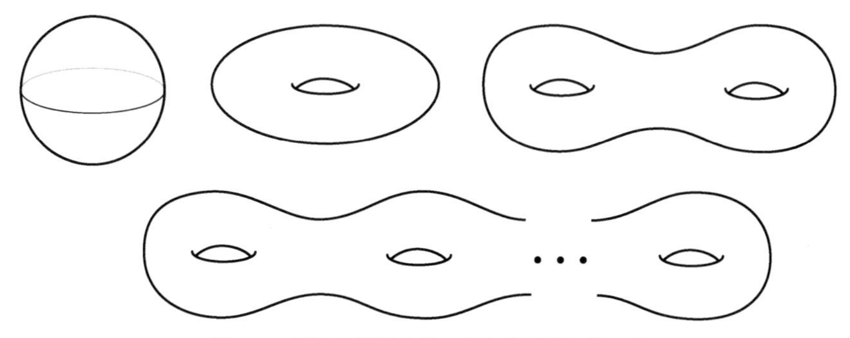

图 17.9　默比乌斯提出的可定向曲面的标准形式

我们不证明分类定理，但读者可以在其他文献中找到不少通俗易懂的证明。它们中的一些涉及用原曲面构造一张带把手和交叉帽的曲面。例如，约翰·康韦的 ZIP 证明（“零枝节证明”）从一堆三角形开始——一张曲面被三角剖分后所得的碎片。每添加一个新三角形，那张正在构造中的曲面仍然是一张带把手和交叉帽的有边界球面。另外一些证明则分析了相反的过程——它们从一张曲面开始，反复切下圆柱面和默比乌斯带（也就是把手和交叉帽），并在每一步用圆盘补上切口，直到得到一张球面为止。

第一眼看去，可定向曲面的亏格似乎不难确定——毕竟，它们只是带把手的球面。然而，它们的样子并不总是类似于默比乌斯给出的标准形式。例如，图 17.10 中的第一张曲面是带有 4 个把手的球面——它和 4 洞环面是同胚的。

分类定理告诉我们，每一张曲面都同胚于带把手的球面或者带交叉面的球面。但它没有谈到两种情况的混合形式。例如，图 17.10 中的第二张曲面是带一个把手和一个交叉帽的球面。它该如何融入我们的分类体系呢？根据前面的计算，球面的欧拉数是 2，加上一个把手使它减少了 2，再加上一个交叉帽又使它减少了 1。因此，曲面的欧拉数是 -1。由于交叉帽的存在，我们知道这张曲面不可定向。所以根据分类定理，它同胚于带有三个交叉帽的球面，也就是所谓的迪克曲面。

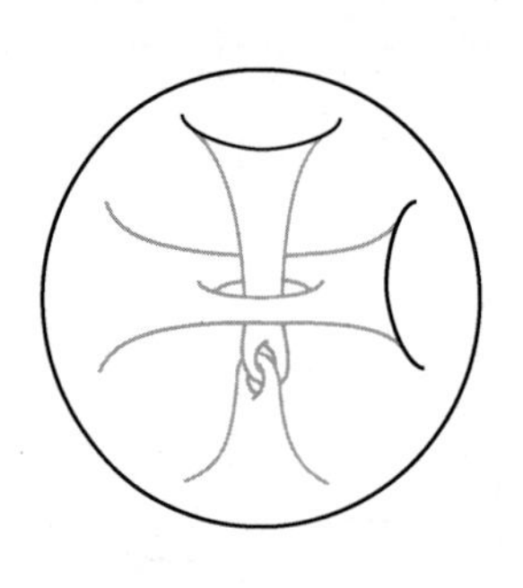

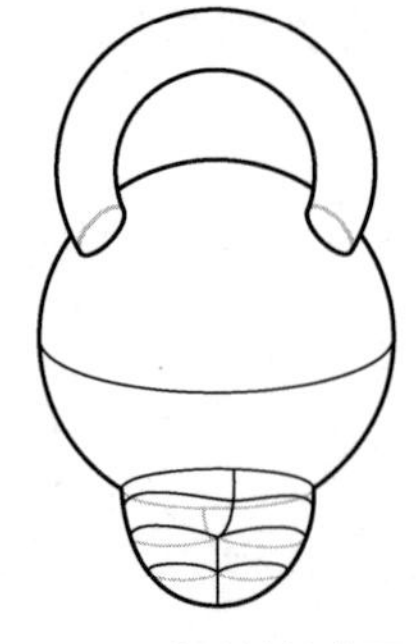

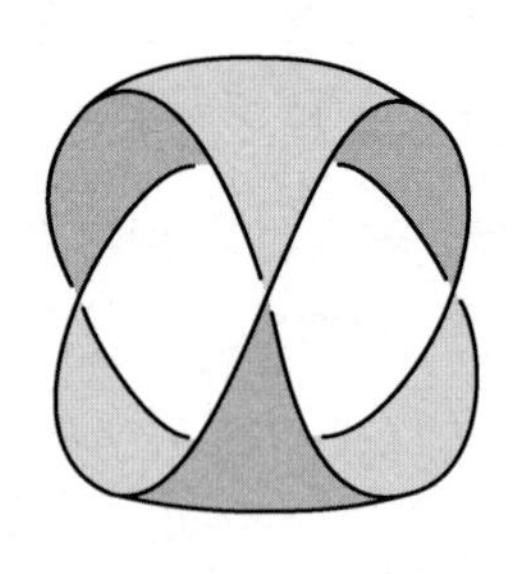

图 17.10　一些独特的曲面

快速观察图 17.10 中的第三张曲面可以发现，它有两侧（它是可定向的），且只有一个边界分量。有趣的是，它的边界就是所谓的三叶结。在下一章中我们将看到，任何一个纽结都是某张单边界可定向曲面的边界。为上述曲面引入一个划分，并计算顶点数、棱数和面数，我们发现它的欧拉数是 −1。根据有边界曲面的分类定理，这张曲面和去掉一个圆盘后的环面同胚。

作为最后一个例子，让我们回顾大二十面体和大十二面体——由三角形面和五边形面构成的开普勒 – 普安索多面体（见第十五章）。虽然看起来不像，但它们其实都是可定向曲面（带有 3 维空间中的自相交部分）。大二十面体的欧拉数是 2，所以它和球面同胚，而大十二面体的欧拉数是 −6，所以它和 4 洞环面同胚。

第十八章

一个纽结问题

时间啊，这难题只可由你来解决。

对我而言，它是复杂到无法打开的结。

——威廉·莎士比亚，《第十二夜》

最早的拓扑研究之一便是对纽结的研究。我们都很熟悉纽结。它们助船抛锚，使鞋贴脚，也让线缆在我们的计算机背后令人绝望地缠绕。但严格来说，这些都不是数学纽结。一个数学意义上的纽结没有自由端，它是 3 维欧几里得空间中的一个拓扑圆（要把一条延长电缆变成数学纽结，只需把它的两端插在一起即可）。

在图 18.1 中，我们可以看到六种数学纽结的投影：平凡纽结、三叶结、八字结、五叶结、姜饼人结（它没有一个公认的名字）和平结。

图 18.1　平凡纽结、三叶结、八字结、五叶结、姜饼人结和平结的投影

上一章中我们曾强调，拓扑学家感兴趣的往往是拓扑对象的本征性质而非外在性质，但纽结理论却是一个例外。一个纽结的有趣之处在于组成它的圆在空间中的放置方式——它的外在构型。本质上来讲，所有纽结都相同——它们都和圆同胚。因此，在纽结的研究中，"相同"指的不是同胚，而是一个纽结能连续变形成另一个。换句话说，如果两个纽结是同痕的，它们就相同。图 18.2 中的前三个纽结是同痕的（它们都和平凡纽结相同），最后两个纽结也是同痕的（它们都和三叶结相同）。但我们将会看到，平凡纽结和三叶结不是同痕的。

图 18.2　平凡纽结的三种投影和三叶结的两种投影

纽结理论的一个主要目标就是给纽结分类。就像处理曲面那样，我们想找到一些工具来帮我们判断两个纽结是否相同。它们最好能为所有的纽结列出一份完备且无重复元素的清单。这样的清单现在还不存在，但人们已经做了很多相关工作。本

章的小目标是开发出足够的工具，用以证明图 18.1 中的纽结各不相同。这些工具之一就涉及曲面分类和欧拉数。

结的研究和使用史跟人类历史一样悠久。根据不同的实际用途，人们发明了五花八门的结，包括绑结（绑在其他绳索或物上的结）、索结（临时打上、容易解开的结）、绳圈、捻接和套索等。在许多文化中，结和它们的投影都是珠宝和艺术品的常见设计主题。它们对织物的生产也很重要，毕竟，一匹布不就是一个巨大的结吗？相比之下，纽结的数学研究则是一个相当年轻的领域，可追溯到十八世纪。

纽结的拓扑学意义最先被亚历山大·泰奥菲勒·范德蒙德（1735—1976）在 1771 年注意到，那时距离欧拉发表七桥问题的论文仅仅过去了三十五年。范德蒙德的短文《关于位置问题的评述》以如下文字开篇：

“不管空间中的线如何缠绕在一起，人们总可以得到它的尺寸计算式，但这个式子的实际用途十分有限。一名制造穗带、网或是结的工匠关心的不是度量问题，而是位置问题，他看到的是线的交错方式。”

尽管有一个很有希望的开头，但范德蒙德的论文却没有关注纽结，而是聚焦于如何用拓扑方法来解决国际象棋中的“骑士之旅”问题。不过，他还是简要介绍了怎样用符号来描述某些纺织纹样。

从高斯的草图和笔记中，我们了解到他早在 1794 年就开始思考纽结问题了。但是，唉，他从来都没发表过任何相关成果。在 1833 年的一份珍贵手稿中，他给出了一个二重积分，可以用来计算两条闭曲线的环绕数——一个衡量两条曲线互相缠绕了多少次的拓扑量。

也许不足为奇的是，高斯的学生利斯廷后来真正开启了对纽结的数学研究。我们可以从他 1847 年的专著《拓扑学》中读到他的贡献。这本书时常被引用，是一座拓扑学的奇珍宝库。虽然利斯廷没有提出所有纽结的分类法，但他显然热衷于寻找区分纽结的技巧。例如，他说三叶结和它的镜像结不是相同的纽结。不过，正如利斯廷对默比乌斯带的讨论被人们忽视了那样，他对纽结的研究也没有引发什么关注。最终，纽结理论的兴起不是靠利斯廷，而是有赖于两名研究新的原子理论的苏格兰物理学家。

1867 年，威廉 · 汤姆孙（1824—1907）断言，原子是由以太中的旋涡或者说结生成的。他的另一个称号——开尔文勋爵——也许更为人所知。他发明了绝对温标，参与设计了第一条跨大西洋的电缆（他因此被册封为爵士）。开尔文认为，每个原子都对应于一个不同的结或者一系列相连的结，而原子的稳定性正是源自结在拓扑变形下的稳定性。这种巧妙却错误的观点盛行了大约二十年。

汤姆孙的原子论引领他的朋友彼得•格思里•泰特开始了对纽结的分类。1877 年，泰特着手列举一个包含所有纽结的表格——他觉得自己是在创造一份元素周期表。最终，这种化学视角被抛弃了，但泰特仍然继续着他的研究。到了 1900 年，他和印裔美国数学家查尔斯 · 牛顿 · 利特尔（1858—1923）几乎已经把交叉数小于等于 10（这里的交叉指纽结在其平面投影中的交叉——我们很快会进一步解释它）的纽结全部整理了出来。

一开始，泰特依靠他出色的直觉来给纽结分类。后来，数学家们设计了多种精巧的工具，可以严格区分不同的纽结。这些工具大部分都是纽结不变量。在第十七章中，我们讨论了曲面的拓扑不变量。纽结不变量的作用和它们一样。纽结不变量是一个和纽结相关的数或实体。如果两个纽结的不变量不同，那它们就必定是不同的纽结。

纽结不变量种类繁多，其中的一些很好描述。在本章中，我们将介绍几种纽结不变量，包括一种与曲面和欧拉数密切相关的。

纽结是一个圆，而圆也正是某些曲面的边界。但出人意料的是，找出边界为纽结的曲面也是可能的。在图 18.3 中，我们看到平凡纽结是圆盘的边界（不足为奇），三叶结则是带有三处半周扭转的默比乌斯带的边界。我们也曾在图 17.10 中看到另一种以三叶结为边界的曲面。

边界是纽结的曲面不只是存在而已，事实上，每一个纽结都能充当曲面的边界。

请尝试一种有趣的实验——用肥皂泡来制造以纽结为边界的曲面。为此，我们可以先用一根不易变形的线做出一个结（对小结来说，一个衣架就足够了；但对复杂的结来说，衣架就显得太僵硬了，而且也不够长），然后把它浸入肥皂液里。如有需要，可以把形成的多张曲面戳成单张曲面。[1]

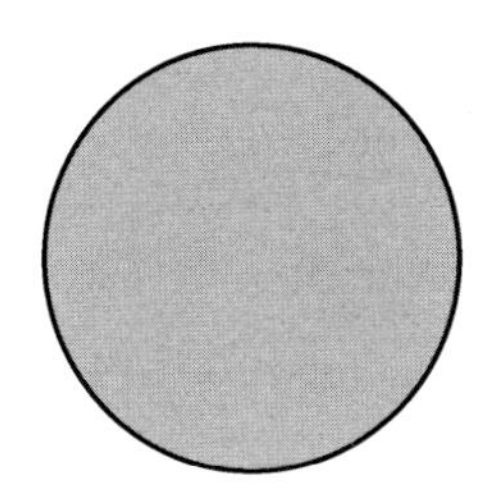
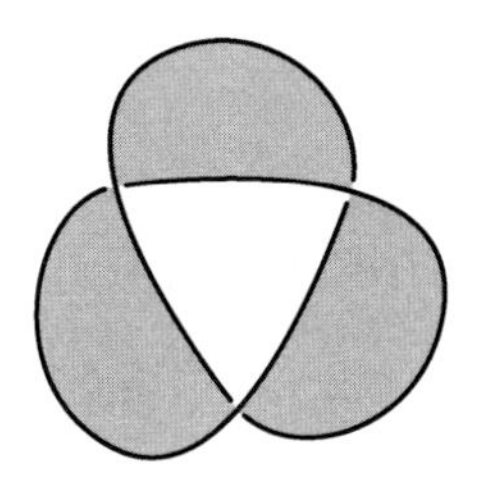

图 18.3　平凡纽结是圆盘的边界，三叶结是带有三处半周扭转的默比乌斯带的边界

图 18.3 中的三叶结是一张不可定向曲面的边界（请回想，在三维空间中，不可定向和单侧是同义词）。但这种情况是可以避免的——给定一个纽结，我们总能构造一张以该纽结为边界的可定向曲面。这种曲面被称为塞弗特曲面，以赫伯特 • 塞弗特（1907—1996）的名字命名。也许和定理的结论同样惊人的是，塞弗特曲面的构造非常简单。我们现在就来介绍塞弗特在 1934 年发现的优雅方法。

让我们以三叶结为例。先给纽结选取一个方向，也就是说，选择一个环绕纽结的方向。接着，把纽结投影到平面上。我们对投影方式几乎不做限制，但也要排除一些“坏的”方式，比如那些使三股线交于同一点的，或是使一段线的投影有不止一点与另一段线的投影重合的。除这些情况以外，不管投影方式有多复杂都不成问题。

随后，利用这些投影创造一系列塞弗特圆。先沿之前所选的方向描摹纽结。每到达一个交叉处，就切换到另一股线上，但不要改变描摹的方向。当回到出发点时，我们就得到了一个圆（见图 18.4）。对余下所有未被描摹的线都重复上述过程。得到这批塞弗特圆后，以它们为边界创造圆盘。根据某些投影方式，我们可能获得互相嵌套的圆。在这种情况下，一些圆盘就处于另一些的上方（就像图 18.4 所示的三叶结的情形那样）。

[1] 为了制造长时间存在的大肥皂泡，我们建议把一加仑（1 美加仑≈3.785 升）水、三分之二杯洗洁精和一汤匙甘油（可以从任何一家药店买到）混合后搅匀。此外，使用前最好把溶液静置一段时间。——作者原注

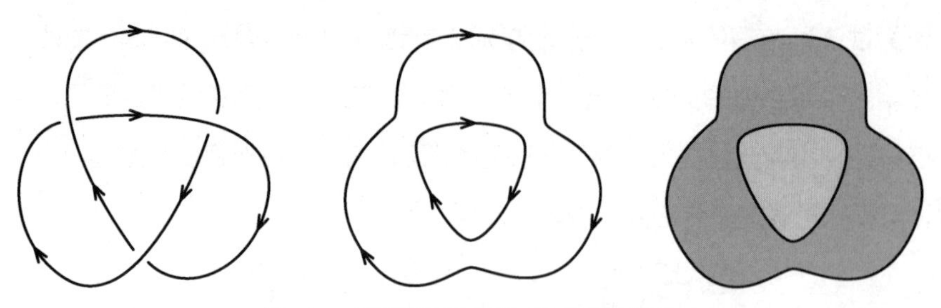

图 18.4　三叶结的塞弗特圆及相应的圆盘

此时，用带半周扭转的矩形条带把圆盘连接到一起。具体来说，在每个对应于纽结交叉处的地方添加一根扭转方向取决于交叉方式的条带（见图 18.5）。尽管需要费点工夫，但不难证明上述流程总是能生成一张可定向的有边界曲面。

在图 18.6 中，我们构造了三叶结的塞弗特曲面。而在图 18.7 中，我们对平结重复了这个过程，得到了一张由三个圆盘和六根条带生成的曲面。

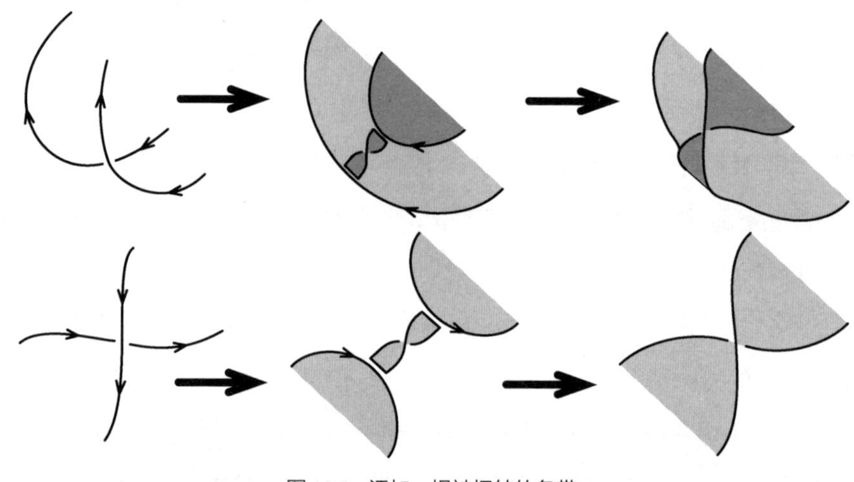

图 18.5　添加一根被扭转的条带

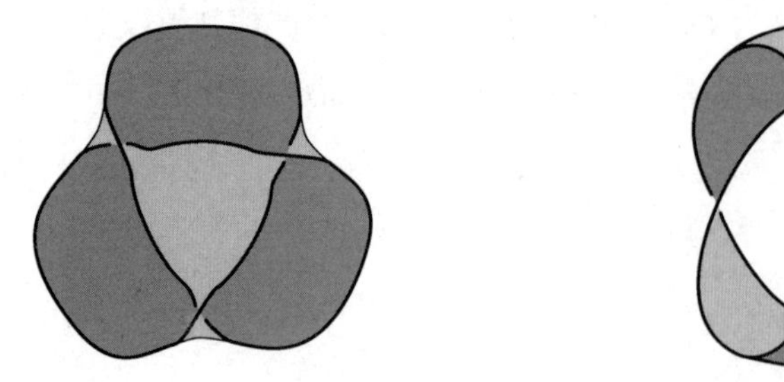

图 18.6　三叶结的塞弗特曲面

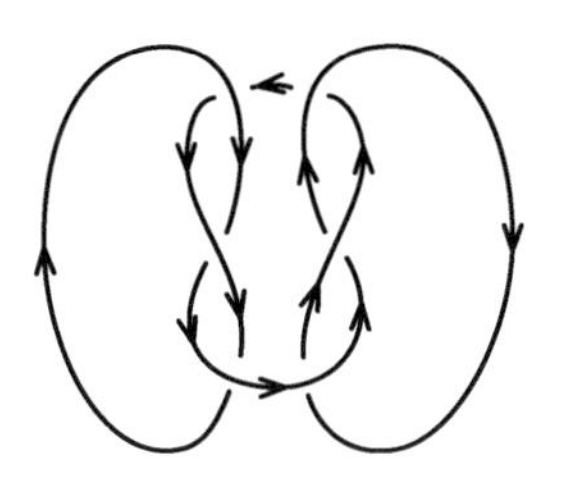
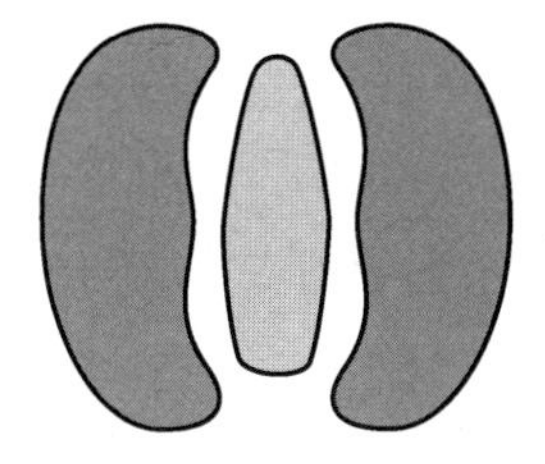
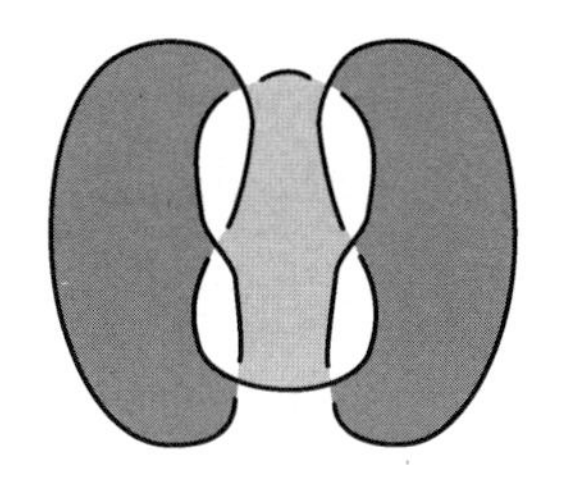

图 18.7　平结的塞弗特曲面

凭借强大的曲面分类定理，我们“知晓”了所有可能存在的曲面。塞弗特曲面是一种单边界的可定向曲面。因此，它必定同胚于去掉了一个圆盘的球面或者去掉了一个圆盘的 g 洞环面。这个结论使我们真正见识到了分类定理的威力，因为塞弗特曲面看上去一点也不像多孔环面。从理论上来讲，我们可以在塞弗特曲面的边界处粘上一个圆盘，使其成为一张闭曲面，但这种黏合需要使用第四个维度。

既然我们已经知道塞弗特曲面是可定向的和单边界的，那么只要知道了它的欧拉数，我们就能界定它了。假设 S 是一张由 d 个圆盘和 b 根条带构造成的塞弗特曲面。鉴于圆盘的欧拉数是 1（因此 d 个不相交圆盘的欧拉数是 d），我们只需确定添加一根条带会给曲面带来什么影响即可。

假设我们把一根条带的两端都连在了一张有边界曲面（不一定是连通的）上。由此，我们给曲面增加了一个面、两条棱和零个顶点。根据欧拉数的定义可知，添加一根条带使欧拉数减少了 1。因此，添加 b 根条带就使欧拉数减少了 b。

> 对一张由 d 个圆盘和 b 根条带构成的塞弗特曲面 S 而言，它的欧拉数为 $\chi(S)=d-b$。

构造三叶结的塞弗特曲面时（见图 18.6），我们用了两个圆盘和三根条带，所以它的欧拉数是 −1。同理，平结的塞弗特曲面是由三个圆盘和六根条带生成的，所以它的欧拉数是 −3。

如果我们在一张塞弗特曲面的边界处粘上一个圆盘，我们就得到了一张亏格为 g 的闭曲面。该操作使面数增加了 1，所以这张闭曲面的欧拉数比原塞弗特曲面的欧拉数大 1。图 18.6 展示了三叶结的塞弗特曲面，它的欧拉数为 −1。如果我们把一个圆盘粘到它的边界上，所得曲面的欧拉数会变成 0。因此，新曲面必定是一张环面——一张亏格为 1 的曲面。所以我们说该塞弗特曲面的亏格是 1。

我们可以把同样的逻辑应用到任何由 d 个圆盘和 b 根条带生成的塞弗特曲面上。把一个圆盘与这张曲面的边界黏合后，我们得到一张欧拉数为 $\chi(S)=d-b+1$ 的可定向闭曲面 S。S 的亏格为 g，而 $\chi(S)=2-2g=d-b+1$。从中解出 g，我们就确定了亏格的值。

> 对一张由 d 个圆盘和 b 根条带生成的塞弗特曲面 S 而言，它的亏格为 $(1-d+b)/2$。

平结的塞弗特曲面的亏格为 $g=(1-3+6)/2=2$。它是去掉了一个圆盘的双洞环面。在图 18.8 中，我们看到了五叶结、八字结和姜饼人结的塞弗特曲面。五叶结的塞弗特曲面是用 2 个圆盘和 5 根条带构造成的。因此，它的亏格为 $(1-2+5)/2=2$。八字结的塞弗特曲面是由 3 个圆盘和 4 根条带生成的，故其亏格为 $(1-3+4)/2=1$。姜饼人结的塞弗特曲面则由 3 个圆盘和 6 根条带生成，所以它的亏格为 $(1-3+6)/2=2$。

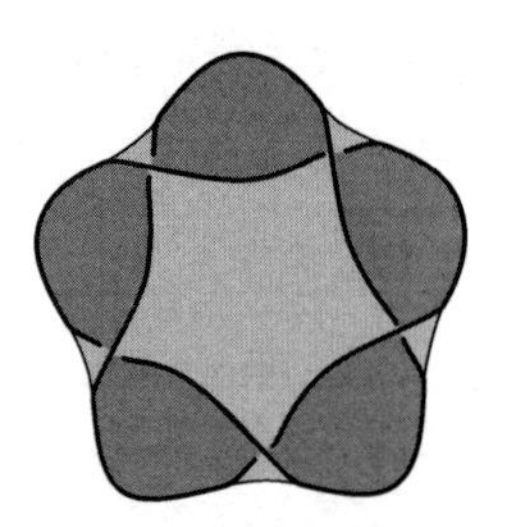
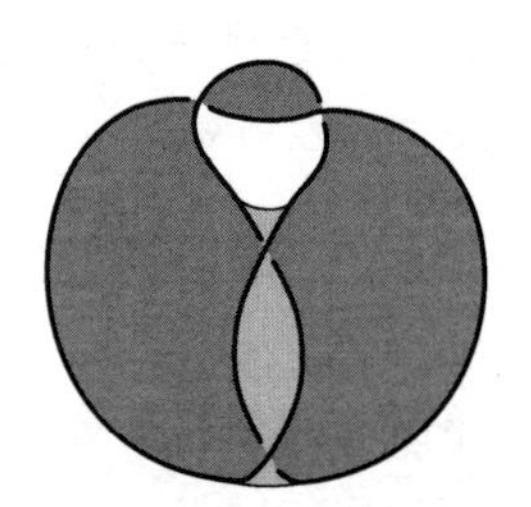
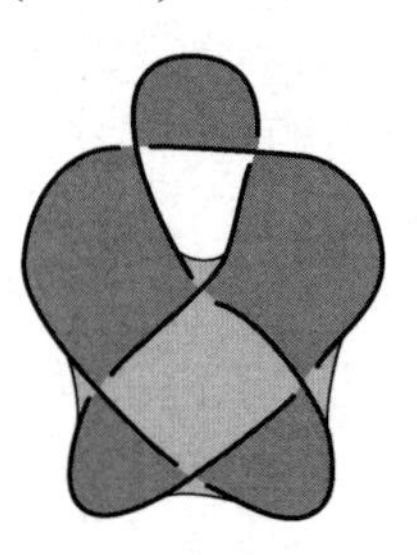

图 18.8　五叶结、八字结和姜饼人结的塞弗特曲面

如果塞弗特曲面的亏格是一个纽结不变量，那就再好不过了。可问题是，一个给定的纽结也许对应于多张在拓扑学上各不相同的塞弗特曲面（只需在构造开始时选择不同的投影方式即可）。然而，我们也不必完全抛弃这种想法。我们可以把纽结的亏格定义为它的所有塞弗特曲面所对应的最小亏格。我们将纽结 K 的亏格记作 $g(K)$。

平凡纽结是圆盘的边界，而圆盘是球面去掉一个圆盘后的产物，因此平凡纽结的亏格为 0。它也是唯一作为圆盘边界的纽结，所以每一个非平凡纽结的亏格都是正数。

上面的定义多少有些令人失望。尽管亏格是不折不扣的纽结不变量，但它的实际计算却并非易事。假设我们为姜饼人结构造了一张亏格为 2 的塞弗特曲面，是否姜饼人结的亏格就等于 2 呢？也许是，也许不是。说不定还能给它找到一张亏格为 1 的塞弗特曲面呢。我们还不清楚怎样才能证明这样的曲面不存在。

好消息是，我们能轻松地对一大类名为交错纽结的纽结计算亏格。请用手指描画一下图 18.1 中的八字结投影，并观察它在交叉处的行为。它相对于另一段线的位置分别是上方、下方、上方、下方、上方、下方、上方和下方——两种情形在整个投影中交错出现。这种投影被称为交错投影。三叶结、五叶结和姜饼人结的投影也是交错的，平结的投影则不是。一个拥有某种交错投影的纽结被称为交错纽结。图 18.1 中的平结投影不是交错的，但这并不代表平结就不是交错纽结，因为它的另外某种投影也许是交错的。

最简单的纽结都是交错的。每一种交叉数小于等于 7 的纽结是交错的，而且也只有三种含 8 个交叉的纽结不是交错的（其中一种如图 18.9 所示）。然而，随着交叉数的增加，交错纽结的占比降低了。在交叉数小于等于 12 的 2404 种素纽结（我们马上就会定义素纽结）中，有 63% 的纽结是交错的。而在大约 170 万种交叉数小于等于 16 的素纽结中，只有 29% 的纽结是交错的。

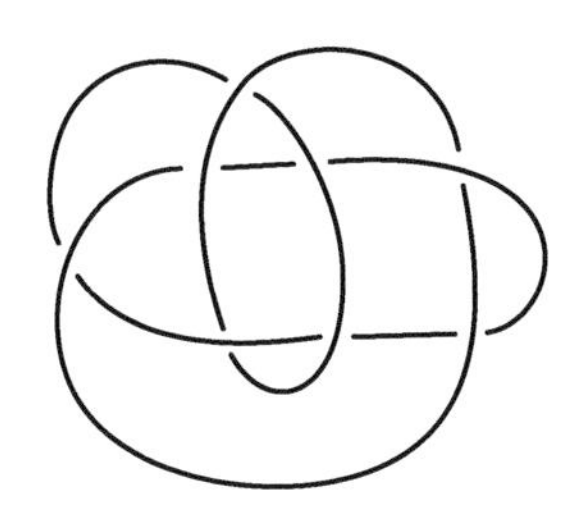

图 18.9　拥有 8 个交叉的非交错纽结

二十世纪五十年代末，理查德 • 亨利 • 克罗韦尔和村杉邦男证明了一则定理，让我们从此省去了很多麻烦。

由交错投影得来的塞弗特曲面必定有最小的亏格。

也就是说，由于三叶结、八字结、五叶结和姜饼人结都是交错的，我们可以断

言它们的亏格分别是 1、1、2、2。因此，这四种纽结中没有平凡纽结，而且前两种与后两种是不同的。读到这里，读者应该也可以证明引言中的两个纽结（图 I.5）不是同一种了。

现在，让我们把注意力稍微转到平结的亏格计算上。素数是正整数的基本构成要素。设 p 是整数且 $p>1$，如果把 p 写成正整数 m 和 n 的乘积时总有 $m=1$ 或 $n=1$，那么 p 就是素数；否则 p 是合数。用类似的思路，我们可以定义素纽结，也就是所有纽结的基本构成要素。为此，我们需要一种纽结的“乘法”。

给定两个纽结 K 和 L，它们的乘积 $K\#L$ 可以用如下方式得到。将 K 和 L 的投影紧挨着放在一起（但不重叠），切开它们各自最外侧的一股线，再把所得的四个线头在不引入任何新交叉的条件下连接起来。在图 18.10 中，我们看到三叶结和它的镜像结相乘后得到了平结（两个完全相同的三叶结的乘积则是一个祖母结）。

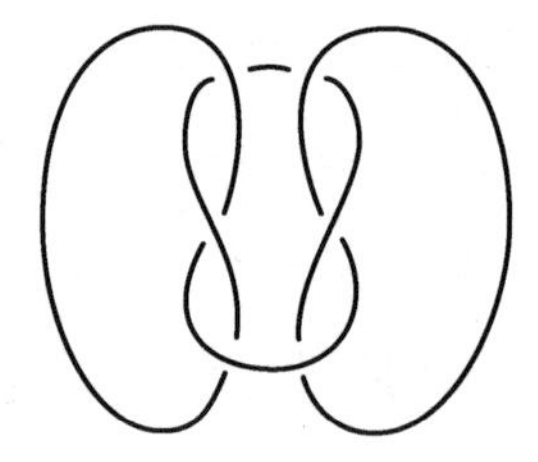

图 18.10　三叶结与其镜像结的乘积是平结

如果纽结 M 被写成 $M=K\#L$ 时，K 或 L 总是平凡纽结，那 M 就是一个素纽结。[1]换言之，素纽结不能被写成两个非平凡纽结之积。一个不是素纽结的非平凡纽结被称为复合纽结。显然，素性是个纽结不变量。我们已经证明了平结是复合纽结。我们也不加证明地指出，三叶结、八字结、五叶结和姜饼人结都是素纽结，所以它们均不与平结同痕。

假设我们已经知道了纽结 K 和纽结 L 的亏格。那么，计算 $K\#L$ 的亏格是不是一件容易的事呢？让我们把 K 和 L 各自的亏格最小的塞弗特曲面分别记为 S_K 和 S_L，然后用它们对应的投影生成 $K\#L$ 和塞弗特曲面 $S_{K\#L}$。不难看出，若 S_K 由 d_K 个圆盘和 b_K

[1] 平凡纽结满足素纽结的定义，但就像 1 不被当作素数一样，平凡纽结也不被当作素纽结。——作者原注

根条带生成，且 S_L 由 d_L 个圆盘和 b_L 根条带生成，则 $S_{K\#L}$ 由 d_K+d_L-1 个圆盘和 b_K+b_L 根条带生成。因此，$S_{K\#L}$ 的亏格满足

$$\frac{1}{2}[1-(d_K+d_L-1)+(b_K+b_L)]=\frac{1}{2}(1-d_K+b_K)+\frac{1}{2}(1-d_L+b_L)=g(K)+g(L)$$

问题在于，我们不知道 $S_{K\#L}$ 是否对应于纽结 $K\#L$ 的最小亏格。因此，我们只能得出 $g(K\#L)\leqslant g(K)+g(L)$ 的结论。事实上，$S_{K\#L}$ 的亏格确实是最小的，证明从略。由此可知，亏格是加性的。

对任意两个纽结 K 和 L，$g(K\#L)=g(K)+g(L)$。

根据这个公式，我们可以计算出平结的亏格：

$$g(\text{平结})=g(\text{三叶结})+g(\text{三叶结})=1+1=2$$

上述公式还有一个有趣的推论，那就是如果 K 或 L 不是平凡纽结，则 $K\#L$ 也不是平凡纽结。这是因为，若 $g(K)\neq 0$ 或 $g(L)\neq 0$，则 $g(K\#L)\neq 0$。对此，有一种更形象的理解方式：如果你的鞋带打了结，那你就不可能抓住鞋带的两头后用打结的方式解开原来的结。对纽结而言，不存在能使它们松开的“逆纽结”。

值得一提的是，如果 K 和 L 都是交错纽结，那么 $K\#L$ 也是交错纽结（你能看出这为什么是对的吗？）。因此，虽然我们先前给出的平结投影不是交错的，但平结却真的有交错投影。

纽结的亏格使我们得以分辨很多纽结，但它却不是一个完美的不变量——两个亏格相等的纽结不一定相同。例如，三叶结和八字结拥有相同的亏格。所以，要么这两种结相同（事实并非如此），要么我们就得另找一种方法来区分它们。类似地，五叶结、姜饼人结和平结的亏格也相同。

在本章的余下部分，我们将介绍另外两种有助于我们区分纽结的不变量。相较于人们已知的众多纽结不变量，它们不过是九牛一毛。

第一个新的纽结不变量是可着色性。为了判定它，我们需要用三种不同颜色的蜡笔来画出纽结的投影。如果在纽结的每个交叉处只有一种颜色出现，或者三种颜色都出现，那这个纽结就是可着色的。此外，我们规定整个投影不能只有一种颜色。

证明可着色性是纽结不变量并不太难，我们跳过证明。特别地，可着色性与所选的投影方式无关。

在图 18.11 中，我们看到三叶结是可着色的（我们用黑线、灰线和虚线来表示三种颜色）。然而，一次简单的实验就能证明八字结不可着色。在图 18.11 的右侧图中，我们遵循着色规则先给八字结的三股线涂了色。但到达最上方那股线时，我们遇到了麻烦。它到达的每一个交叉处都迫使我们为它选取一种不同的颜色，导致我们没法用手头的任何颜色来给它涂色。因此，三叶结和八字结是不同的。

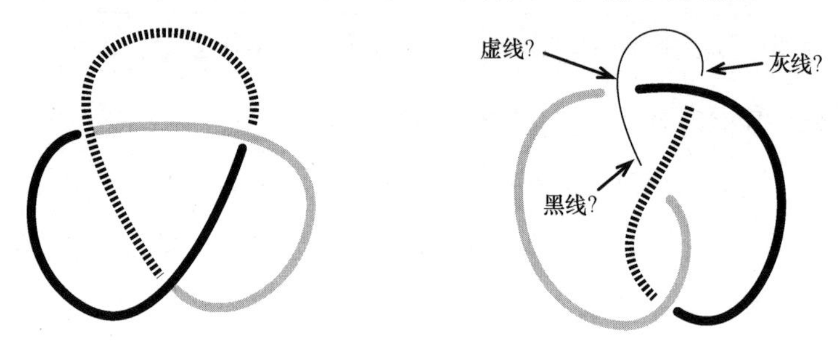

图 18.11　三叶结可着色，而八字结不可着色

平结是可着色的，但五叶结和姜饼人结是不可着色的，相应的证明留给读者。由此我们便进一步证实了平结与五叶结和姜饼人结是不同的。

利用素性、亏格和可着色性，我们能区分图 18.1 中除了五叶结和姜饼人结的其他纽结。五叶结和姜饼人结都是素纽结，亏格都为 2，也都不可着色。为了证明它们是不同的，我们必须再引入一个纽结不变量：交叉数。

一个纽结的交叉数是该纽结的所有投影所对应的最小交叉数。我们把纽结 K 的交叉数记作 $c(K)$。平凡纽结的投影一般不含交叉，所以它的交叉数是 0。我们已经知道三叶结和平凡纽结不同，也找到了一种包含 3 个交叉的三叶结投影。又因为任何交叉数为 0、1 和 2 的纽结都是平凡纽结，所以三叶结的交叉数是 3。

我们常根据交叉数来给纽结分类。交叉数较小的纽结种类并不多。如表 18.1 所示，三叶结是唯一一种交叉数为 3 的纽结（一个纽结和其镜像结不被算作两种纽结），而交叉数小于等于 6 的素纽结一共也只有 7 种。但当交叉数继续增加时，纽结的种类就呈现了爆炸式的增长。

表 18.1　每个交叉数所对应的素纽结类数

$c(K)$	3	4	5	6	7	8	9	10	11	12	13	14
结的种类	1	1	2	3	7	21	49	165	552	2176	9988	46972

交叉数也是一种难以利用的对象，理由和亏格的情形相同。给定一个投影，我们能毫不费力地数出它的交叉数。然而，我们也无法保证不存在一种交叉数更少的投影。对于纽结 K，如果我们得到了一种交叉数为 n 的投影，我们只能断定 $c(K) \leqslant n$。幸运的是，就像亏格那样，交错纽结的交叉数总是容易计算的。

一个世纪前，泰特猜测，纽结的简化交错投影包含的交叉数最少。这里的“简化”意味着在计算交叉数之前去掉所有无关紧要的交叉，比如图 18.12 所示的那种。只需将纽结的一部分扭转半周，我们就可以去除这类交叉。泰特猜想道，一旦完成了这一步，交叉数就取到了最小值。此后多年，他的猜想一直悬而未决，直到二十世纪八十年代中期才被路易斯 • 考夫曼、村杉邦男和莫文 • 西斯尔思韦特几乎在同一时间各自独立地证明。

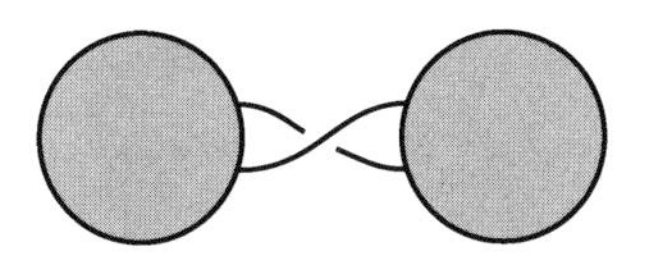

图 18.12　不重要的交叉

一个纽结的简化交错投影包含了最少的交叉。

这个定理能让我们轻松地算出任何交错纽结的交叉数。由于前文中三叶结、八字结、五叶结和姜饼人结的投影都是简化的和交错的，所以确定它们的交叉数可谓易如反掌。答案分别是 3、4、5、6。因此，仅凭这一个不变量，我们便可断言这四种纽结是不同的，甚至包括五叶结和姜饼人结。

一个值得提出的问题是，交叉数会如何与纽结之积联系在一起。在 $c(K)$、$c(L)$ 和 $c(K\#L)$ 之间，是否存在一个漂亮的关系式？如果 K 和 L 都是交错的，那么 $K\#L$ 也是交错的。而且，如果足够谨慎，我们可以把 K 和 L 的简化交错投影连接起来，得到 $K\#L$ 的简化交错投影（但我们之前没有对平结这么做）。因此，在这种特殊情况下，交叉数是加性的。

如果 K 和 L 是两个交错纽结，那么 $c(K\#L)=c(K)+c(L)$。

例如，c(平结)=c(三叶结)+c(三叶结)=3+3=6。

可是，交叉数是否和亏格一样，对所有纽结来说都是加性的呢？很久之前，人们就猜测答案是肯定的。令人惊奇的是，直到现在也没人能证明它，或是举出任何一个反例！

在本章中，我们介绍了纽结不变量大家庭中的几个重要成员，并利用它们区分了本章开头的六种纽结。我们将相关发现总结于表 18.2 中。

表 18.2　纽结性质

纽结	是否素的	交叉数	亏格	是否可着色
平凡纽结	否	0	0	是
三叶结	是	3	1	是
八字结	是	4	1	否
五叶结	是	5	2	否
姜饼人结	是	6	2	否
平结	否	6	2	是

有了这些工具，我们在纽结的分类上取得了初步进展。然而，这种进展也是有限的。图 18.13 中的两个投影——它们分别属于姜饼人结和所谓的 6_3 结——代表了不同的纽结，但我们掌握的不变量却不足以区分它们。它们都是素的，都有 6 个交叉，都是交错的，都不可着色，也都是亏格为 2 的纽结。要分辨它们，我们还需要更多工具。

图 18.13　姜饼人结和 6_3 结

此外，我们也没有介绍任何能证明两个纽结相同的技巧。我们整章的笔墨都集中在如何根据投影判定两个纽结不同。但我们建议读者充分利用其他文献来探索有趣的纽结理论。

数学家和科学家的互动往往是失衡的。人们也许会天真地认为，这两个群体总是携手共进，科学家给数学家提供研究课题，数学家则创造可能对科学家有用的理论。

没错，科学家的需求常常激发出新的数学，就像开尔文原子论中的旋涡模型催生了纽结理论一样。但数学家们并不喜欢成为科学的仆人。即便某种数学理论生发于实际应用，它也会很快因自身的特性而走上自己的道路。比起适用性，固执的理论数学家们更关注美、真、优雅和宏大。

当开尔文的原子模型被证伪之后，科学家们便对纽结失去了兴趣，但数学家们却将研究继续了下去。纽结理论最终发展成了一个纯数学领域。在二十世纪的大部分时间里，只有数学家对它感兴趣。它一度是一个活跃的数学研究方向，被应用到了其他纯数学领域中，但却没有科学用途。

然而，即便是最抽象、理论性最强的数学领域，也可能是实用的。数学的用处往往来自那些看似绝不适用的领域。一种理论的用途通常要经过许多年才会变得清晰。谁也没有预料到，对素数的研究能让我们加密信用卡信息，并把它们安全地发送到互联网上。十九世纪的数学家们也无法想象，他们的非欧几何研究最终会成为爱因斯坦的广义相对论的基础。

临近二十世纪末，纽结理论在自然科学中又有了用武之地。物理学家、生物学家和化学家们发现，纽结的数学理论能让他们更深入地理解自己的学科。如今，不管是在 DNA、大分子、磁力线、量子场论还是统计力学的研究中，纽结理论都发挥着重要的作用。

数学家们在一家商店里制造并出售工具。时不时地，他们会从科学家顾客那里接到一批特殊订单，但大部分时间里，他们都忙着打造一些用途尚不明朗的优雅工具。科学家们经常光顾这家工具店，浏览货架上琳琅满目的产品，希望其中有自己用得上的。陈列着纽结理论的这条过道曾经久久无人问津，但现在又喧嚷了起来。在下一章中我们将看到，新兴的拓扑学概念和欧拉数为科学家们创造了另一种意料之外的实用工具。

第十九章

给椰子梳头

肆虐吧，混沌！

变幻吧，云层！

我将等到规律诞生。

——罗伯特·弗罗斯特，《固执》

许多科学家都把数学用作一种预测行为的工具。他们也许有一个或一组方程，可以描述自己的模型中量与量之间的相互影响。随后，他们会借助数学从这些方程中得出结论。

数学模型常以微分方程的形式出现，它们描述了各种各样的量随时间变化的速率。例如，一名生态学家也许会利用微分方程组来为野生动物保护区中兔子和狐狸的种群动态建模，而这些动态受两者间的捕食者 - 猎物关系支配。当兔子的数量很多时，狐狸就有充足的食物。随着狐狸对兔子的捕猎，前者数量增加，后者数量减少。最后，狐狸的食物不足，它们的数量也因此减少。相应地，兔子就再次变多了起来。我们可以从图 19.1 中看到这种周期性的变化趋势。

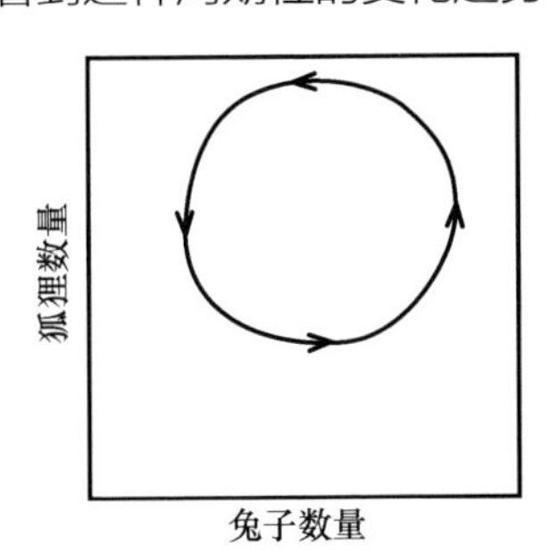

图 19.1　捕食者 - 猎物模型

微分方程是将变量和变量的导数联系起来的代数方程。如果我们能对一个给定的初始条件预测整个系统未来的行为，我们就说找到了微分方程的一个解。换言之，如果我们知道今天兔子和狐狸各有多少只，我们就能预测一年后它们各自的数量。图 19.1 中的曲线是一条解曲线，其箭头所指的方向对应于时间流逝的方向。曲线被画在相空间里，后者是一种能显示变量的所有可能值的拓扑对象。在这个例子中，相空间是平面的第一象限（因为兔子和狐狸的数量必须是非负的）。而在一些更奇特的例子里，相空间可能是更复杂的拓扑形状。

有时候，仅仅找到微分方程的一个特解在科学家眼中是不够的。更重要的往往是得出一些定性的结论。系统是否拥有平衡点——使得两个种群各自的死亡率等于出生率的点？某些初始条件是否会导致一个或两个种群的灭绝？有没有什么初始条件导向种群数量的爆发式增长？种群数量会周期性地变化，还是会进入混沌模式？即使我们能用微积分求解微分方程，回答这些"整体性"的问题也未必是一件容易的事。

为了更好地理解微分方程组的解，我们也许想寻求一种更可视、更几何的方法来表示它们。为此，有两种常见的技巧，分别是在相空间里生成流或向量场。流也叫连续动态系统，它把相空间中的每个点与其运动轨迹联系在了一起。这条轨迹就是微分方程的解曲线。图 19.2 画出了捕食者 - 猎物模型的几条流线。它们表明，在任何非平衡态的初始条件下，狐狸和兔子的种群数量都会周期性地增多和减少。

我们也可以不用代数方式和流，而是用向量场来描述微分方程。跟温度、时间、亮度和质量这些只有大小的标量不同，向量既有大小也有方向。在物理学中，人们可能会用向量来表示速度，速度向量的方向是物体运动的方向，而它的模长则代表了物体的运动速度。关于向量，我们也可以举出其他例子，但速度也许是最直观的一个。实际上，如果我们把流想象成粒子的运动，那么向量场中的向量恰好就是相空间中粒子的速度向量。

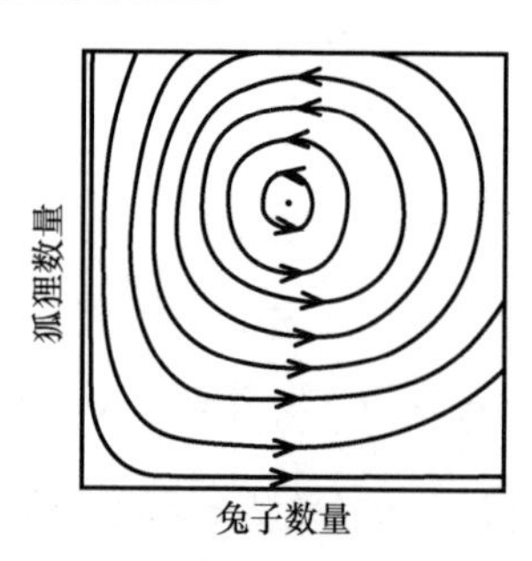

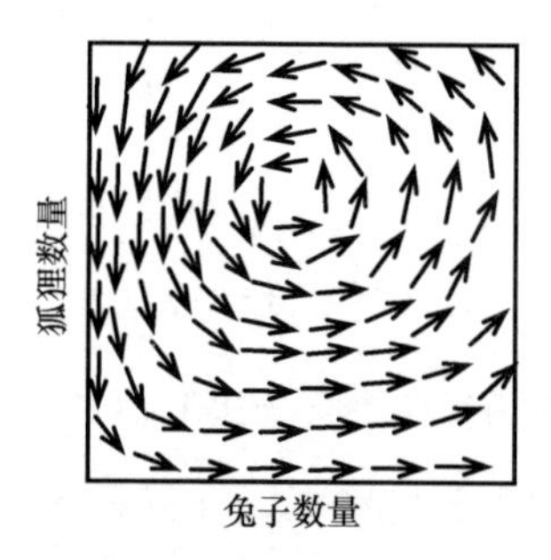

图 19.2　捕食者 - 猎物模型所对应的流和向量场

在图 19.2 中，我们看到了一个单独的平衡点——该点处狐狸和兔子的数量不随时间而变化。因为这个平衡点处的向量长度为 0，所以我们说向量场在该点处有一个零点。这等价于流有一个不动点或静止点。通常来说，向量场的零点很重要，因为它们代表了系统的平衡点。

本章的余下部分将研究曲面的向量场，而非这些向量场所基于的微分方程。我们的主要目标是理解向量场的零点和曲面的拓扑有什么关系。

要得到曲面上的向量场，最简便的方式之一就是把曲面放到 3 维空间中，然后沿“下坡”的方向画出向量。坡度越陡，就把向量画得越长。由此得来的向量场被称为梯度向量场。在图 19.3 中，我们展示了球面和环面上的梯度向量场。至于向量场的流，一种理解方式是想象曲面被糖浆所包裹。流线就是黏稠的糖浆沿曲面流下时所经过的路径。

如图 19.3 所示，球面和环面上的梯度向量场都有零点。球面上的有两个零点（一个在北极一个在南极），环面上的则有四个（环面的顶部和底部各有一个，孔洞的顶部和底部各有一个）。那么，是否球面上的所有向量场都有零点呢？环面上的呢？如果对某张曲面 S 来说，这种存在性问题的答案是肯定的，那我们就获得了一个有力的结果。这意味着任何一个以 S 为相空间的系统都有平衡点。

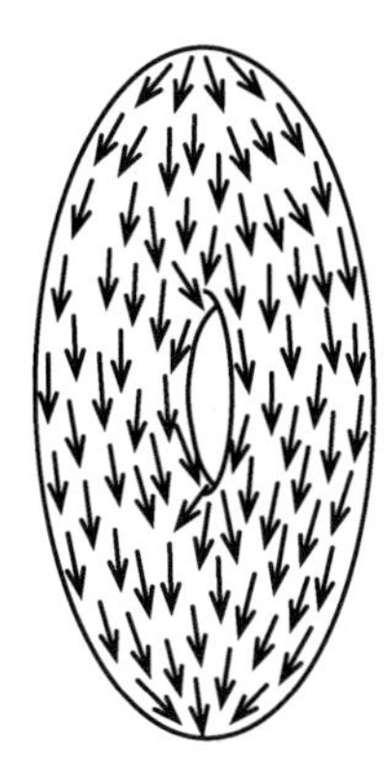

图 19.3　球面和环面上的梯度向量场

我们可以用美妙的庞加莱 - 霍普夫定理来部分地解决上述问题。它在向量场的零点和欧拉数之间建立起了神奇的联系。我们必须更深入地探讨向量场的零点之后才能理解它。

向量场的零点并非只有一种。在图 19.4 中，我们看到了五种不同的零点，以及它们所对应的流的不动点。这些零点附近的向量有着极为不同的行为模式。“源”排斥周围的所有向量，“汇”吸引周围的所有向量，“鞍”既吸引也排斥周围的向量，“中心”附近的向量绕着它流动，而“偶极”附近的向量则先远离再靠近它（类似于条形磁铁的磁力线）。

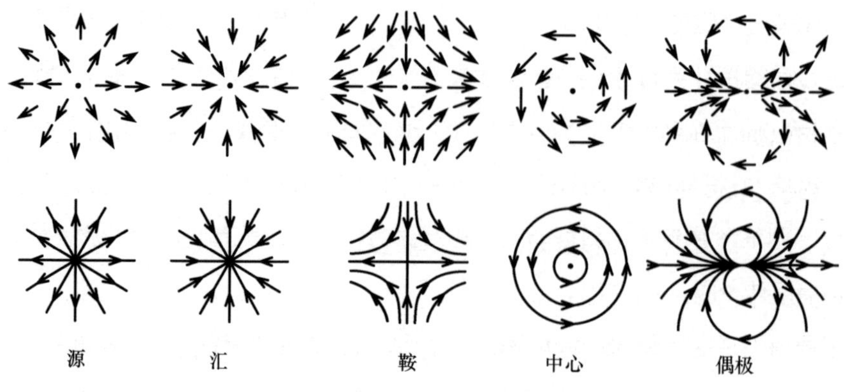

图 19.4 零点附近的向量场及相应的流

梯度流的零点常常是源、汇和鞍。从图 19.5 中我们看到，一个源出现在左边那只倒扣着的碗的顶部，一个汇出现在中间那只碗的底部，而一个鞍则出现在右边的马鞍形面的中部。同时也请注意，在图 19.3 中，球面上的梯度流有一个源和一个汇，环面上的梯度流则有一个源、一个汇和两个鞍。

图 19.5 向量场中的源、汇和鞍

直觉告诉我们，汇、鞍和源是不同的，而且必定有某种规则控制着每一类零点的个数。从梯度流的例子中我们看到，球面上可以有一个零点数为 2 的向量场，但却很难想象这两个零点分别是一个汇和一个鞍的情形。为了区分零点，我们需要“指标”这个重要概念。

我们用如下方法计算零点的指标。首先，画一个围住零点的小圆。它只需满足两个条件：一是它只能围住一个零点，二是它必须是一个圆盘的边界（例如，如果在环面上，它不能绕管道一圈，也不能绕中心孔洞一圈）。接着，在圆上的某一点处放置一个虚拟的拨号盘。拨号盘的指针所指的方向应该与向量场的方向相同（如果向量场代表一个磁场，那我们就能用一个指南针来当拨号盘）。当我们沿着圆移动拨号盘时，它的指针会转动。将拨号盘沿逆时针方向绕圆拖动一周。在此过程中，每当指针朝逆时针方向转动一圈，就给指标加 1，而每当指针往顺时针方向转动一圈，就给指标减 1。指标也常被称为向量场在零点周围的卷绕数。

考虑图 19.6 中的汇。我们看到了拨号盘在圆上八个位置的状态。随着它沿逆时针在圆上运动一周，它的指针也沿逆时针转过了一圈。因此，汇的指标是 1。对鞍来说，拨号盘沿逆时针绕圆一周后，指针沿顺时针转动了一圈，所以鞍的指标是 −1。类似地，我们也能对图 19.4 中的其他零点计算指标。汇和中心的指标都是 1，偶极的指标则是 2。

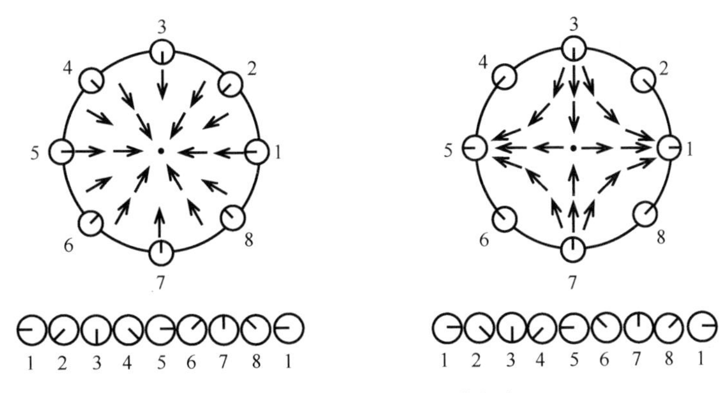

图 19.6　汇的指标为 1，鞍的指标为 −1

现在我们来介绍第二种为向量场的零点计算指标的方法。这种方法稍后会发挥作用。假设我们把零点放在了一个多边形面的内部（多边形的边也可以是弯曲的）。我们可以把多边形选成任何一种，只要它满足某些标准。如前所述，多边形只能包含我们想处理的那一个零点，而且必须围住一个圆盘。除此之外，我们还规定，多边形边上的向量要么指向多边形内侧，要么指向外侧。我们不希望它们指向与边平行的方向（满足这些条件的多边形总是存在的，尽管这并不明显）。在图 19.7 中，我们看到正方形内的一个鞍和六边形内的一个汇。那些处于边上的向量不是指向多边形内侧，就是指向多边形外侧。

此时，我们从多边形上挑出所有具备如下性质的边和顶点：向量场在这些边上和顶点上指向多边形内侧。在每一条这样的边上标注 −1，并在每一个这样的顶点上标注 1。最后，在多边形的中心写下一个 1。事实证明，把所写的数字加起来，就得到了多边形所围零点的指标。我们可以看到，这个结论对图 19.7 中的鞍和汇是成立的。

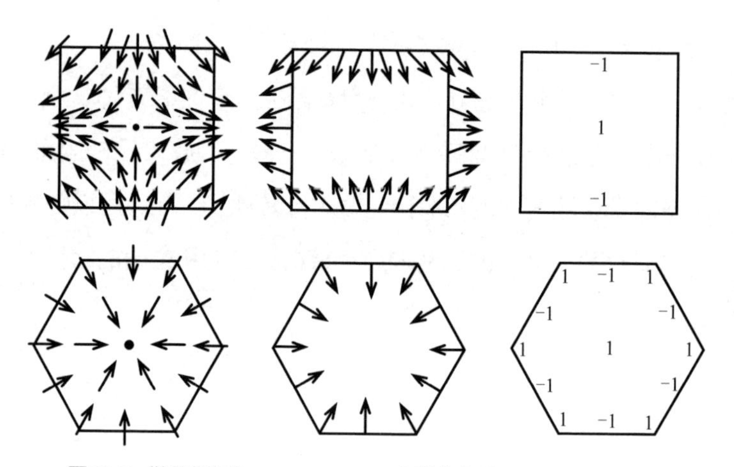

图 19.7　鞍的指标为 $2\times(-1)+1=-1$，汇的指标为 $6\times(-1)+7\times(1)=1$

有了前面的铺垫，我们终于可以陈述庞加莱 – 霍普夫定理了。它使我们能从拓扑学视角判断一个向量场是否有零点（或者等价地，一个流是否有不动点）。它也帮助我们更好地了解一张曲面上不同类型的零点各有多少个。

> 庞加莱 – 霍普夫定理
>
> 对闭曲面 S 上任何一个零点数有限的向量场来说，它所有零点的指标之和等于曲面的欧拉数 $\chi(S)$。

证明这个定理前，我们先来看几个例子。图 19.8 给出了球面上的三种向量场。第一种，即梯度向量场，有一个汇和一个源（它们的指标都是 1）；第二种有两个中心（它们的指标都是 1）；第三种则有一个偶极（它的指标为 2）。三种情形中的零点指标和都等于 2，也就是球面的欧拉数。

早些时候我们曾见过，环面上的梯度向量场（见图 19.3）有四个零点——一个源、两个鞍和一个汇。它们的指标之和为 $1+2\times(-1)+1=0$，也就是环面的欧拉数。

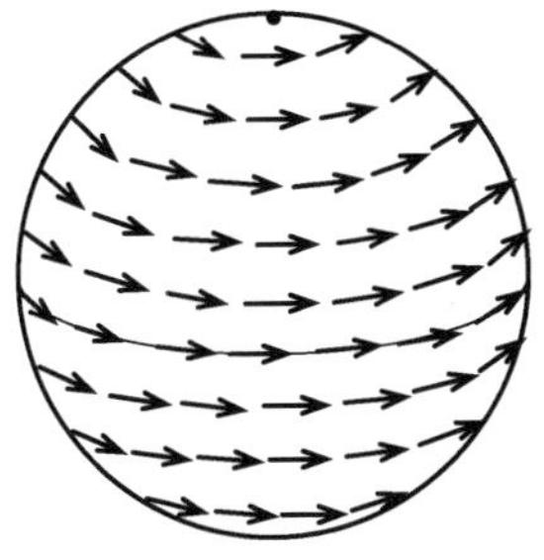
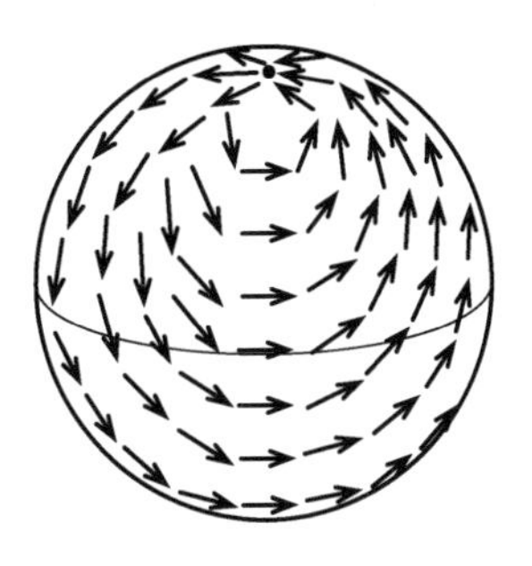

图 19.8　球面上的三种向量场

梯度向量场还有一个额外的好处，那就是让我们不必画出顶点、棱和面就能计算曲面的欧拉数。请看图 19.9 中被弯曲成了 U 形的球面。它的梯度向量场有两个源、一个鞍和一个汇，因此其指标和为 $2\times1+1\times(-1)+1\times1=2$。双环面的梯度向量场有一个源、四个鞍和一个汇，所以 χ(双环面)$=1+4\times(-1)+1=-2$。克莱因瓶有一个源、两个鞍和一个汇，所以 χ(克莱因瓶)$=1+2\times(-1)+1=0$。我们将上述情形总结如下：

> 如果曲面 S 的梯度向量场的零点由源、鞍和汇组成，那么
>
> $\chi(S)$= 源数 − 鞍数 + 汇数。

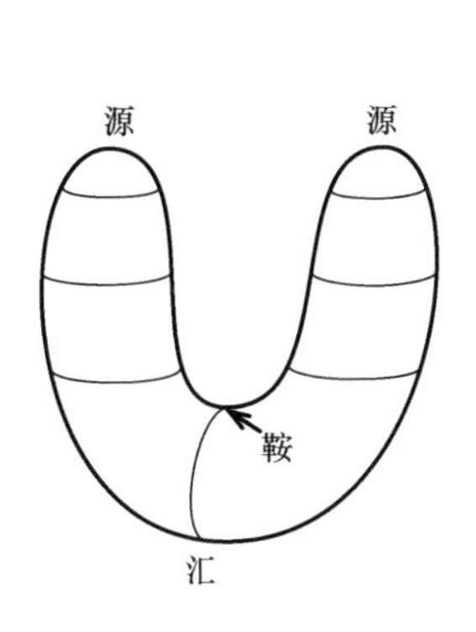

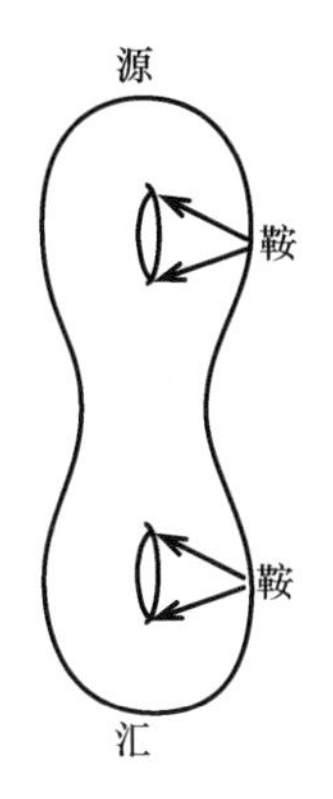

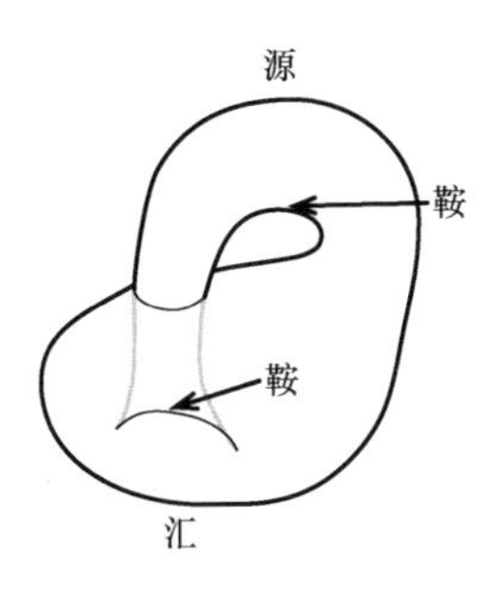

图 19.9　球面、双环面和克莱因瓶的欧拉数分别是 2、−2 和 0

庞加莱 − 霍普夫定理断言，如果曲面上的一个向量场只有有限个零点，那它们的指标之和就是曲面的欧拉数。由此我们可以推断，如果向量场没有零点，那曲面的欧拉数就一定等于 0。因此，只要一张曲面的欧拉数不是 0，那它上面的向量场就必定至少有一个零点！球面的欧拉数是 2，所以球面上的每个向量场都一定有零点。这

个著名的结论由勒伊岑·埃赫贝图斯·扬·“贝尔图斯”·布劳威尔在 1911 年首先证明，它有一个令人难忘的名字——毛球定理。它被如此命名的原因在于，如果我们把一个毛球（网球或曲棍球）看作一张带有向量场的球面，那么当我们梳好球上的毛之后，一定会留下一绺翘着的毛。人们也把这个定理表述为“你不能给椰子梳好头”。

> 毛球定理
>
> 球面上的每个向量场都有零点。

根据这个定理，我们可以得出引言中的结论：任何时刻，地球表面总有一点无风。如果我们把地球看作一张球面，那么地面风就形成了一个向量场。由毛球定理可知，地球上有一点是该向量场的零点。在图 19.10 所示的例子中，无风点位于南美海岸附近的一个气旋中心（实际上，因为该零点的指标是 1，所以地球的另一侧也必定有至少一个无风点！）。

图 19.10　地球表面的风向量

由于环面的欧拉数是 0，庞加莱–霍普夫定理无法保证环面上的每个向量场都有零点。事实上，图 19.11 就画出了环面上的一个无零点向量场。

毛球定理是“存在定理”的一个例子。它们在理论数学中无处不在，既有着巨大的威力，又有着令人沮丧的精确性。一方面，给定一组简单的假设（球面上的向量场）后，我们就能信心满满地声称某种对象（零向量）存在。然而，不管是这条陈述本身还是它的证明过程，都常常不会给出找到这个对象的技巧。我们知道

图 19.10 中球的另一侧有无风点，但它可能在任何地方，而且可能不止一个。这就好比在睡前帮孩子们找泰迪熊一样——你知道它就在屋子里，但却不知道它具体在哪儿——它也许在床下，在壁橱中，甚至在微波炉里。尽管找到被提及的对象还需要其他的技巧，但通常来说，对象的存在性就足以解决研究者们手头的问题了。

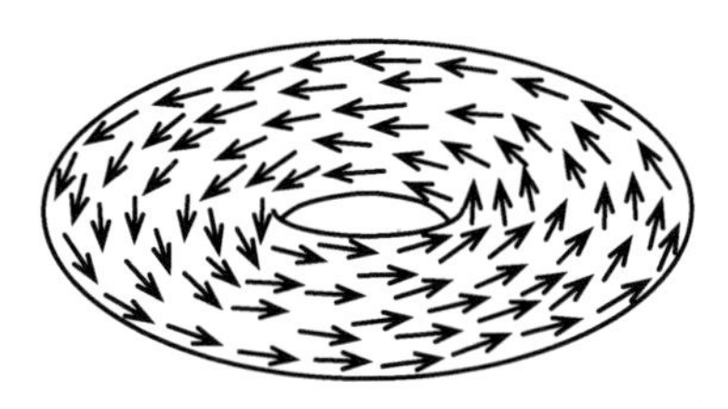

图 19.11　环面上的无零点向量场

庞加莱 - 霍普夫定理的名字来源于对定理贡献最大的两位数学家，尽管还有几个人也对它的发展做出了贡献。

1854 年，亨利 • 庞加莱生于法国南锡一个受人尊敬的上层中产阶级之家（他的堂弟雷蒙 • 庞加莱后来当选为法兰西共和国的总统）。

亨利的数学天赋显现得很早，他被一位老师称作“数学怪兽”。二十多岁时，他就开始作出重要的数学贡献。三十三岁时，他当选为法兰西科学院的院士。他是那种与人们的刻板印象相符的数学天才，他笨拙，视力不佳，经常神情恍惚。但他也聪明绝顶，能够在脑中同时思考多个抽象概念。

庞加莱在他生活的年代是公认的杰出数学家，他是最后一个伟大的全才。如同欧拉和高斯，他几乎精通数学的每个领域，不论是纯数学的还是应用数学的。他如饥似渴地阅读文献，熟知数学界的最新成果。他也像欧拉一样（但不像高斯）发表了许多结果。他写了接近五百篇论文、多部专著以及大量的讲义。他在函数论、代数几何、数论、常微分方程、偏微分方程、天体力学、动力系统以及拓扑学方面都有着重要而影响深远的贡献。在理论物理学方面，他也著述颇丰。庞加莱的好奇心永无止境，总是从一个主题跃入另一个主题。他会踏足一个新数学领域，留下不可磨灭的印迹，然后前往下一个。一个同时代人称他为“征服者，而非殖民者”。

难能可贵的是，他不仅能产出最高水平的数学，还能用通俗易懂的风格写作。

他为非专业读者撰写了数不胜数的关于科学和数学的著作，每一部都深入浅出、引人入胜。这些书在广为流传的同时，也被译成了多种语言。

庞加莱的专长遍布数学的各个领域，但在职业生涯中，他一直回到对微分方程的研究。他在这个领域取得了巨大的成功。数学家让•迪厄多内（1906—1992）写道："庞加莱最超凡的成果……是微分方程的定性理论。在数学中，鲜有这样从无到有且几乎一经创立就在创造者的手中达到完美的理论。"关于这一点，最好的例子就是指标公式的发现。

庞加莱对指标公式的第一个贡献是在 1881 年做出的。在这项工作中，他取了一个微分方程，又在球面上建立了一个向量场。他对向量场的零点定义了指标，而后证明了所有零点的指标之和为 2。当然，指标之和等于 2 并不是什么巧合，因为那正是球面的欧拉数。1885 年，庞加莱证明了曲面上向量场的指标之和等于曲面的欧拉数，让之前的结论变得更加精确。下一年，他又对 n 维空间中的向量场零点定义了指标，并初步构想了 n 维情形下的指标定理。但有一个困难阻止了他完成这项研究，那就是相关的拓扑体系当时还不存在（在第二十三章中我们将看到，庞加莱后来自己创立了它）。

1911 年，布劳威尔将庞加莱的指标定理正确地推广到了 n 维球面 S^n 上。我们都对 S^1（平面上的单位圆 $x^2+y^2=1$）和 S^2（三维空间中的单位球面 $x^2+y^2+z^2=1$）很熟悉。更一般地来讲，S^n 是一个点集，由 $n+1$ 维空间中所有到原点的距离等于单位长度的点组成（$x_1^2+x_2^2+\cdots+x_{n+1}^2=1$）。布劳威尔证明，对 S^n 上的任何向量场而言，其零点的指标之和要么为 0（若 n 是奇数），要么为 2（若 n 是偶数）。在第二十二章和第二十三章中，我们会讨论高维空间的欧拉数。到那时我们将发现，如果 n 为奇数则 $\chi(S^n)=0$，如果 n 为偶数则 $\chi(S^n)=2$。

指标公式的下一个主要贡献者是海因茨 • 霍普夫（1894—1971）。霍普夫生于德国布雷斯劳（现为波兰的弗罗茨瓦夫）。他在拓扑学方面的工作深刻影响了二十世纪的数学。他的一名学生写道："霍普夫凭借准确无误的直觉选中艰深的问题，并等待它们发展成熟。之后，他会提出新思想和新方法，彻底地解决那些问题。"

在个人回忆录中，霍普夫将自己数学生涯的关键时期定为 1917 年的两周，也就是他离开一战战场去享受休假的那段时间。当时，他去布雷斯劳大学听了一节数学课，课程内容是布劳威尔的拓扑学定理。完成在西线的服役后，两度负伤的他赢得了铁十字勋章，并去布雷斯劳大学继续自己的数学学习。整个数学生涯中，他辗转好几所德国大学和普林斯顿大学，最终去了瑞士苏黎世的苏黎世联邦理工学院（ETH）。

霍普夫到达瑞士两年后，纳粹党在德国掌了权。尽管他从小就是新教徒，但他的父亲却是犹太人。所罗门·莱夫谢茨和普林斯顿大学的其他人都力邀他回到美国，但他和他的妻子却拒绝离开瑞士，反而留在那里努力帮助从德国逃来的难民。后来，德国政府以撤销他的公民权来逼迫他回国。于是，他不情愿地放弃了德国公民权，加入了瑞士国籍。战后，他继续留在瑞士，并尽力参与了德国数学的重建。

在霍普夫对拓扑学的重要贡献之中，最早的一些是关于向量场的拓扑的。从1925年起，他发表了一系列文章，推广了庞加莱的指标定理。我们陈述过曲面的庞加莱－霍普夫定理，但霍普夫证明了定理的结论适用于比曲面更一般的一类高维对象，它们的名字叫作流形（我们将在第二十二章中学到更多与流形有关的知识）。

虽然庞加莱－霍普夫定理常被表述为闭曲面上的定理，但数学家们已经发现了它的很多推广形式。其中一种是关于有边界曲面的，适用范围非常之广，但我们在这里只陈述一种它的简化版本。

> 有边界曲面的庞加莱－霍普夫定理
>
> 假设一张有边界曲面 S 上有一个零点数有限的向量场。如果在曲面的每个边界分量上，向量场都指向曲面的内侧（或外侧），则该向量场所有零点的指标之和就等于曲面的欧拉数 $\chi(S)$。

毛球定理不适用于我们的头发，因为头发所覆盖的区域并不是一个拓扑学意义上的球面——它只是一个圆盘。事实上，“大背头”和“马尾辫”就没有单独翘起的头发。然而，观察“平头”可以发现，一个人的发根常常是从头的中心往外长——向后背、双耳和面部延伸。由于这个头发向量场在边界处指向外侧，它的零点指标之和必定等于 χ（圆盘）=1。因此，“平头”上一定有单独翘起的头发。我的小女儿（她的头发现在还像桃子上的绒毛一样短）出生后有三绺翘起的头发，其中两绺的周围都有呈螺旋状向外生长的头发（它们对应的零点指标都是 1），还有一绺所对应的零点则是前两个零点之间的一个鞍（指标为 −1）。

现在，我们简述无边界曲面的庞加莱 – 霍普夫定理的证明（要处理有边界曲面，只需对该证明稍作修改）。这个证明的思路来自威廉 • 瑟斯顿（1946—2012）。

第一步，我们小心地划分曲面。先把向量场的每个零点置于一个多边形面中。这些面形状不限，边数不限，只要它们边上的向量不与边平行即可。这也就是说，多边形边上的向量必定指向多边形的内侧或外侧。

此时，向量场的所有零点都被面包围了起来。要完成曲面的划分，只需对曲面的其余部分做三角剖分。我们可以用任何方式来完成剖分，只要像之前一样，使得三角形边界上的向量指向内侧或外侧，而非与边界平行（见图 19.12）。

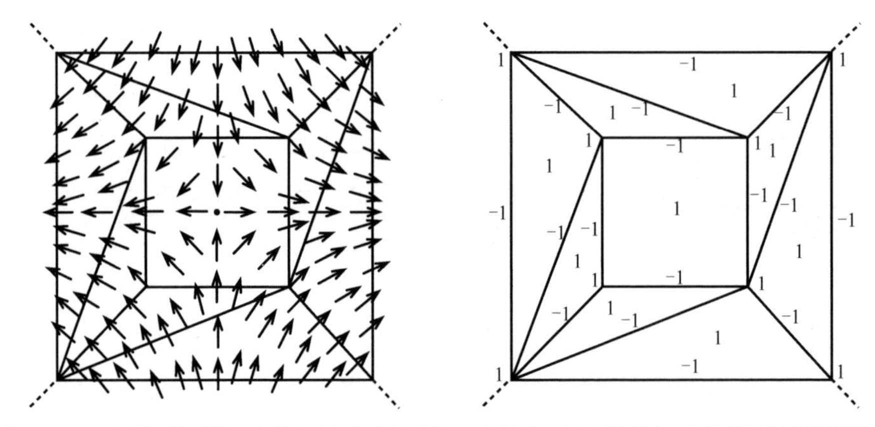

图 19.12　一张曲面的划分，它的每个面里最多只有一个零点，且它的顶点、棱和面都被标好了数字

随后，在每个顶点处放置一个 1，在每条棱上放置一个 −1，并在每个面的中心放置一个 1。把曲面上的这些数字全部相加，我们就得到了 $V-E+F$，或者说曲面的欧拉数 $\chi(S)$。更具体地来讲，因为每条棱都是两个面的公共边界，而且向量场会指向其中一个面的内部，所以我们在给棱放置 −1 时就把它放在被指向的那个面里。类似地，每个顶点都是好几个面的交点，但只有一个面的内部是该顶点处的向量所指向的。我们就把 1 放置在这个被指向的面里（见图 19.12）。

我们先检查那些不包含向量场零点的三角形面。如图 19.13 所示，它们只可能被分为两类。对第一类来说，向量场在三角形的一条边上指向三角形内侧，但在任何顶点处都指向三角形的外侧。对第二类来说，向量场在三角形的两条边上以及这两条边的交点处都指向三角形的内侧。不管是哪种情形，我们所写的 1 和 −1 相加之后都等于 0。因此，这些三角形面并不影响曲面的欧拉数。

另外，请回忆，上述求和技巧可以对那些包含零点的多边形面计算零点的指标。因此，每一个包含零点的面对欧拉数的贡献值都等于它所含零点的指标。所以就像庞加莱 - 霍普夫定理所宣称的那样，所有的 1 与 −1 之和既等于曲面的欧拉数，也等于向量场全部零点的指标之和。

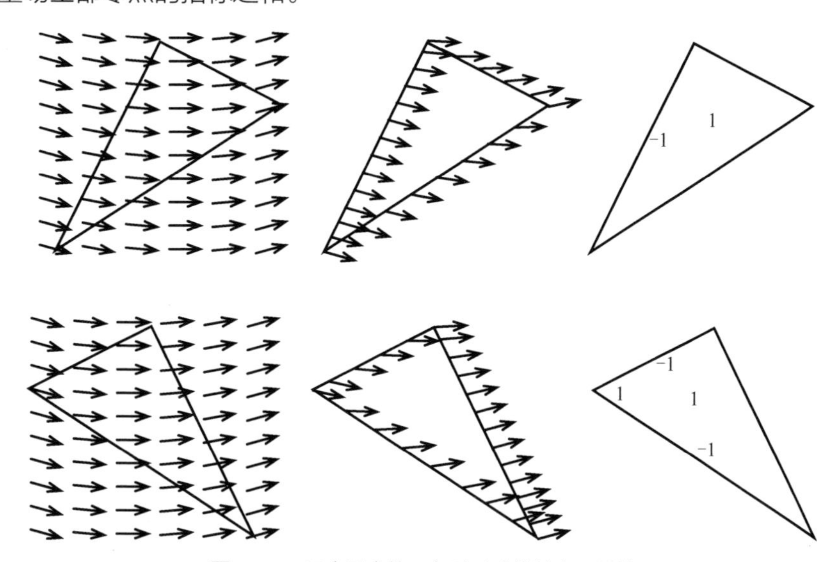

图 19.13　不含零点的三角形对欧拉数毫无贡献

如前所述，庞加莱 - 霍普夫定理是关于向量场的，但因为向量场可以用于流的构造，所以这一定理也可以被阐释为连续动态系统的不动点定理。在结束本章之前，我们先来介绍另一个著名的不动点定理。

曲面上的流是一种描述粒子连续运动的数学方法。现在，我们来考察一个与之相关但却大不相同的情形。假设曲面 S 上的每一点不是流动而是跳跃到它的新位置。在数学上，我们用一个定义域和值域均为 S 的连续函数来描述这种运动（“连续”指的是原本相近的点在跳跃之后仍然相近）。也就是说，跳跃使得点 x 到达了点 $f(x)$。和流的情形相同，我们也对那些保持不动的点尤其感兴趣。对于 S 上的点 y 来说，

如果 $f(y)=y$，那么 y 就被称为 f 的不动点（见图 19.14）。

图 19.14　y 是 f 的不动点，x 则不是

最为著名的不动点定理也许就是布劳威尔不动点定理了。它适用于把 n 维球映射到自身的连续函数。n 维球记作 B^n，是 n 维空间中所有到原点的距离不超过单位长度的点的集合。换句话说，它是满足 $x_1^2+x_2^2+\cdots+x_n^2 \leqslant 1$ 的点集。又或者简单来说，B^n 是被 $n-1$ 维球面 S^{n-1} 所围住的那些点。布劳威尔在 1909 年证明他的定理对 B^3 成立，又在 1912 年证明了定理对 $B^n(n>3)$ 成立。

> 布劳威尔不动点定理
>
> 任何把 B^n 映射到 B^n 的连续函数必有不动点。

我们在这里给出一种理解这个非凡定理的方式。考虑 $n=2$ 的情形。B^2 是平面上的一个圆盘——单位圆 S^1 所围的区域。把它想象成一个餐盘。用一张至少和餐盘一样大的纸盖住它，然后将超出餐盘边缘部分的纸剪掉。接着，把纸拿起来揉成一个球（注意不要弄烂它），再放回盘子上。布劳威尔不动点定理告诉我们，纸球上的某一点必定恰好处于它原位置的正上方。同理，一名单层商场的设计师可以在建筑中的任何地点放置一张地图，并用一颗星星和“你在这里”标出你的位置。

利用庞加莱－霍普夫定理（针对有边界曲面的版本），我们能轻而易举地证明布劳威尔不动点定理。我们将考虑 $n=2$ 的情形，但它的论证思路也可以用于更大的 n。从一个把 B^2 映射到 B^2 的 f 开始。按如下方式定义一个 B^2 上的向量场：给 B^2 中的每一个点 x 分配一个尾端在 x、前端在 $f(x)$ 的向量（见图 19.15）。B^2 是一张有边界曲面，且其边界上的每一个向量都指向曲面内侧，因此我们可以使用庞加莱－霍普夫定理。由于 $\chi(B^2)=1\neq 0$，所以向量场必定至少有一个零点。在这种情形下，零向量对应于一个使得 $f(y)=y$ 的点 y。也就是说，f 必定至少有一个不动点。

其实，布劳威尔不动点定理可以应用到任何与 B^n 同胚的形状上。咖啡杯里的咖

啡和 B^3 是同胚的。根据布劳威尔不动点定理，如果你用力搅动杯子里的咖啡（不要让它洒出来！），那么等液面归于平静之时，一定有一个咖啡分子正好停在了它的起始位置。

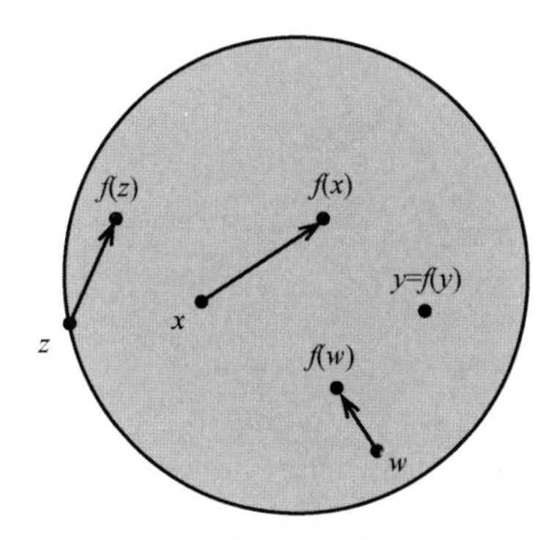

图 19.15　一个把 B^2 映射到 B^2 的函数的向量场

在本章中我们注意到，一个对象的拓扑——仅用欧拉数即可度量——可以强迫该对象表现出看似和整体拓扑无关的全局行为，也就是流或函数的不动点的存在性。我们将从后面两章中看到，一个形状的拓扑还能决定它的某些整体几何性质。

第二十章

当拓扑支配几何

现在，
我们需找到这结果的起因，
或者说这异常的起因，
因这异常的结果并非凭空而生。
这就是留给我们的问题。

——威廉·莎士比亚，《哈姆雷特》

在本书的大部分内容里，我们都远离了几何学的严格限制，转而在拓扑学的灵活框架下开展研究。而在本章和下一章中，我们会回到几何学。我们将检视多边形、多面体、曲线和曲面，只不过它们现在的材质都不是橡胶，而是最坚硬的钢。然而，我们仍然可以用拓扑学的眼光来审视这些几何对象——多边形和曲线同胚于圆，多面体和曲面则同胚于球面或 g 洞环面。

我们会给出一系列定理，它们展示了上述形状的拓扑与几何之间的惊人关系。我们将看到如何用欧拉数来预测某些几何性质。而我们的最终目标则是介绍三个定理。在本章中，我们将见到多面体的笛卡儿公式和曲面的角度盈余定理；在下一章中，我们会研究曲面的高斯－博内定理。这些结果都表明，某些整体几何性质（与角度和曲率有关的性质）完全由拓扑（基于欧拉数的）决定。由此，我们就看到了拓扑支配几何的方式。

在关注多面体和曲面的定理之前，我们先来考察一维情形下的相似结果。多面体和曲面的一维类似物分别是多边形和简单闭曲线。关于它们的如下定理会出现在任何一门初等几何课上（见图 20.1）。

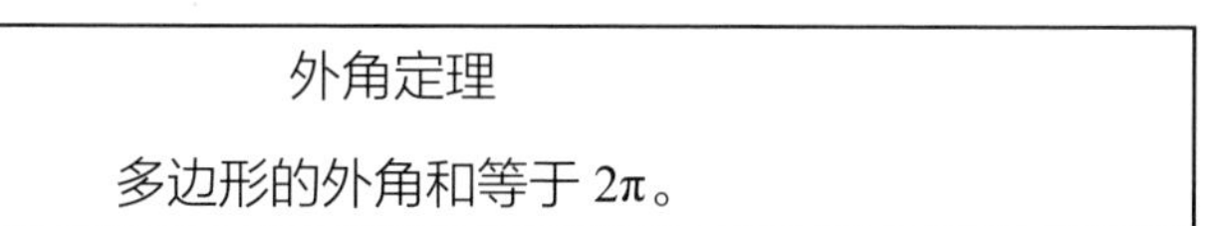
外角定理

多边形的外角和等于 2π。

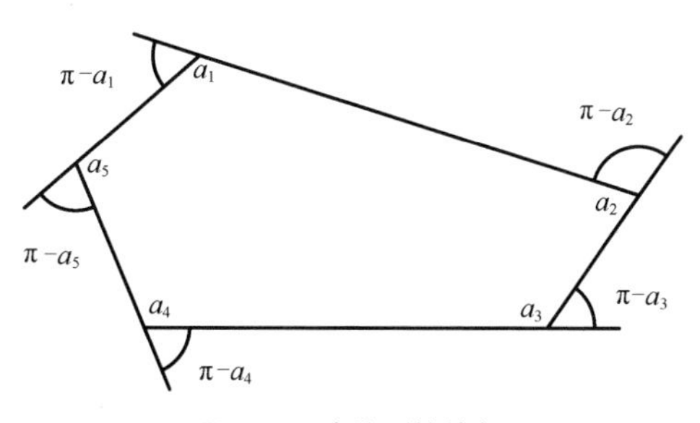

图 20.1　多边形的外角

针对凸多边形，乔治 • 波利亚（1887—1985）用一种简洁而优雅的方法证明了外角定理。在多边形的每个拐角处向外画两条线段，使它们各自与多边形的一条边垂直（见图 20.2）。随后，以这些线段为边，在多边形的每个顶点处画一个半径为单位长度的扇形。请注意，每个扇形的圆心角都等于它所连顶点的外角。这是因为，两个直角之和等于 π，所以内角与它所对的扇形圆心角之和也必定等于 π。又因为每一对相邻扇形都有互相平行的边，所以我们能把这些扇形重新组合成一个圆。因此，多边形的外角之和等于 2π。这里我们略去非凸情形下的证明，但只要注意到任何非凸多边形都能被分解成若干个凸多边形，就不难完成它。

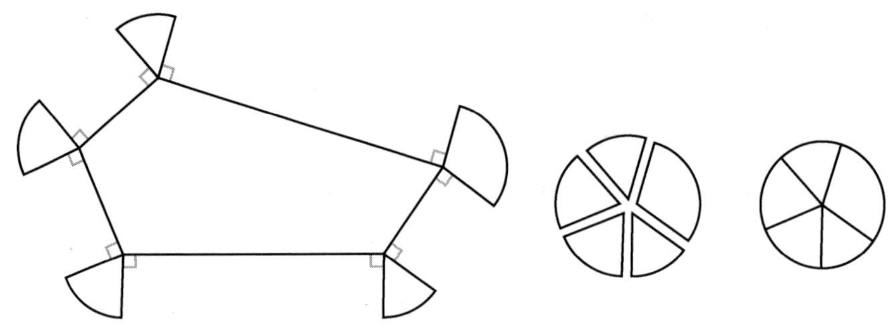

图 20.2　多边形的外角和为 2π

从某种意义上来讲，外角定理并不出人意料。如果几条道路围成了一个多边形，那么一辆沿着它行驶的汽车就得在每个拐角处转弯，而每次转弯的幅度正是相应的外角大小。为了回到出发点，车子必须转过整整 360°。

虽然一般的成年人可能很难记起一元二次方程的求根公式或毕达哥拉斯定理，但有一个数学事实却是几乎所有成年人都能说出的：三角形的内角和为 180°（或者如我们所说，π 弧度）。180° 定理是外角定理的一个简单推论。如果一个三角形的内角大小分别是 a，b 和 c，那它们所对应的外角大小就分别是 $\pi-a$，$\pi-b$ 和 $\pi-c$。由外角定理可知，$(\pi-a)+(\pi-b)+(\pi-c)=2\pi$。整理等式，就得到 $a+b+c=\pi$。

其他多边形的内角和都大于 180°，但具体的值仍然只取决于多边形的边数。如果一个多边形的内角大小分别为 $a_1, \cdots, a_n$，那么根据外角定理就有

$$2\pi=(\pi-a_1)+(\pi-a_2)+\cdots+(\pi-a_n)$$

整理等式后，我们就得到如下的实用定理。

内角定理
n 边形的内角和为 $(n-2)\pi$。

为了使笛卡儿公式的登场不至显得太过突兀，我们先用一种稍微不同的方式来观察多边形的外角。把多边形的拐角想象成“不完美”的直线。我们想知道的是每个拐角与直线的区别有多大。在每个大小为 a 的内角处，组成该角的折线与直线的差距是 $\pi-a$，也就是该内角所对应的外角大小。采用这种视角后，我们将把 $\pi-a$ 称作一个拐角的角度亏损或角度缺损。因此，我们把外角定理重述如下。

外角定理（重述版） 任何一个多边形的总角度亏损为 2π。

外角定理有一个恰当的类比。再次考虑一辆汽车。大奖赛的赛道是一条曲折蜿蜒、最终绕回出发点的路。当一辆一级方程式赛车在赛道上行驶时，它会向右、向左多次急转，但回到出发点时总是沿逆时针方向跑完了一圈。换句话说，如果让左转和右转相互抵消，那么总的来说，赛车左转了 360°。

现在，考虑平面上的一条光滑简单闭曲线（也类似一条赛道，见图 20.3）。在曲线上选择一个环绕方向，然后把符合这个环绕方向的切向量放置在曲线上（也就是赛车的大灯光束）。我们感兴趣的是，在绕曲线一周的过程中，这些切向量会如何变化。如果曲线是一个圆，那当我们沿逆时针方向绕它一周后，切向量也沿逆时针转动了一周——它们转过了 2π 弧度。在这里，把切向量想象成拨号盘的指针可能有助于我们理解。当我们把拨号盘沿着圆拖动一周后，它的指针也恰好沿逆时针方向转过了一周。而对一条更复杂的曲线来说，当拨号盘沿曲线运动时，它的指针可能会时而向前、时而向后偏转，但最后总是恰好转过了一圈。

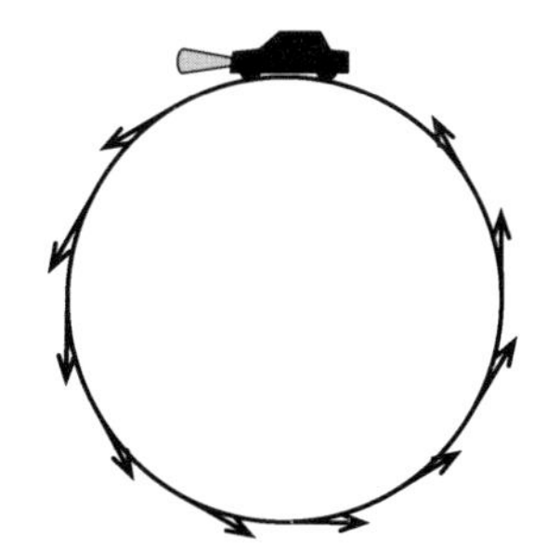

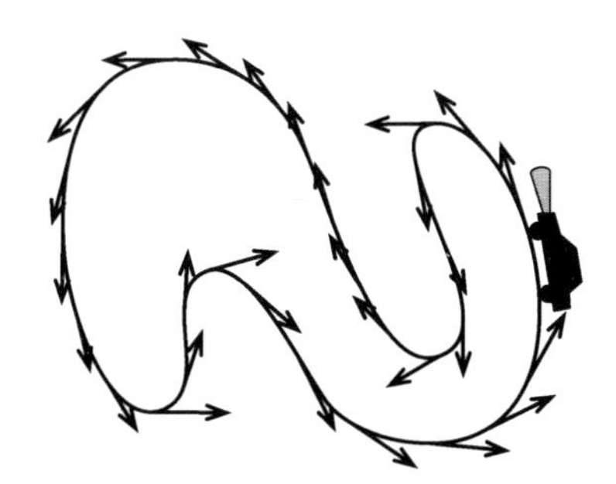

图 20.3　简单闭曲线的切向量会转过 2π

上面的观察结果也许是显而易见的（长久以来人们一直这样认为），但证明起来却很困难。1935 年，霍普夫证明了它。这个定理被称为霍普夫环流定理，或者切线转动定理。

> 切线转动定理
>
> 在平面上，一条光滑简单闭曲线上的切向量会转过 2π 弧度。

我们不难看出外角定理和切线转动定理的关系。事实上，存在一个把它们合而为一的定理，其中所涉及的曲线除了有限个尖锐拐角之外在其余部分都是光滑的。如果一辆在弯曲道路上行驶的汽车只是偶尔做出尖锐的转向，那么当它回到出发点时，它就转过了 360°。

回到最初的论断上，我们问，这些定理是如何把两个数学主题联系到一起的？答案是，它们表明拓扑可以在一定程度上控制几何。拓扑学家无法分辨多边形和光滑的简单闭曲线，因为它们本质上都是圆。拓扑学家也不会谈论角度、直线度和切向量等概念。而对几何学家来说，每一个多边形和每一条简单闭曲线都是与众不同的，几何学家用拐角、曲率和其他指标来描述这些对象。外角定理和切线转动定理告诉我们，与圆同胚这一事实完全决定了形状的一个几何性质——它的角度亏损。不管它有多少处是弯曲的，它的总角度亏损总是 2π。

接下来我们将研究怎样把上述两个定理推广为多面体的笛卡儿公式和曲面的角度盈余定理。

准备一张正方形的纸、一把剪刀和一卷胶带。把纸划分为四个相等的象限，然后用剪刀剪掉其中一个（暂时把被剪下的这一片放到一边）。接着，用胶带把两条剪痕粘到一起，做出一个形似方盒一角的物体（见图 20.4）。

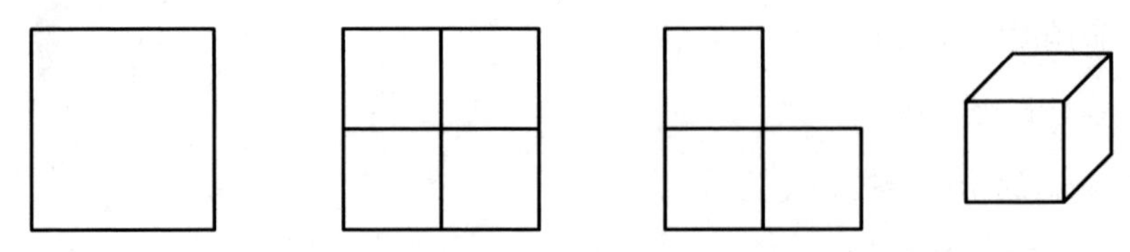

图 20.4　立方体的一个拐角有 π/2 的角度亏损

我们把多边形在一个拐角处的角度亏损定义成了该拐角偏离直线的程度。类似地，我们可以把一个立体角的角度亏损定义为它偏离平面的程度。在上述例子中，原本有四个直角（2π）相交于纸的中心，然后我们剪掉了其中一个（留下了 $3\pi/2$）。因此，立方体拐角处的角度亏损为 $2\pi-3\pi/2=\pi/2$。

另取一张正方形的纸，同样把它分为四个象限。用剪刀从纸的边缘剪到纸的中心（见图 20.5）。随后，折叠这张纸，并把我们在上一个例子中剪下的纸片粘到现在的开口处。完成这一步后，我们看到了非常多的角。我们得到的构型就像去掉了一块砖的砖墙。中心顶点处的角度共有 $5\pi/2$，比平面还多了 $\pi/2$。因此，我们称此处的角度亏损为 $-\pi/2$，或者说角度盈余为 $\pi/2$。

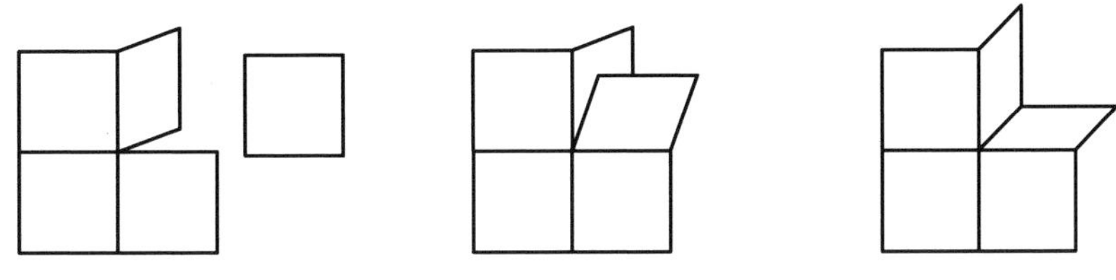

图 20.5　这个拐角的角度盈余为 $\pi/2$

一个多面体有多个顶点，每个顶点都有自己的角度亏损（或角度盈余）。而一个多面体的总角度亏损则是它的所有顶点的角度亏损之和。

让我们考虑几个例子。立方体有八个拐角，其中每一个都有 $\pi/2$ 的角度亏损，所以立方体的总角度亏损是 4π。正四面体的每个面都是等边三角形，且它的每个顶点处有三个等边三角形相交，所以它在每个拐角处的角度亏损为 $2\pi-3\times(\pi/3)=\pi$。又因为它有四个顶点，所以它的总角度亏损是 4π。最后，考虑图 20.6 所示的非凸多面体：它是在某个拐角处被挖去了一个小立方体的大立方体（请想象一个缺了角的魔方）。图中标号为 1 ～ 10 的拐角都有 $\pi/2$ 的角度亏损。11 号拐角朝向了“错误的方向”，但它的角度亏损仍然是 $\pi/2$。剩下的三个拐角（12、13 和 14 号）则有 $\pi/2$ 的角度盈余。因此，总角度亏损为 $11\times(\pi/2)+3\times(-\pi/2)=4\pi$。

到这个时候，模式已经清晰地显现了出来。我们猜测，每个多面体的总角度亏损都是 4π。这个结果是笛卡儿最先发现的，出自他未发表的笔记，也就是我们在第九章提到过的《立体的基础理论》。其中的第三句话是这样写的：

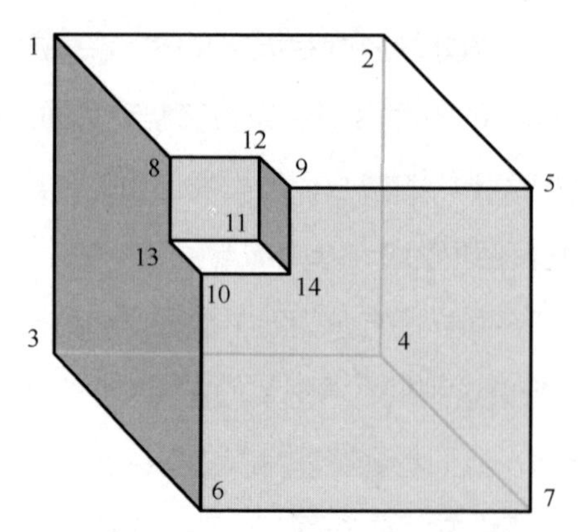

图 20.6　这个非凸多面体的总角度亏损仍为 4π

“就像在平面图形（多边形）中所有外角之和等于四个直角（2π）一样，在立体图形（多面体）中，所有外立体角（角度亏损）之和等于八个立体直角（4π）。”

正如笛卡儿所说，多面体的总角度亏损与外角定理的相似之处是显而易见的。多边形的总角度亏损为 2π，多面体的总角度亏损则是 4π。

在关于多面体公式的那几篇论文中，欧拉发现了上述定理的一种变体。他证明，若一个多面体有 V 个顶点，则它的所有平面角之和为 $2\pi(V-2)$。笛卡儿的公式推广了多边形的外角定理，欧拉的公式则推广了内角定理。容易看出，欧拉的结果等价于笛卡儿的结果，因为多面体的总角度亏损就等于 $2\pi V$ 减去它的平面角之和，或者说 $2\pi V-2\pi(V-2)=4\pi$。

当然，欧拉和笛卡儿考虑的都是凸多面体。但事实上，只需稍加修改，他们的定理就能用到所有多面体上，即便是那些不与球面同胚的。总角度亏损是一个拓扑不变量，且它与多面体的欧拉数之间有着简单的联系。

笛卡儿公式
任何多面体 P 的总角度亏损都是 $2\pi\chi(P)$。

立方体、正四面体和破损的立方体在拓扑学意义上都是球面，且它们的欧拉数

都是 2，所以它们的总角度亏损都是 $2\pi\chi(P)=2\pi\times2=4\pi$。至于非球面的例子，考虑如图 20.7 所示的多面体状环面。它有十六个拐角，其中八个有 $\pi/2$ 的角度亏损，另外八个则有 $\pi/2$ 的角度盈余（角度亏损为 $-\pi/2$）。因此，它的总角度亏损等于 0，也就是环面的欧拉数。我希望读者能用附录 A 中的模板制作纸质多面体，并对它们验证笛卡儿公式。

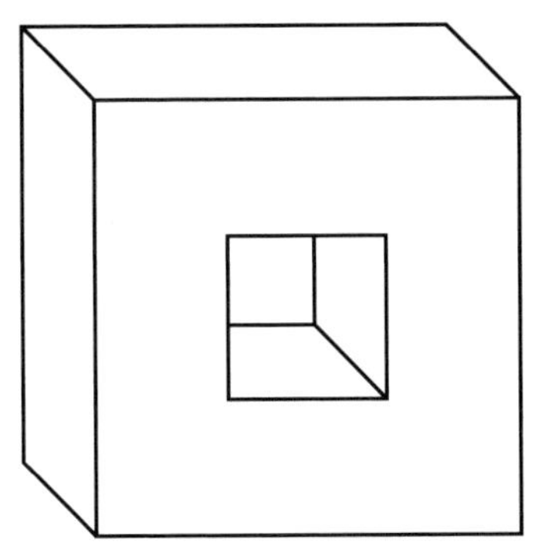

图 20.7 多面体状环面的总角度亏损为 0

现在我们来证明笛卡儿公式。设 P 是一个顶点数为 V、棱数为 E、面数为 F 的多面体，并把它的总角度亏损记为 T。我们需要证明的是 $T=2\pi\chi(P)=2\pi V-2\pi E+2\pi F$。

选择该多面体的任何一个面。假设它的平面角大小分别为 $a_1, \cdots, a_n$。根据内角定理，

$$a_1+\cdots+a_n=(n-2)\pi$$

整理上式可得

$$(a_1+\cdots+a_n)-n\pi+2\pi=0$$

这个等式能被可视化。如果我们在所选面的每条棱上写一个 $-\pi$，在每个拐角处写上相应的角度，并在面的中心写一个 2π（见图 20.8），那么这些量的和就等于 0。

对 P 的每一个面都执行这种可视化操作，并把写出的所有量相加。对于这个和式，每个面贡献了 2π，每条棱贡献了 -2π（棱的两侧各贡献 $-\pi$）。因此，

$$S-2\pi E+2\pi F=0$$

其中 S 是 P 的所有平面角之和。此时，在等式两端各加上 T，也就是 P 的总角度亏损，则

$$(T+S)-2\pi E+2\pi F=T$$

因为 T 是总角度亏损，所以加上 T 之后，我们就能使每个顶点处的角度和变回 2π。换句话说，$T+S$ 等于 $2\pi V$。因此，$T=2\pi V-2\pi E+2\pi F=2\pi\chi(P)$。

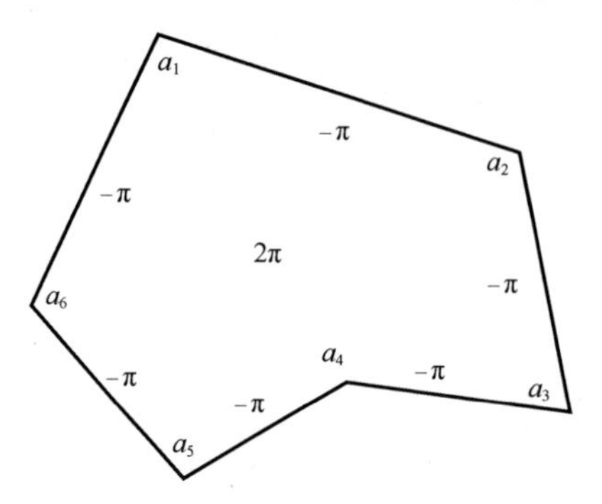

图 20.8 对于一个 n 边形，$(a_1+\cdots+a_n)-n\pi+2\pi=0$

笛卡儿公式完美地揭示了拓扑与几何之间的惊人关系。由于总角度亏损与欧拉数有关，我们可以看出，多面体的拓扑完全决定了它的一个整体几何性质。

作为这个定理的应用之一，读者可以用它来证明有且仅有五种柏拉图立体。

在本书中，我们很多时候都假设用以划分曲面的棱是一些拓扑实体。它们可以肆意弯曲，围出种种奇形怪状的面。而在这一章中，我们研究的是不那么狂野怪诞的几何学。我们希望自己处理的面最好是由直线围成的多边形。但曲面上的棱不可能是直线，所以我们只能要求它们是曲面的测地线。

在第十章中，我们曾介绍过球面的测地线，它是大圆的任意一段弧。事实上，我们可以对任何刚性曲面定义测地线。这个定义基于长度的最小化——一张曲面上两点间的最短路径就是该曲面的一条测地线。著名的"两点之间直线最短"应该改成"两点之间测地线最短"。在本章余下的内容里，我们都将假设曲面上的棱是测地线，因而它们分割出的面也就是测地多边形。

使用测地多边形的好处之一是，我们可以测量各个顶点处的角度大小。虽然棱是弯曲的，但当我们用高倍显微镜放大一个角时（这里只是一种比喻），相应的棱会变得很像直线，我们也就可以测量角度了。

平面三角形遵循 180° 定理，但在一张典型的曲面上，180° 定理就不成立了。请回想一下，哈里奥特和吉拉尔证明了球面上测地三角形的内角和大于 180°（第十章）。除此之外，也有一些曲面上的测地三角形内角和小于 180°，比如马鞍面（见图 20.9）。

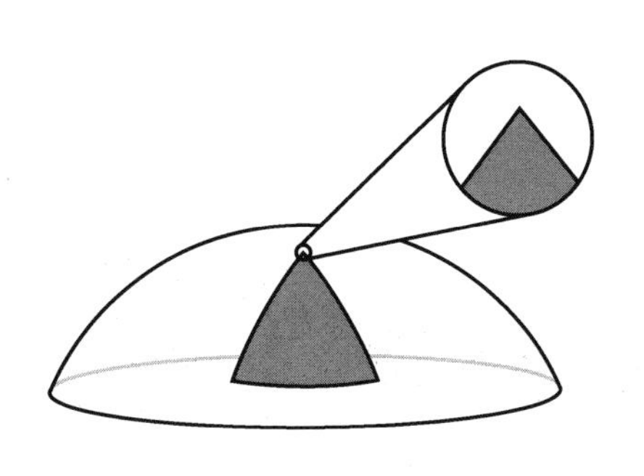

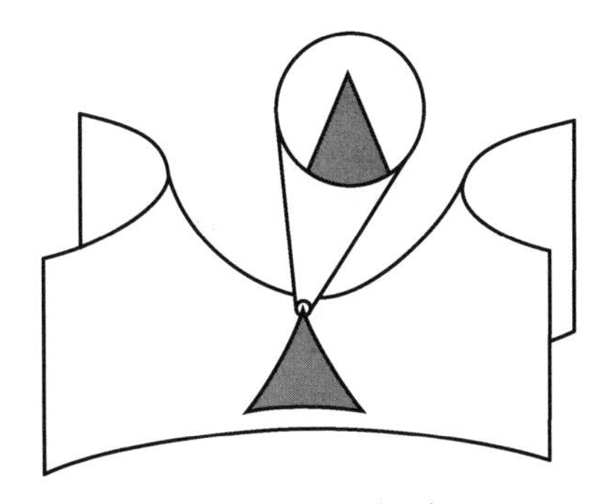

图 20.9　拥有角度盈余的三角形（左）和拥有角度亏损的三角形（右）

因此，我们可以谈论测地三角形的角度盈余或角度亏损——它们的内角和与平面三角形内角和的差值。换句话说，一个内角大小分别为 a，b，c 的测地三角形有（$a+b+c$）$-\pi$ 的角度盈余。如果（$a+b+c$）$-\pi$ 是负的，那么这个测地三角形就有角度亏损。

类似地，我们可以定义测地 n 边形的角度盈余或亏损。根据内角定理，一个平面 n 边形的内角和为 $(n-2)\pi$。所以，一个内角大小分别为 $a_1, a_2, \cdots, a_n$ 的 n 边形的角度盈余为 $(a_1+a_2+\cdots+a_n)-(n-2)\pi$。

有一点很重要，那就是不要把多面体的角度盈余或亏损与曲面的角度盈余或亏损搞混了。多面体的角度盈余或亏损是针对其顶点而言的，曲面的角度盈余或亏损则是针对曲面上的面而言的。这两种概念的相同名字的确使人困惑，但我们将在接下来的讨论中看到，它们有着紧密的联系。

取一块黏土，把它捏成正八面体的形状。它的每个面都是等边三角形，因此它在每个顶点处的角度亏损为 $2\pi-4\times(\pi/3)=2\pi/3$。由于它有六个顶点，所以它的总角度亏损是 $6\times(2\pi/3)=4\pi$，与笛卡儿公式的计算结果相同。用记号笔把每条棱涂黑，然后把正八面体放到桌子上，不停地滚动它，直到它变为球状（见图 20.10）。这样，原来的三角形面就变成了弯曲的面。如果我们滚动正八面体时足够小心，那么原本的直棱就会变成测地线，而三角形则会变成测地三角形。

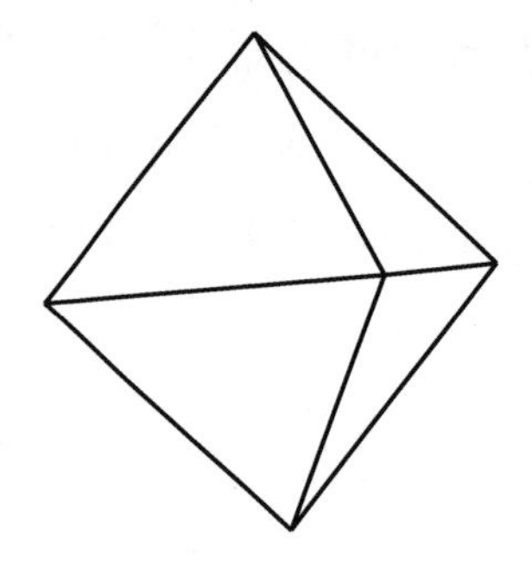
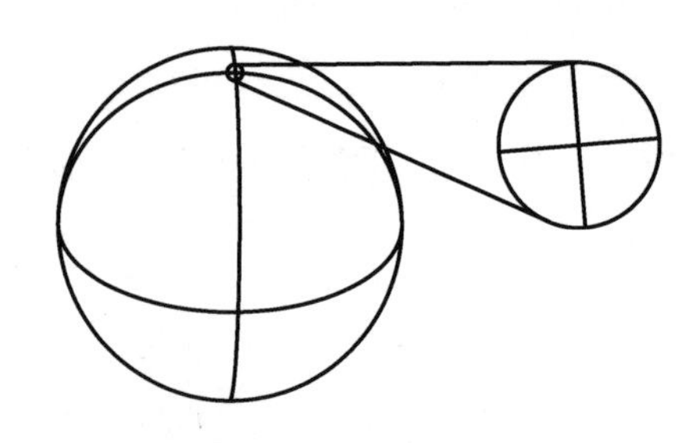

图 20.10　被滚成球的正八面体

变成球以后，正八面体的任何一个顶点都没有角度亏损了。滚动磨平了拐角，使得每个顶点处的角度和变为了 2π。那么，那些角度亏损去哪里了呢？

不难看出，在刚才的过程中，三角形的内角大小改变了。交汇于每个顶点的那些内角原本都是 60°，现在却变成了直角。黏土球上的每个三角形都有三个直角，所以其内角和是 $3\pi/2$。这些三角形面有了角度盈余。原正八面体顶点处的角度亏损被分配到了球面上的三角形面中，变成了它们的角度盈余。类似地，不管我们用何种方式把一张曲面划分成测地多边形，它们的顶点都不会再有角度亏损或盈余，但这些多边形面本身却会有。

如果一张曲面被划分成了顶点、测地线棱和面，那么它的总角度盈余就是每个面的角度盈余之和。正如多面体的总角度亏损与其欧拉数有关一样（笛卡儿公式），曲面的总角度盈余也和欧拉数有关。对于曲面，我们有如下类似于笛卡儿公式的定理。

曲面的角度盈余定理
曲面 S 的总角度盈余为 $2\pi\chi(S)$。

这个定理的证明现在应该看上去很熟悉。设 S 是一张被划分成了顶点、测地线棱和面的曲面。在每个面的中心写一个 2π，在每条棱的两侧各写一个 $-\pi$，并标示出每个角的角度（见图 20.11）。对于一个内角大小分别为 $a_1, a_2, \cdots, a_n$ 的 n 边形面，如果我们将写下的量全部相加，就算出了这个面的角度盈余

$$2\pi-n\pi+(a_1+a_2+\cdots+a_n)=(a_1+a_2+\cdots+a_n)-(n-2)\pi$$

因此，对曲面上的所有量求和后，就得到了曲面的总角度盈余。

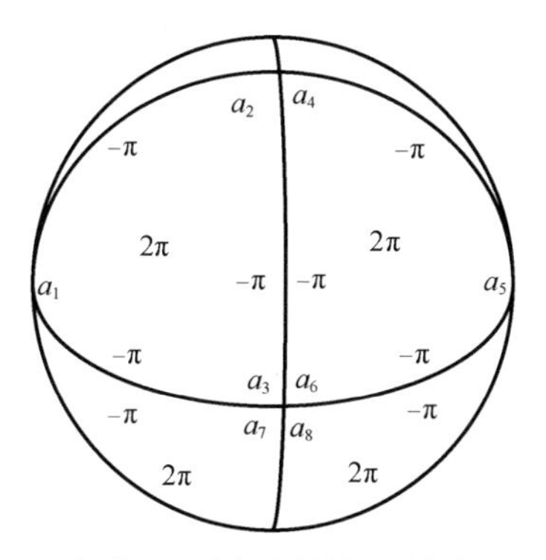

图 20.11　在一张曲面的每个面上标注 2π，在每条棱的两侧各标注 $-\pi$，并在每个顶点处标注角度

另外，在我们求和时，每个顶点都贡献了 2π，每条棱都贡献了 -2π，每个面都贡献了 2π。将它们的贡献量全部相加，就得到 $2\pi V-2\pi E+2\pi F=2\pi\chi(S)$，也就是我们想要的结果。

笛卡儿公式和角度盈余定理是两个美妙的定理，它们在一定程度上展示了拓扑对几何的掌控。在下一章中，我们会给出另一个例子。我们将看到，曲面的全曲率取决于它的拓扑，也与它的欧拉数息息相关。

第二十一章

弯曲面的拓扑

如果其他人像我一样深入而持久地思考数学真理，那么他们也能做出我的那些发现。

——卡尔·弗里德里希·高斯

在平面曲线的几何中，最重要的主题之一就是曲率。点 x 处的曲率 k 是一个能衡量该处的拐弯有多么“尖锐”的数——它反映了切向量改变方向的快慢。粗略来讲，给定曲线在点 x 处的法向量 $\vec{n}$，如果曲线弯曲的方向与 $\vec{n}$ 的方向相同，则 $k>0$；如果曲线弯曲的方向与 $\vec{n}$ 的方向相反，则 $k<0$；否则就有 $k=0$（见图 21.1）。曲线弯曲的幅度越大，k 的绝对值就越大。

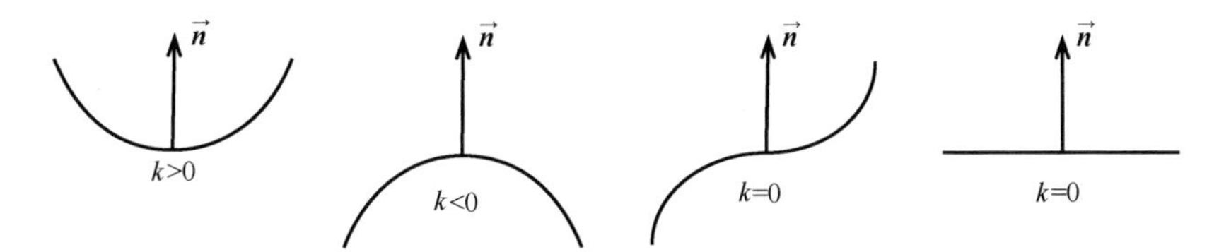

图 21.1　曲线上 $k>0$，$k<0$ 和 $k=0$ 的点，以及一条 $k=0$ 的直线（从左至右）

由约当曲线定理可知，平面上的简单闭曲线有一个内侧和一个外侧。因此，我们可以令整条曲线上的法向量都指向内侧。之后，我们便可以计算曲线上每一点的曲率。一般来说，不同点处的曲率是不同的（见图 21.2）。我们可以把整条曲线上的所有曲率相加，得到全曲率。这种计算的细节不在本书的讨论范围内，但一名学过微积分的学生应该能意识到，因为曲率是连续变化的，所以计算中的求和其实是对曲率的积分。我们有如下定理[1]。

曲线的全曲率定理
平面上任何光滑简单闭曲线的全曲率都是 2π。

这也就是说，所有光滑简单闭曲线的全曲率都等于同一个值！如果我们把一圈绳子扔到桌子上，使它不与自己交叉，那么不同区域的负曲率与正曲率就会相互抵消，最后剩下 2π 的全曲率。换言之，与圆同胚这一事实完全决定了全曲率。于是，我们又一次看到了拓扑对几何的支配。

[1] 一位数学家会把定理陈述为 $\int_C k\mathrm{d}s=2\pi$，其中 C 是一条光滑的简单闭曲线。——作者原注

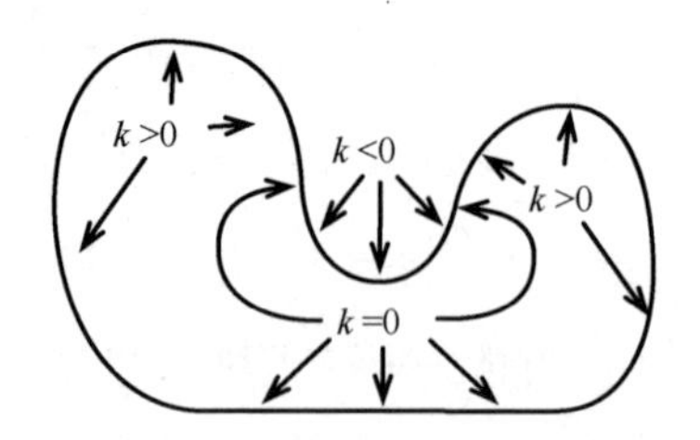

图 21.2 拥有正曲率区域、负曲率区域和零曲率区域的曲线，其法向量均指向曲线内侧

我们不证明这个定理，但它与上一章的切线转动定理密切相关。一名学过微积分的学生应该能看出，因为我们是在对切线的转动速率求和，所以全曲率恰好就是切线转过的总角度，也就是 2π。

我们也可以把这个定理视作多边形外角定理的另一种推广形式。多边形的边没有弯曲，它的所有弯曲都以外角的形式集中于拐角处。因此，它的全曲率是 2π。

现在，我们把注意力从曲线转到曲面上。由于研究的是曲面的几何性质，我们必须假设曲面是刚性的，不像拓扑曲面那样由橡胶制成。同时，我们还假设曲面是光滑的，没有尖锐的褶皱和拐角。

仿照平面曲线的情形，我们来研究 3 维空间中曲面的曲率。首先，为曲面上的点 x 选取一个法向量 $\vec{n}$。接着，考查一张过点 x 且与 $\vec{n}$ 平行的平面。该平面与曲面的交线是一条曲线，因此我们可以计算它的曲率。一般来说，对于不同的平面，所得曲线的曲率也不同。这些曲率中的最大值 k_1 和最小值 k_2 被称为曲面在点 x 处的主曲率（见图 21.3）。1760 年，欧拉证明了主曲率对应于两个互相垂直的平面。

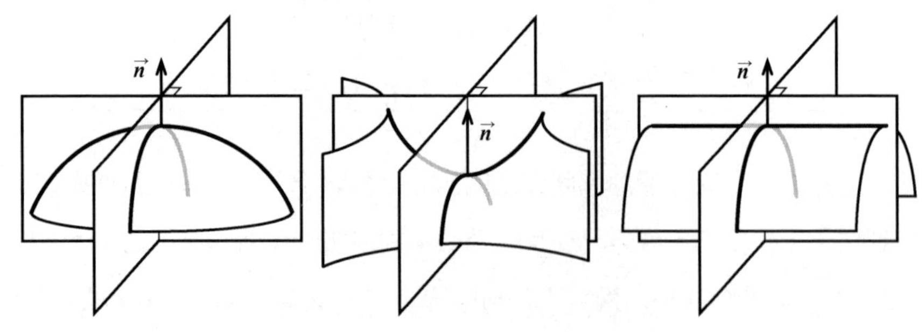

图 21.3 $k_1 < 0$，$k_2 < 0$ 的曲面（左），$k_1 > 0$，$k_2 < 0$ 的曲面（中），$k_1=0$，$k_2 < 0$ 的曲面（右）

一直以来，几何学家们都在用上述方法计算曲面的曲率，直到高斯对它作出了一个简单却关键的修改。他把两个主曲率相乘，得到了单个曲率值，即如今所称的

高斯曲率：$k=k_1k_2$。这一操作看似平平无奇，而且好像削减了两个主曲率各自携带的信息，但它却创造了一个重要数值，让数学家们更好地理解了曲面的曲率。

一个出人意料的事实是，许多伟大的数学家小时候并不是神童，他们的天资需要成长、成熟，在他们长大后才会显现出来。然而，高斯（见图 21.4）却显然从小就有着极高的数学才能。他于 1777 年出生于德国的不伦瑞克。三岁时，高斯就震撼了父亲格哈德，因为他指出了后者账本里的一个计算错误。从此，高斯每周六都会坐在高脚椅上协助父亲算账。

老年的高斯则热衷于讲述自己七岁时是如何震惊了一位粗野专横的学校老师的。当时，那位老师要求全班计算一个算术级数（为了便于讲述，就假设它是 1+2+3+…+100 吧）。高斯几乎立刻就在写字板上写下了 5050，并把它放到了将信将疑的老师面前，宣告“ligget se”（答案在这儿）。他没有进行冗长的计算，而是注意到，如果用第一个数加上最后一个数，第二个数加上倒数第二个数，并依此类推，那么每一组和都等于 101（即 1+100，2+99，3+98，……）。因为一共有 50 组和，所以总的求和结果等于 50 × 101=5050。

图 21.4　卡尔・弗里德里希・高斯

这场教室风波引发了一系列事件，最终使高斯在 1791 年赢得了不伦瑞克公爵卡尔・威廉・斐迪南的关注。公爵很喜爱这个十四岁的男孩，并承诺会为后者支付学费。他慷慨地资助高斯在卡罗琳学院和格丁根大学学习，之后也一直给高斯发放薪水，直到 1806 年在和拿破仑军队的战斗后伤重而亡。

公爵没有看错这个男孩。高斯十九岁时就得出了自己的第一个重要成果——二次互反律的证明。这个被他称为“theorema aureum（黄金定理）”的定理甚至逃过了欧拉和勒让德的眼睛。

高斯把一棵果实稀少的树选为自己的印章图案，并配文 pauca sed matura（宁可少些，但要好些）。事实上，这句箴言完美地代表了高斯的职业生涯。和高产的欧拉不同，高斯发表结果的速度很慢。他从不发布平庸之作，只致力于发布传世杰作。他说：“你知道我写得很慢。这主要是因为我永远不会感到满意，直到我用寥寥数语就讲清了尽可能多的内容，而简短的文字往往比冗长的段落要费时得多。”高斯在很多领域都留下了自己的印记，包括天文学、大地测量学、曲面理论、共形映射、数学物理、数论、概率论、拓扑学、微分几何和复分析。

由于追求完美，高斯留下了不少未发表的重要结果。他的数学日记（*Notizenjournal*）在他去世四十三年后被发现，这是一座丰饶的数学宝库。如果他在世时把其中一部分公之于众，那么哪怕没有其他建树，他也能成为一位影响力巨大的数学家。对数学家们来说，苦思多年却只是重新发现了高斯早已熟知的结果实在是一件令人沮丧的事。人们难免会好奇，如果高斯更乐于发表自己的成果，十九世纪的数学将向前迈进多远。

公爵死后，高斯不得不担任了格丁根天文台的台长。在生命的最后二十年里，他把大部分时间都用在了天文台的事务上。最终，他在 1855 年 2 月 23 日平静地离开了人世，享年七十八岁。

利用高斯的单值曲率定义，即 $k=k_1k_2$，我们可以说某点处的曲率为正，为负，或是为 0。回到图 21.3，我们看到，如果两条形如碗底的曲线都朝法向量的方向（或朝相反方向）弯曲，那么 k_1 和 k_2 就有相同的符号，曲率就为正。另一方面，如果和马鞍面的情形类似，一条曲线朝法向量的方向弯曲，另一条曲线朝相反的方向弯曲，那么 k_1 和 k_2 的符号就相反，曲率就为负。如果主曲率中至少有一个为 0，就像圆柱面或平面的情形那样，那么曲率就为 0。

我们需要强调一点，那就是曲率是针对单点来计算的。一张典型的曲面会同时拥有正曲率区域、负曲率区域和零曲率区域。例如，对图 21.5 中的环面而言，离中心最远的区域拥有正曲率，离中心最近的区域拥有负曲率，而这两个区域的公共边界则拥有零曲率。不过，也存在曲率处处为常数的曲面。球面（不是拓扑学意义上的球面，而是真正的球面）上每一点的曲率都是一个正的常数，而平面和圆柱面的曲率则处处为 0。在曲率处处为负的那些曲面中，最著名的例子是喇叭形的“伪球面”。它之所以叫这个名字，不是因为它和球面相似，而是因为它的曲率处处为常数。

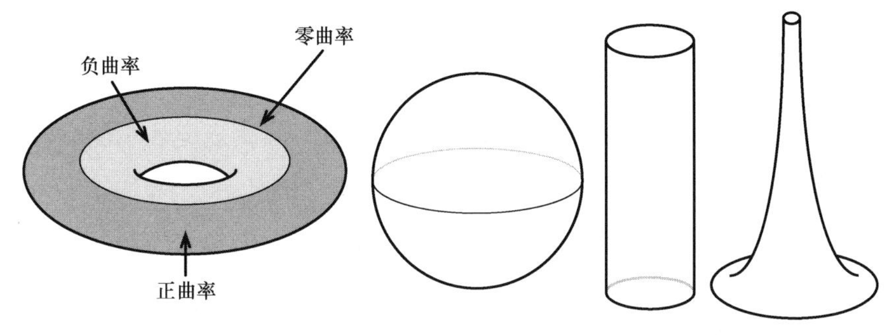

图 21.5　一张拥有不同曲率区域的曲面（环面）：正曲率区域、负曲率区域、零曲率区域。还有一些曲面的曲率处处为一个正常数（球面），处处为 0（圆柱面），或处处为一个负常数（伪球面）

高斯曲率、面积和角度盈余之间有着紧密的联系，而这种联系正是我们必须理解的。我们已经知道曲率和角度盈余有关。图 20.9 展示了一个球面上的测地三角形和一个马鞍面上的测地三角形，前者有角度盈余，后者则有角度亏损。一张曲面越平整，它就越像平面，它所包含的三角形也就越像平面三角形。正曲率导致角度盈余，负曲率导致角度亏损。

我们也要明确指出，大小很重要。非常小的三角形几乎不会受到曲面曲率的影响（想象地球上的两个等边三角形，一个边长为 1000 英里，另一个边长为 1 英寸[1]）。当我们放大曲面时，它会显得越来越平坦。所以，三角形越小，它的角度盈余就越接近于 0。

另一个例子也能说明曲率和面积的相关性。假设我们从一张正曲率曲面上取下

[1] 1 英寸 = 2.54 厘米。

一部分，比如一块洋葱皮或白菜叶，如果我们尝试在桌子上压平它，我们会发现它原来的中心部分占了很大的面积。毫无疑问，在我们下压的过程中，洋葱皮的外边缘会撕裂。这也解释了为什么在常见的地球投影（墨卡托投影）中格陵兰岛看上去比美国更大，虽然实际上三个格陵兰大小的岛都能被放进美国本土的四十八个州里。对于负曲率曲面，情况则恰恰相反。如果我们切下马鞍面的一部分，把它压平在桌子上，那它原来的边缘部分就会占据很大的面积，它的外边缘则会产生褶皱。

我们可以利用曲率、面积和角度盈余的关系得到高斯曲率的另一种定义方式。考虑一个包含点 x 且内角大小分别为 a、b、c 的测地三角形△。它的角度盈余 $E(\triangle)=a+b+c-\pi$ 能很好地描述曲面在点 x 处的弯曲程度。问题在于，如前所述，三角形越小，$E(\triangle)$ 越接近于 0。这就提醒我们，应该用面积来放缩角度盈余。也就是说，我们不直接使用 $E(\triangle)$，而是使用 $E(\triangle)/A(\triangle)$，其中 $A(\triangle)$ 是三角形△的面积。事实上，在我们把△缩小成 x 的过程中，$E(\triangle)/A(\triangle)$ 也会接近点 x 处的高斯曲率。

有了这种定义，对曲率为常数的曲面而言，高斯曲率的计算就变得很容易了。因为曲率是常数，所以它的值恰好就等于 $E(\triangle)/A(\triangle)$，其中△是曲面上的任意一个测地三角形（我们不必再把它缩成一个点）。例如，把△取成半径为 r 的球面的八分之一。这样的一个三角形有三个直角，所以它的角度盈余为 $E(\triangle)=3\times(\pi/2)-\pi=\pi/2$，面积为 $A(\triangle)=(1/8)\times 4\pi r^2=\pi r^2/2$。因此，球面上每一点的高斯曲率都等于 $(\pi/2)/(\pi r^2/2)=1/r^2$。这表明，曲率会随着球面半径的增加而减小。台球的弯曲程度一目了然，但地球的弯曲程度却不易察觉。

我们还可以从这个定义推出另一个有趣的结论。考虑一张被铺在桌面上的纸。它的高斯曲率显然是 0。如果我们把它卷成圆柱面，它的几何结构会改变，但它的高斯曲率却仍然是 0。我们永远都无法把它变成正曲率的球面或是负曲率的马鞍面。不管形状如何改变，它的曲率始终保持为 0。用更专业的术语来说，我们可以随意改变纸的外延曲率，却不能改变它的内禀曲率。

主曲率 k_1 和 k_2 衡量的是曲面的外延曲率——它们取决于曲面被放置在 3 维空间的方式。对一张平整的纸来说，$k_1=k_2=0$；但对圆柱面来说，k_1 和 k_2 中有一个非零。主曲率是外延的，因为如果曲面上有居民，他们就无法通过勘测曲面本身来计算主曲率。他们必须跳出曲面来观察它是如何置身于外围空间的。又因为高斯曲率是两个主曲率的乘积，即 $k=k_1k_2$，所以它也是外延曲率的一种度量。

然而，面积和角度是曲面的内禀属性，因为它们可以被曲面上的居民测出。为了计算它们，我们不必禁止曲面的形变。就算我们把一张画有三角形的纸卷成圆柱面，三角形的面积和角度也不会改变。又因为我们可以用这两个值来定义高斯曲率，所以后者实际上也衡量了曲面的内禀曲率！

高斯是首先发现曲面的两个外延主曲率之积可以反映其内禀曲率的人。他认识到了这个发现有多么美妙，于是给它取了 theorema egregium 这个气派的名字，也就是"绝妙定理"。

高斯曲率是内禀的，所以我们计算它时不必要求曲面在空间中保持静止。然而，它不是一个拓扑意义上的度量。如果我们的纸是一张拓扑曲面（由橡胶制成），那我们就能大幅改变它的曲率，并剧烈扭曲那些被画在曲面上的三角形。

1827 年，高斯证明了另一则重要定理，进一步挖掘了曲率、面积和角度盈余的关系。就像我们计算简单闭曲线的全曲率那样，高斯想要计算曲面上某个区域的全曲率。对曲率为常数的曲面来说，这种计算很简单。如果曲面的高斯曲率为常数 k，那么区域 R 的全曲率就等于 $k\cdot A(R)$，其中 $A(R)$ 是 R 的面积。当所选区域为测地三角形△时，它的全曲率等于 $k\cdot A(\triangle)=[E(\triangle)/A(\triangle)]A(\triangle)=E(\triangle)$，即三角形的角度盈余。

高斯的绝妙定理告诉我们，即使测地三角形处于一张曲率不为常数的曲面上，上述结论也成立。[1]

局部高斯－博内定理
曲面上一个测地三角形的全曲率等于该三角形的角度盈余。

换句话说，定理断言，一个测地三角形△的全曲率为 $a+b+c-\pi$，其中 a、b、c 是△的三个内角的大小。

[1] 局部高斯－博内定理断言 $\int_{\triangle} k\mathrm{d}A=a+b+c-\pi$，其中 a、b、c 是测地三角形△的三个内角的大小。——作者原注

与这个定理有关的另一个名字是法国几何学家皮埃尔・奥西安・博内（1819—1892）。1848 年，博内把高斯的定理推广到了边界不是测地线的区域上，但我们不在这里加以介绍。因此，高斯可以对任何测地三角形计算全曲率，博内则可以对曲面上的任何封闭区域计算全曲率。

奇怪的是，高斯和博内都没有问出一个看似很自然的问题：整个曲面的全曲率等于多少？他们甚至都没有考虑球面的全曲率。事实上，只要把局部高斯－博内定理和角度盈余定理结合起来，计算曲面的全曲率就是一件轻而易举的事情（出于技术原因，我们必须要求曲面是可定向的）。

把一张曲面划分为多个测地三角形。根据局部高斯－博内定理，每个三角形的全曲率都等于该三角形的角度盈余。因此，曲面 S 的全曲率等于 S 的总角度盈余，而我们已经知道后者等于 $2\pi\chi(S)$。这个结论现在被称为整体高斯－博内定理。[1]

整体高斯－博内定理

一张可定向曲面 S 的全曲率为 $2\pi\chi(S)$。

大体上来说，整体高斯－博内定理断言，如果我们取一张曲面并拉伸它，它的局部曲率可能会改变，但全曲率却不会改变。任何新增区域的正曲率都会被另一些新增区域的负曲率抵消。对全曲率来说，曲面的拓扑才是唯一重要的东西。

人们可能会因为台球上每一点的曲率和地球上每一点的曲率不同而烦恼，因为两者形状相同，只是大小不同而已。整体高斯－博内定理恰好证实了这种直觉。尽管地球的曲率远小于台球的曲率，但地球的面积却比台球的面积大得多。既然两者的全曲率相同，那么大量小曲率值的和当然只能等于少量大曲率值的和了。

如果我们把整体高斯－博内定理和可定向曲面的分类定理（第十七章）相结合，我们就能得出一些有意思的结论。例如，球面是唯一欧拉数为正的闭曲面。因此，如果我们有一张全曲率为正的曲面，那它一定和球面同胚。类似地，如果一张闭曲面的全曲率等于 0，那它一定与环面同胚。其他的可定向闭曲面（亏格为 g 且 $g>1$

[1] 整体高斯－博内定理断言曲面 S 的全曲率等于 $\int_S k\mathrm{d}A=2\pi\chi(S)$。——作者原注

的曲面）则必定拥有负的全曲率。

虽然高斯和博内都没有注意到定理的整体形式，但威廉·布拉施克（1885—1962）还是在自己 1921 年编写的教材里用他们两人的名字给定理命了名。正是在这本教材里，布拉施克用局部高斯－博内定理证明了整体高斯－博内定理。而整体高斯－博内定理的第一个证明则是 1888 年由迪克借助完全不同的技巧给出的。从这个例子中，我们再次看到了一种意料之外的定理命名方式。

在本章和上一章中，我们了解了拓扑与几何之间出人意料的优美关系。欧拉数不仅是一个拓扑不变量，还是一条连接两个不同领域的纽带。这也从另一个角度解释了欧拉公式为什么在数学中占有重要的地位。在接下来的两章中我们将看到，欧拉数可以推广到更高维的对象上。

第二十二章

在 n 维空间遨游

莉萨：爸爸去哪儿了？

弗林克教授：这个嘛，在那些毕业于双曲拓扑学方向的研究生中，即使是最蠢的一个应该也能看出，霍默·辛普森无意中闯入了第三个维度……（在黑板上画图）这是一个普通的正方形——

维古姆警长：哇，哇。慢点说，老学究！

弗林克教授：——但请想象一下，让正方形超出我们的 2 维宇宙，沿着想象中的 z 轴扩张，就在那儿（每个人都倒抽了一口冷气）。这样就形成了一个名为"立方体"的 3 维对象，或者为了纪念其发现者，我们应该称它为"弗林克多面体"。

——《辛普森一家》，"恐怖树屋"系列第六集到目前为止，我们研究过的所有拓扑对象都是曲线或曲面——局部是 1 维或 2 维但身处 2 维、3 维或 4 维空间的对象。曲面是多面体的拓扑推广，而欧拉多面体公式也很好地推广到了曲面的欧拉数上。现在，一个自然产生的问题是，我们能对更高维的拓扑形状下什么结论。那些高维对象是什么？它们也有欧拉数吗？

我们将在第二十三章中看到，庞加莱定义了高维拓扑空间里的欧拉数，并证明了它是一个拓扑不变量。但在探讨庞加莱的贡献之前，我们应该先讨论维度，以及人们对欧拉数的早期推广。

每个人都熟知 0 维、1 维、2 维和 3 维空间。我们就住在 3 维空间里。树木、房屋、人和狗都是 3 维实体。3 维空间也包含 2 维对象。黑板、纸张和电视屏幕都是 2 维的。琴弦、天平梁和卷曲的电话线是 1 维的。这句话末尾的（英文）句号则是 0 维的。

人们常把维数和点、线、面这样的几何对象联系在一起。然而，如我们之前所见，我们想要一个比几何式定义更宽松的维数定义。一种更合理的思考方式是从自由度的角度来看待维数——维数就是一个对象运动时所拥有的独立方向数。

考虑如图 22.1 所示的鸟群。每只鸟的运动都受到了一定的限制——它们的运动自由度不同。站在电线杆顶端的鸟哪也去不了，它体验的是 0 维空间。电线上的鸟可以从线的一端移动到另一端，它的运动自由度为 1，所以它栖息于 1 维空间。地面上的鸟住在 2 维空间里，飞翔的鸟则住在 3 维空间中。请注意，我们谈论的不是直线或平面，只是自由度。悬在空中的电线当然不是直线，而地面上也有可能有山丘或山谷。

因为我们住在 3 维空间中，所以我们能轻易地建立 0 维、1 维、2 维和 3 维的概念。4 维或更多的维数则超出了我们的日常经验。研究交叉帽、克莱因瓶和射影平面时，我们已经意识到需要第四个维度了。虽然想象这种跃入 4 维空间的操作并不容易，但要可视化这些曲面却不太困难。毕竟，这些 4 维曲面的大部分结构都是 3 维的。至于那些有更多部分处于 4 维空间的拓扑实体，则又是另一回事了。

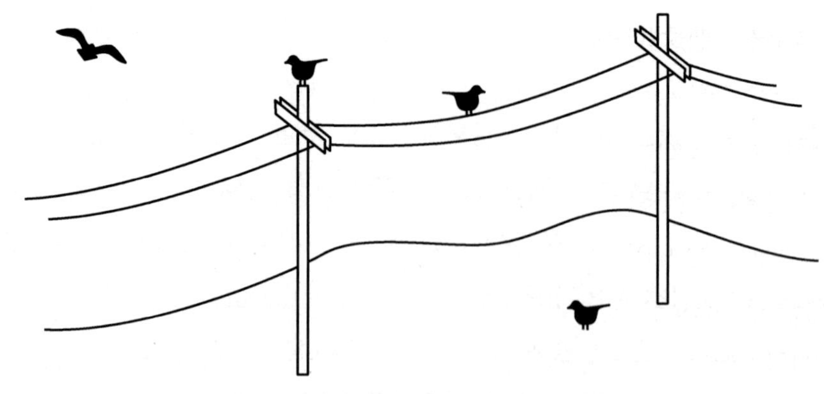

图 22.1　体验着 0 维、1 维、2 维和 3 维的鸟

我们总听人说，时间是第四个维度。这种观点源自约瑟夫－路易·拉格朗日，大约诞生于 1788 年。我们对时间很熟悉，它也许能帮助我们理解 4 维空间。但这里却有一个不利因素——我们不能忽略“时间之箭”。我们接触到的 3 维物理空间没有方向性。粒子可以沿一条线向前或向后运动而不违反物理规律。然而，这个粒子却不能在时间上来回移动。相比于其他三个维度，时间有一些本质上的不同。一般来说，我们不希望所选的第四个维度有这样的性质。

高维空间在现实中是自然而然地出现的。预测航天飞机的运动需要六个维度——三个位置维度和三个速度维度。为了确定太阳、地球及月亮的位置和速度，我们需要十八个维度。经济学家的金融模型、生态学家的种群研究、物理学家的量子理论，都可能涉及许多变量（每个变量都贡献了一个维度）。从数学角度来说，我们想使用多少个维度都可以。

在我们的讨论中，不论高维空间的起源是什么，我们都假设它的每个维度是物理式的。也就是说，它的每个维度都和通常所说的 3 维没什么不同。我们并不是在断言物理维度不止三个。事实可能如此，也可能不是（研究弦理论的物理学家们宣称物理维度至少有十个）。在数学上，这无关紧要。

我们把 n 维欧几里得空间记为 $\mathbb{R}^n$。$\mathbb{R}^1$ 是实数的集合——我们小学时学过的数轴。$\mathbb{R}^1$ 上的每个点都可以用单个 x 值来表示。$\mathbb{R}^2$ 是无限大的平面。它有一根 x 轴和一根 y 轴，利用它们，$\mathbb{R}^2$ 上的每个点都可以用一个有序数对 (x, y) 来表示。3 维欧氏空间被记作 $\mathbb{R}^3$，其中的每个点都可以用一个有序三元组 (x, y, z) 独一无二地表示出来。从数学观点来看，把这些记号推广到 n 维欧氏空间是件平平无奇的事。$\mathbb{R}^n$ 中的每个点都可以被一个有序 n 元组 $(x_1, x_2, \cdots, x_n)$ 唯一确定。不管这些高维空间在物理学中是否存在，我们都可以使用它们。

我们已经花了很多时间来学习曲面的相关知识。我们将曲面描述为局部 2 维的。一只住在曲面上的蚂蚁有两个运动自由度。这种观点也可以被推广到更高维的形状上。n 维流形，或 n–流形，是一种局部结构类似于 n 维欧氏空间的拓扑对象。这些流形上的居民拥有 n 个运动自由度。和曲面一样，流形也同时展现出局部简单性和整体复杂性。它们可能会有孔洞或者其他的非平凡的拓扑结构。但不论其整体特性如何，只要我们近距离观察，所有的 n–流形看上去都像是 $\mathbb{R}^n$。

n 维流形也可以像曲面那样被分成可定向的和不可定向的。对此，最简单的测试方法就是使用迪克的标准（第十六章）。在一个不可定向的 n–流形中，假设我们有两个相同的坐标系。那么，我们就可以将其中一个坐标系沿流形移动一周，使其在回到原位时无法与另一个完全对齐。例如，在一个不可定向的 3–流形中，当 x 轴和 y 轴都对齐后，z 轴却指向了与原来相反的方向（见图 22.2）。

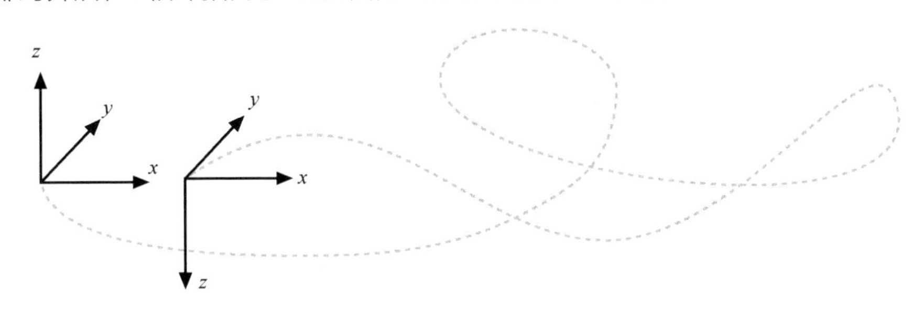

图 22.2 不可定向 3–流形中的坐标轴

任意维的流形都可以有边界，而一个 n–流形的边界正是一个 n−1 维的流形。1–流形的边界是 0–流形（两个点），2–流形（曲面）的边界是 1–流形（一个或更多的圆），3–流形（立体）的边界则是曲面。例如，实心环的边界是普通的（空心）环面。实心球的边界是球面。更一般地来讲，n–球 B^n 是一个 n–流形，它的边界是 $(n-1)$–球面 S^{n-1}（S^n 和 B^n 的定义请参考第十九章）。

流形的历史要追溯到黎曼对多值复变函数及相应的黎曼曲面的研究。但直到十九世纪末，庞加莱才认为流形是一类重要的研究对象，并提出了几种描述它的方法。其中，最简单的一种也许就是用一个或多个方程来把它表征为 $\mathbb{R}^n$ 的一个子集。例如，$x^2+y^2+z^2=1$ 是一张球面，$(3-\sqrt{x^2+y^2})^2+z^2=1$ 则是一张环面。它们都处于 $\mathbb{R}^3$ 之中。

有时候，庞加莱会把流形表示为一种名叫单纯复形的 n 维多面体。在一个单纯复形中，顶点、棱和面被推广成了单纯形。我们可以认为所有的单纯形都是三角形或三角形的高维类似物。如图 22.3 所示，k–单纯形是一种由 $k+1$ 个点确定的 k 维形体。0–单纯形是点，1–单纯形是线段，2–单纯形是三角形，3–单纯形是三角金字塔，依此类推。我们假定，在一个单纯复形中，如果两个相邻的单纯形相交，则它们的交集是某种更低维的单纯形［请注意，就像黑塞尔多面体（第十五章）不是曲面一样，单纯复形也不一定是流形］。

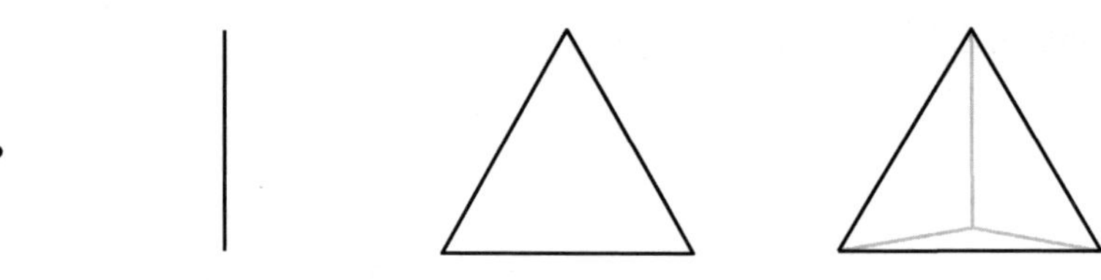

图 22.3　0–单纯形、1–单纯形、2–单纯形和 3–单纯形

庞加莱的另一种描述流形的方式则是对克莱因曲面构造法的推广。就像克莱因通过黏合多边形的边来创造曲面那样，庞加莱通过黏合 n 维多面体的面来创造 n–流形。把一个正方形的对边不加扭转地粘在一起，我们就得到一张环面。类似地，我们也可以把一个立方体中相对的面不加扭转地粘到一起（见图 22.4），构造出一张 3–环面（环面的 3 维类似物）。它是一种可定向的闭 3–流形。

图 22.4　黏合相对的面以得到 3–环面

流形的抽象定义并未指明流形所处的空间。即使不知道克莱因瓶不属于 $\mathbb{R}^3$，我们也能定义和了解它的性质。那么，给定一个一般的 n–流形，我们是否总能把它

放入某个欧氏空间 $\mathbb{R}^m$，使它不与自身相交呢？如果是这样，m 的值该有多大？哈斯勒·惠特尼证明，任何 n–流形都能放入某个维数不超过 $2n$ 的欧氏空间。这个结论被称为惠特尼嵌入定理。

在第十七章中，我们遇到过曲面的分类定理。每一张曲面要么是带把手的球面，要么是带交叉帽的球面。因此，我们自然就想知道是否可能对 n–流形（$n>2$）进行分类。事实上，这是个极具挑战性的问题。我们曾在第十七章里断言，n–流形的维数是一个拓扑不变量——一个 5–流形和一个 7–流形不可能是同胚的。然而，就连这个结论我们都很难证明。直到 1910 年，布劳威尔才证明了维数不变性定理，它的内容是，当 $m \neq n$ 时，$\mathbb{R}^n$ 不同胚于 $\mathbb{R}^m$。稍后我们将探讨一个价值一百万美元的分类问题，它是最著名的分类问题之一。

怎样强调分类定理的重要性都不为过。一个悬而未决的重要问题是，宇宙的形状是什么？不管弦理论专家们怎么说，我们似乎还是生活在一个 3 维宇宙中——一个巨大的 3–流形（很可能没有边界！）。这个流形有着怎样的性质？它是有限的还是无限延伸的？它在拓扑学上和 $\mathbb{R}^3$ 相同还是具备一些不平凡的拓扑特征？它会不会奇怪到不可定向？一名航天员有没有可能从地球飞出时还是右撇子，回到地球时却变成了左撇子呢？

既然我们已经对任意维的流形有了概念，我们当然想知道欧拉公式是否适用于它们。为此，我们应该回到多面体上。柯西是第一个把欧拉公式向高维推广的人。在那篇用多面体的平面投影证明欧拉公式的论文中，他陈述并论证了欧拉公式的一种高维变体。他证明，如果在一个凸多面体内部插入顶点、棱和面，把它分割成 S 个凸多面体，且此时的总顶点数、面数和棱数（包括内部的那些）分别为 V、E 和 F，则

$$V-E+F-S=1$$

为了阐明柯西的定理，请看图 22.5 中正八面体和立方体的分解。正八面体被内部的一个新面一分为二，所以 S=2。此时，它总共有 6 个顶点、12 条棱和 9 个面。如柯西所说，6−12+9−2=1。类似地，立方体被分成了 3 个多面体，共有 12 个顶点、

22 条棱和 14 个面，因此有 12−22+14−3=1。

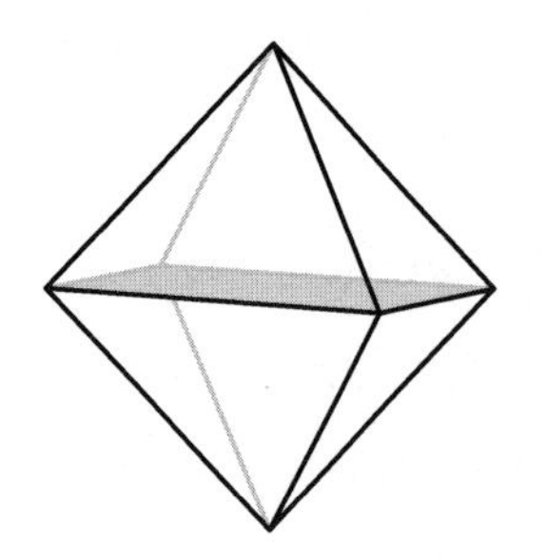

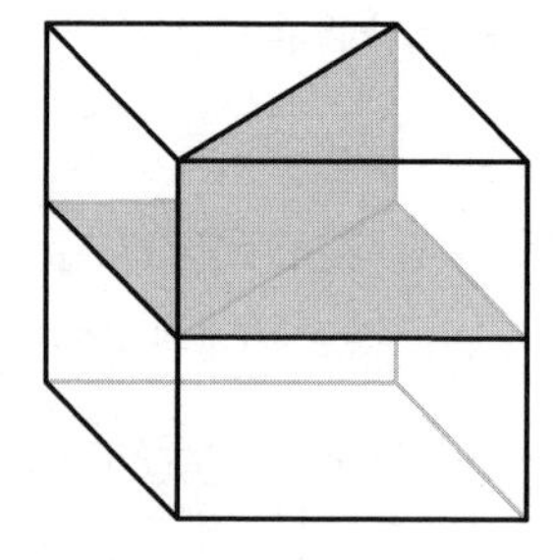

图 22.5　分解正八面体和立方体

1852 年，路德维希 • 施拉夫利发现了一种对任意维凸多面体都成立的欧拉公式，但他 1901 年才把这项工作完整发表出来，而在那之前，已经有人做出了同样的发现。假设 P 是一个 n 维多面体，其顶点数为 b_0，棱数为 b_1，面数为 b_2，且一般来说，k 维特征数为 b_k。施拉夫利把这些 n 维多面体看作由 $n-1$ 维的面围成的空心壳，这也就意味着 $b_n=0$。将欧拉数定义为由高维特征数生成的交错和：$\chi(P)=b_0-b_1+b_2-\cdots\pm b_{n-1}$。施拉夫利注意到，$n$ 为奇数时 $\chi(P)=0$，n 为偶数时 $\chi(P)=2$。

让我们用现代拓扑学的观点来检视柯西和施拉夫利的结果。首先，柯西和施拉夫利考虑的都是不含孔洞或隧道的凸多面体。从拓扑学上来讲，施拉夫利的 n 维空心多面体同胚于 $n-1$ 维球面 S^{n-1}。因此，他的定理表明，n 为奇数时 $\chi(S^n)=0$，n 为偶数时 $\chi(S^n)=2$。其次，柯西假设了凸多面体是实心的，因此它们在拓扑学上与 3-球 B^3 等同。柯西证明的是 $\chi(B^3)=1$，而我们现在已经知道，$\chi(B^n)=1$ 对所有的 n 都成立。要看清这一点，只需给施拉夫利的多面体“填塞”一个 n 维特征，构造出 B^n，这样就有 $\chi(B^n)=\chi(S^{n-1})+(-1)^n$。当 n 为偶数时，$\chi(B^n)=0+1=1$；当 n 为奇数时，$\chi(B^n)=2-1=1$。

下一个提出高维推广的人是利斯廷（见图 22.6）。我们已经遇见他好几次了。他对图论有过贡献（第十一章），是第一位研究纽结的数学家（第十八章），比默比乌斯先发现默比乌斯带，甚至还提出了“拓扑学”这个术语（第十六章）。事实上，他是第一个真正从拓扑学视角来看待欧拉公式的人，也是最早像拓扑学家那样思考的数学家之一。人们也许会期待他被奉为拓扑学的巨人。但实际上，他在世时遭受了严重的忽视，死后多年间也仍然鲜为人知。即使是现在，《科学传记大辞典》——

一部包含了历史上最重要的科学家和数学家的短篇传记的十八卷巨著——也没有收录“利斯廷”这个词条。

图 22.6　约翰·利斯廷

我们不清楚他为何没有获得应有的历史地位。他的学术谱系是显赫的。他是高斯的博士生，且在高斯去世前一直都和导师关系紧密（高斯去世时身边就有利斯廷）。他和黎曼当了八年的邻居。（令人惊奇的是，没有任何证据表明这两人曾有过合作或者重要的交流，尽管他们本可以相谈甚欢。有人说，这也许是因为利斯廷害怕摧毁了黎曼家庭的肺结核具有传染性。）他也在其他科学领域中做出了贡献，例如眼光学。除了“拓扑学”，他提出的另外几个术语也被沿用至今，比如“微米”，也就是“米”的百万分之一。

也许，利斯廷的默默无闻是他的个人特质所致。尽管他合群而善良，但他却饱受躁郁症的折磨，也因为负债累累而一直深陷财务困境。此外，他的妻子还经常惹上法律麻烦。也许，他的名气受限于那种使他每次都离开数学几年之久的心神不安、他糟糕的职业生涯决定，或是他对学院中政治斗争的抗拒。又或许，他呈现数学的方式才是原因。他写作时总是太关注细节，使读者难以感知文字背后重要而深刻的数学发现。

利斯廷写了两本拓扑学专著，分别出版于 1847 年和 1861 年。一本是我们之前提到过的《拓扑学的初步研究》，包含了他对拓扑学的大部分思考。另一本是名字较长的《对空间复合体的普查，或对欧拉多面体定理的推广》(以下简称《普查》)，介绍了他是如何把欧拉公式推广到非凸 3 维形状上的。1884 年，P. G. 泰特为利斯廷的拓扑学著作发出了如下叹惋：

“(它们)仍然处于最不应陷入的无人问津的状态，也还没有被翻译成英文。相比之下，许多毫无价值或没那么有价值的东西却早已赢得了尊崇。”

在《普查》中，利斯廷没有用死板的多面体视角来审视形状；相反地，他用了拓扑学的方法来处理问题。他给顶点、棱、面和(3 维)空间计了数，但他允许这些特征拥有非平凡的拓扑，或者说“环流”(如他所称)。例如，他把一个圆计为一条棱，把一张球面计作一个面，但也会根据它们的拓扑对计数结果做出修改。他会把一张圆柱面数成一个面，但由于前者包含一个非平凡的闭路，他又会在交错和里减去 1。因此，消除环流的影响后，如果顶点数、棱数、面数和空间数分别为 A、B、C、D，则 $A-B+C-D=0$。

为了快速理解利斯廷的分解法，让我们把它应用到如图 22.7 所示的实心环上。它没有顶点，只有一条圆形棱、两个面(一个圆柱形面和一个圆盘面)和两个空间(圆柱形面的内部和利斯廷总会算上的外围空间)。因为这种分解法不产生顶点，所以 $A=0$。棱数是 1，但因为这条棱包含一个闭路，所以 $B=1-1=0$。面数是 2，但由于圆柱形面包含一个环绕其圆周方向的闭路，C 就得减 1，所以 $C=2-1=1$。最后，空间数为 2，但因为外围空间包含一个非平凡的闭路，所以我们有 $D=2-1=1$。因此，如利斯廷所料，$A-B+C-D=0-0+1-1=0$。

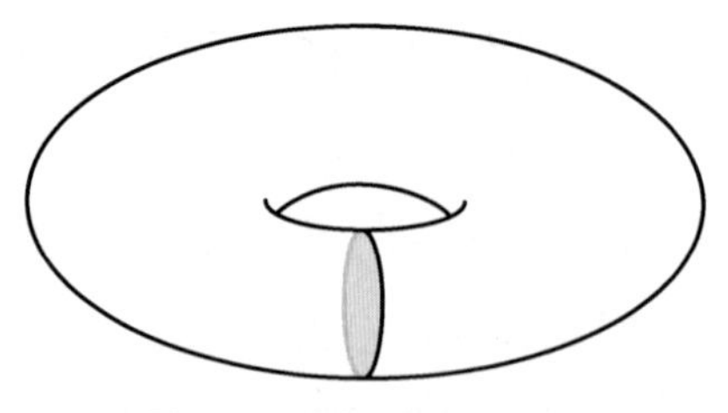

图 22.7　实心环的一种分解

利斯廷解决问题的方法既聪明又有见地。这是历史上第一次有人尝试用真正的拓扑方式去对待 3 维欧拉公式。然而，这种方法远不是完美的。至少，A、B、C、D 的计算都令人费解。利斯廷抛弃了欧拉的顶点、棱和面所蕴含的简洁美。我们不得不转而理解他自己划分出的那些构成要素的拓扑。

n 维拓扑学理论的下一个重大进展要归功于黎曼和意大利数学家恩里科・贝蒂（1823—1892）。为了理解他们的贡献，我们必须先回顾黎曼对曲面的研究。

在 1851 年的博士论文中，黎曼提出了一种拓扑不变量，其定义基于可定向曲面上的孔洞数。他把这种不变量叫做曲面的连通数。如果在使一张曲面（有边界或无边界均可）保持连通的前提下，我们最多能对它做 n 次切割，那我们就说它的连通数是 n[1]，或者这张曲面是 n-连通的[2]。如果曲面是有边界的，那么每次切割的起点和终点必须都在边界上。如果曲面是无边界的，那么第一次切割的起点和终点一定要相同（此后曲面便有了边界）。

在图 22.8 中，我们看到三种有边界曲面：圆柱面、三孔圆盘和默比乌斯带。图中的虚线代表切口。圆柱面和三孔圆盘的连通数分别是 1 和 3。虽然在默比乌斯发现不可定向曲面之前，黎曼就完成了在连通数方面的工作，但我们还是能用黎曼的方法来计算不可定向曲面的连通数。因此，默比乌斯带是 1-连通的。

最简单的闭曲面是球面。在球面上，只要沿任意闭曲线切割一次，球面就会被一分为二。因此，球面是 0-连通的。如果我们沿环面的“管道”切割一周，环面就会变成圆柱面。随后，我们可以把圆柱面沿其高的方向切开，得到一个矩形。因此，环面的连通数是 2。类似地，我们可以计算其他曲面的连通数。双环面是 4-连通的，射影平面是 1-连通的，克莱因瓶则是 2-连通的。

尽管连通数看起来像是一种新的拓扑不变量，但它其实是乔装打扮后的欧拉数。敏锐的读者可能已经注意到了连通数和可定向闭曲面的亏格之间的关系。实际上，黎曼也注意到了这一点——连通数是亏格的两倍。如果我们知道了亏格、欧拉数和

---

[1] 实际上，黎曼所定义的连通数比这个 n 的值大 1，但为了与现代符号保持一致，我们还是采用这个 n 值。——作者原注

[2] 如今，术语“n-连通”的定义与此略有不同。——作者原注

连通数中的任意一个，那我们也就知道了其余两个。

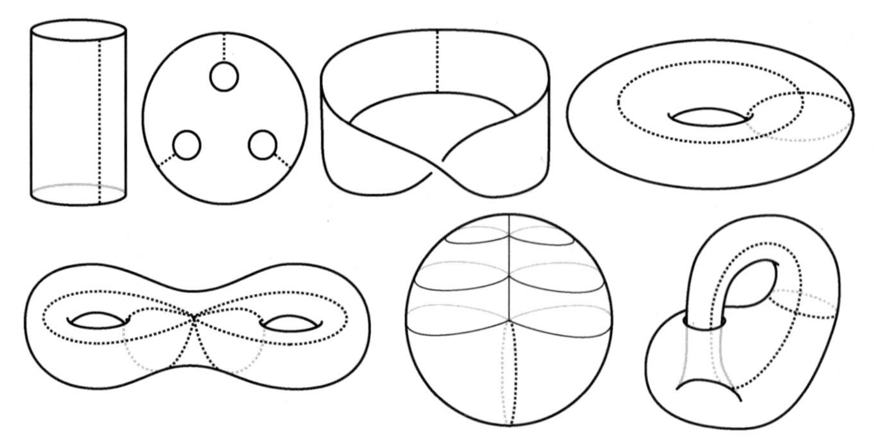

图 22.8　切割不同曲面以确定其连通数

让我们来更精确地表述连通数和欧拉数之间的关系。想象一下，在切割之前，我们已经在一张 n-连通的曲面 S 上画出了切割线。这就给曲面创造了一种非常简单的划分。为简洁起见，假设每次切割的起点和终点都是同一点，所以 V=1。完成切割后，我们恰好留下了一个面，所以 F=1。此外，每条切割线都是一条棱，所以 E=n。这样，针对连通数和欧拉数，我们就得出如下简单关系：

$$\chi(S)=1-n+1=2-n$$

随着生命接近尾声，黎曼的健康状况也开始恶化。从 1862 年到他去世的 1866 年，他几次前往意大利疗养。在那里，他拜访了自己的朋友贝蒂（见图 22.9），后者是他于 1858 年在格丁根认识的。贝蒂是比萨大学的教授。他当过高中老师，曾是议会成员，也担任过参议员。他既是著名的数学家，又是有天赋的教师，为意大利重新统一后的数学复兴做出了巨大的贡献。

在这几趟旅途中，黎曼和贝蒂探讨过如何把连通数推广到高维流形上。然而，对于连通数的理论，很难厘清他们各自的贡献到底是什么。1871 年，贝蒂发表了连通数的推广形式，但一些书信和笔记显示，黎曼早在 1852 年就知道了其中的大部分内容。

正如黎曼计算了曲面的最大 1 维切割数那样，在推广形式中，我们对每个小于或等于 n 的 m 都计算了 n 维流形上的最大 m 维流形数（根据一些复杂的标准）。这就给 0 到 n 之间的每一个 m 都分配了一个连通数 b_m。在这套符号体系下，b_1 就是黎曼的连通数。

图 22.9　恩里科・贝蒂

贝蒂证明，这些 b_m 都是流形的拓扑不变量。然而，n-流形的研究十分棘手。人们后来发现，贝蒂的论证和定义中有一些微小的错误。尽管如此，他的工作仍然使我们在理解 n-流形拓扑的道路上迈出了极其重要的一步。

亨利・庞加莱正是那个想要修正贝蒂的错误的人。他成功了，而且做到的远不止于此。

第二十三章

亨利·庞加莱与拓扑学的崛起

数学家创造的模式必须像画家和诗人的那样优美，数学家的思想必须像色彩和文字那样和谐交融。美是第一道测试：在这个世界上，丑陋的数学绝没有永久的容身之地。

——戈弗雷·哈罗德·哈代

如果欧拉的七桥问题定理和多面体定理标志着拓扑学的诞生，利斯廷、默比乌斯、黎曼、克莱因等十九世纪数学家的贡献象征着拓扑学的青春年少，那么亨利•庞加莱的工作则宣告了拓扑学长大成人。在此之前，也出现过一些如今被归入拓扑学的定理，但直到十九世纪末，庞加莱才在这个领域建立了体系。

回看庞加莱的所有工作，我们会发现一个共同的主题：拓扑学观点下的数学。也许，这种定性研究源自他对数学计算的反感（或者如他自己所说，不擅长）。也许，这是对他众所周知的缺失艺术天赋的回应（请回想，他把几何学称作“在劣质形体上做优质推理的艺术”）。不管原因到底是什么，庞加莱最终意识到了这个共同主题，并写道：“我思索过的每一个问题都把我导向《位置分析学》。”

庞加莱指的是长达 123 页的《位置分析学》。这篇影响深远的文章是他在 1895 年写下的。接下来的十年中，他以此为基础，发表了五篇开创性的续作——或者如他所称——补充材料。关于这六篇文章，让•迪厄多内写道：

“和他一贯的做法相同，他总是任凭自己的想象力和超乎常人的‘直觉’自由驰骋，却极少犯错；几乎每个章节里都有他的原创想法。但我们也不该去寻求什么精确的定义。很多时候，得仔细解读上下文才能猜出他脑中的想法。对于很多结果，他完全没有给出证明；即使真的写了证明，其中的论据也没有一个不是可疑的。这些文章是蓝图，展望了许多全新思想的发展趋势，而其中的每一个都需要我们开发出新技巧才能加以严格化。”

请想象一个苹果佬约翰尼[1]式的人物，他缓缓穿过一片贫瘠的土地，播撒下日后将结出累累果实的种子。不太夸张地说，二十世纪三十年代初之前的拓扑学研究几乎全部来自庞加莱的工作。

---

[1] 原名约翰•查普曼，美国西进运动时期的传奇园丁。

一个庞加莱的同代人写道："最近，在《位置分析学》中，庞加莱给我们带来了大量新成果，但同时也催生了不少待解决的新问题。"庞加莱的论证中确实存在漏洞，但弥补它们需要时间。他和前辈们研究拓扑学时所用的直觉方法也得由严格的数学论证来支撑。1910 年左右，人们才开始为拓扑学证明引入严密性和统一的标准。至于为庞加莱的蓝图建立坚实的理论，则又花费了好几十年。

庞加莱的一项重要贡献便是发明了"同调"的概念。它可以把对黎曼连通数和贝蒂高维推广的研究巧妙地形式化。如今，同调已是分析流形的基本手段。庞加莱在《位置分析学》里引入了同调，又在补充材料里对它加以改善。诞生大约三十年后，同调理论才发展成了现代的形式。

不过，不论是同调理论的现代形式还是它在庞加莱笔下的形式，都不在本书的讨论范围之内。我们只从直觉上对它进行粗浅的解释。我们也不会给出它的 n 维形式，只会探讨曲面上的 1 维同调。

查看 1 维同调的方式之一是观察被画在曲面上的闭路。我们不要求闭路是固定的，而是允许它在曲面上移动。它可以伸长、缩短或扭动，只要不断裂或离开曲面就行。

最简单的闭路在拓扑学意义上是平凡的——它能缩成一个点。它也许会在曲面上剧烈转弯，但不会环绕任何孔洞。例如，球面没有孔洞，所以球面上的任何闭路都能缩成一个点。最简单的曲面就是像球面这样不包含非平凡闭路的曲面，它们被称为单连通曲面。如图 23.1 所示，圆盘和球面都是单连通的，但环形和环面则不是。

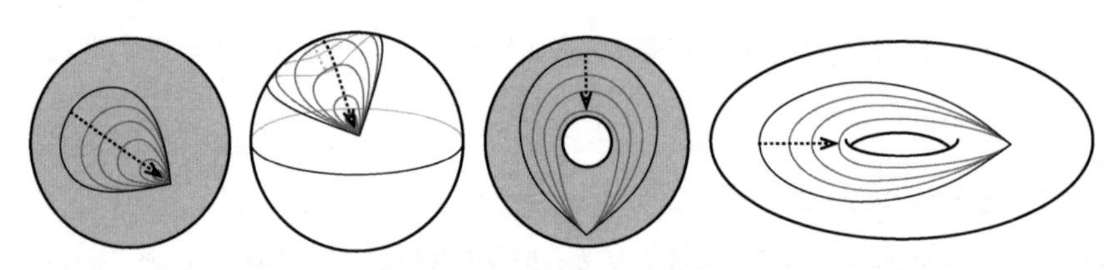

图 23.1　圆盘和球面是单连通的，但环形和环面则不然

根据曲面分类定理，我们知道球面是唯一的单连通闭曲面。其他所有曲面都包含无穷多个非平凡闭路。庞加莱意识到，重要的是计算曲面上那些基本的或者说独立的非平凡闭路的数量。对于可定向曲面，他把这个数量命名为 1 维贝蒂数，以此

来纪念贝蒂。在计算时，他定义了一种关于闭路的奇怪运算，我们把它记为加法。

在同调中，每一个闭路都有方向，且被称为闭链。因此，闭链 a 和 $-a$ 是相同的闭路，只是方向相反。闭路 a 与闭路 b 的和是它们的并集，因此 $a+b$ 和 $b+a$ 是相同的，或者用同调论的符号来表述，$a+b \equiv b+a$。有时候，我们也许想把 $a+b$ 看作一个单独的闭路。根据加法的定义，我们可以先走遍闭路 a 再走遍闭路 b，或者先走遍闭路 b 再走遍闭路 a。尽管由此得到的闭路可能不同，但它们都代表同一个闭链。我们规定，两个方向相反的闭链互相抵消，因此 $a+(-a)+b \equiv b$。此外，如果闭链 a 可以变形为闭链 b，那么 $a \equiv b$。

为了更好地理解上述加法，考虑环面上的闭链 a、闭链 b 和闭链 c，如图 23.2 所示。我们看到，可以改变闭链 c 的形状，使它等价于闭链 a 和闭链 b 的相接。因此，c 和 $a+b$ 是相同的闭链，或者说 $c \equiv a+b$。

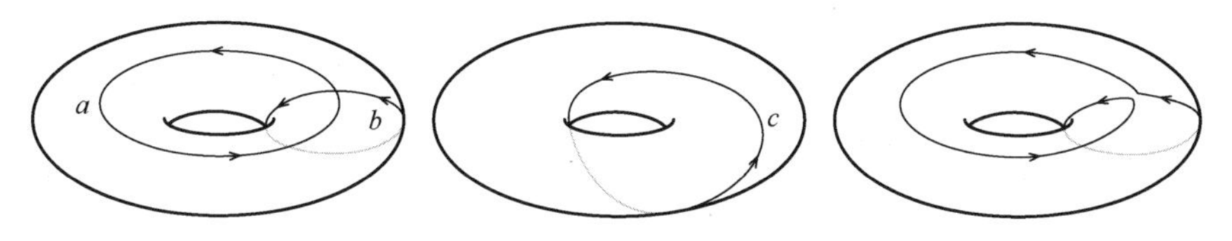

图 23.2　闭链 c 能被变形为闭链 $a+b$

如果这种运算真的和一般的加法类似，那么零闭链一定存在。一个零闭链会是什么样的呢？最显而易见的零闭链是那种能缩成一个点的闭链。在单连通曲面上，每一个闭链都是零闭链。这就是全部了吗？拓扑学上的平凡闭路就是唯一的零闭链吗？答案是否定的。图 23.3 中的闭路 w 环绕在双环面的腰部，且不能缩成一个点。然而，我们能改变它的形状，使它依次走过闭链 u、v、$-u$ 和 $-v$。因此，$w \equiv u+v+(-u)+(-v) \equiv 0$。

我们已经知道图 23.2 中的闭链 c 可以写成闭链 a 与闭链 b 之和。事实上，环面上的任何一个闭链都可以用关于 a 和 b 的和式表示出来。换言之，给定环面上的任意闭链 d，可以找到整数 m 和 n，使得 $d \equiv ma+nb$。从本质上来讲，a 和 b 是仅有的两个重要闭链，因此，根据庞加莱的说法，环面的 1 维贝蒂数等于 2。类似地，对图 23.3 中的双环面来说，u 和 v 都是基本闭路；此外，还有两个环绕着另一个把手的基本闭路。因此，双环面的 1 维贝蒂数等于 4。

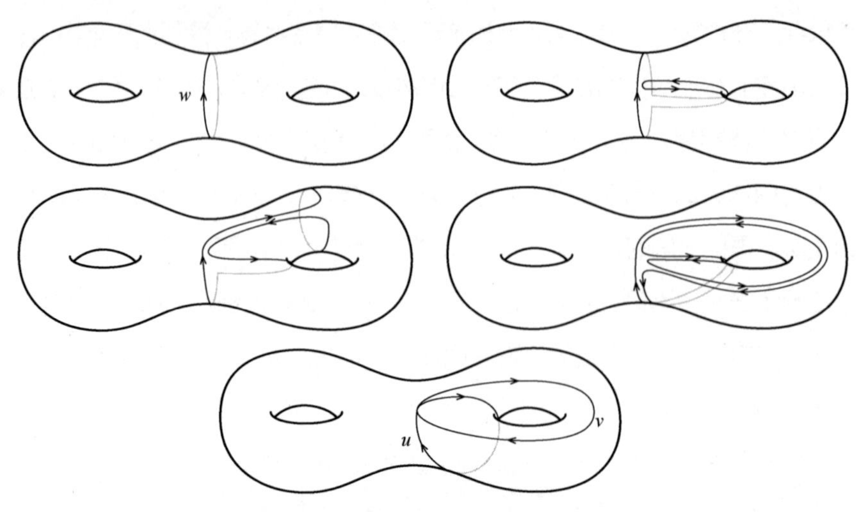

图 23.3　双环面上的零闭链不能缩成一个点

对于可定向曲面，基本闭路的个数等于曲面的第一个贝蒂数；但对于不可定向曲面而言，事情就变得奇怪了起来。根据经验，如果我们看到方程 $a+a=0$，我们会得出 $a=0$ 的结论。这对实数总是成立的。然而，对闭链来说，$a+a\equiv0$ 可能在 $a\neq0$ 时成立。其实，我们并非没有见过类似的情形。许多汽车里程表的最大刻度都是 99999 英里。在这样一个表盘上，50000+50000=0。另一个例子是采用军事时制的钟表。午夜是 0:00，正午是 12:00，而午夜前 1 分钟则是 23:59。因此，12:00 后再过 12 小时就是 0:00，或者说 12+12=0。

让我们用射影平面和克莱因瓶来演示一下这种怪异的算术。从图 22.8 中我们看到，射影平面的连通数是 1。让我们把相应的闭链记为 a，并给它一个方向，如图 23.4 所示。现在 $a+a$，或者说 $2a$，是一个沿着 a 走了两遍的闭链。出乎意料的是，如我们所见，这个闭链在拓扑学意义上其实是平凡的——通过操纵闭路，我们可以把它缩成一个点。因此 $2a\equiv0$。

同样的事情也发生在克莱因瓶上，但原理略有不同。之前我们曾看到，克莱因瓶的连通数等于 2。将相应的（带有方向的）闭链记为 b 和 c，如图 23.5 所示。我们看到，加倍后的闭链 $2b$ 等价于 $b+c+(-b)+(-c)$。也就是说，虽然 $2b$ 是非平凡的拓扑闭路，但仍有 $2b\equiv0$。

因此，根据是否展现出上述行为，我们可以把基本闭链分成两类。我们把不展现此种行为的闭链的数目继续称作 1 维贝蒂数。但如果一张曲面上包含一个满足 $na\equiv 0$ 的闭链 a（n 是使该式成立的最小正整数），那我们就把 n 称作曲面的挠系数。因此，在 1 维情形中，射影平面的贝蒂数为 0，挠系数为 2；克莱因瓶的贝蒂数为 1，挠系数为 2。

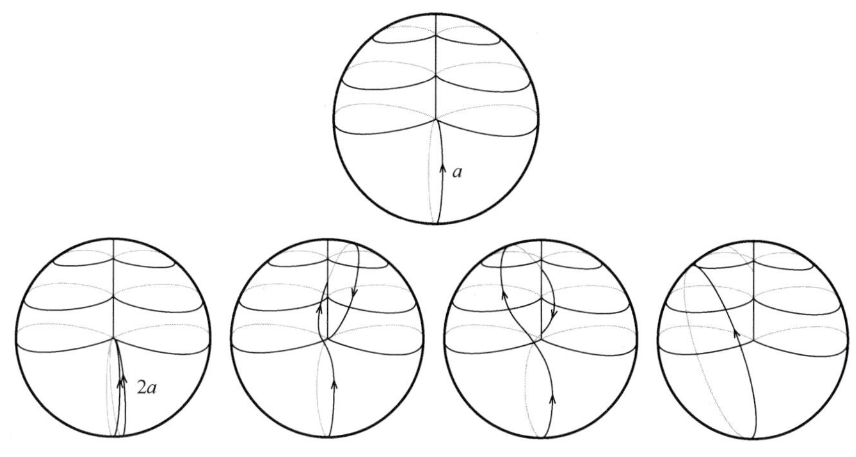

图 23.4　对射影平面来说，$2a\equiv 0$

庞加莱用类似的方式定义了高维的贝蒂数和挠系数，只不过用到的闭链不是闭路，而是更高维的流形。庞加莱证明，贝蒂数和挠系数都是流形的拓扑不变量。在表 23.1 中，我们列出了一些闭曲面的贝蒂数和挠系数。其中，第 i 个贝蒂数被记为 b_i。[1]

表 23.1　一些曲面的贝蒂数和挠系数

曲面 S	$\chi(S)$	b_0	b_1	b_2	挠系数（1维）
球面	2	1	0	1	无
环面	0	1	2	1	无
2洞环面	−2	1	4	1	无
g洞环面	$2-2g$	1	$2g$	1	无
克莱因瓶	0	1	1	0	2
射影平面	1	1	0	0	2
带 c 个交叉帽的球面	$2-c$	1	$c-1$	0	2

[1] 庞加莱沿用了黎曼的做法，把第 i 个贝蒂数的值取得比表 23.1 中的值大 1，但为简洁起见，我们还是遵循了现代的惯例。——作者原注

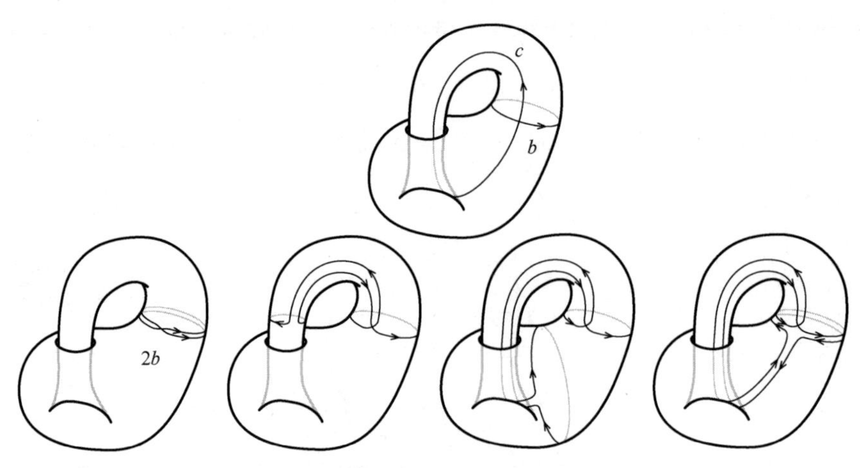

图 23.5　对克莱因瓶来说，$2b \equiv b+c+(-b)+(-c) \equiv 0$

在《位置分析学》里，庞加莱沿用了黎曼和贝蒂的思路。但受限于严格性的缺失，他在后来的论文中开始改变研究方向。也正是在这个阶段，他开始研究单纯复形，即多面体的 n 维推广。对单纯复形而言，同调中的闭链是用多面体的特征来构造的。例如，1 维闭链不是流形上的任意一个闭路，而是多面体上构成闭路的那些棱。

从实际角度来讲，单纯复形比庞加莱的第一种模型好用得多。只需借助关联矩阵——一个记录了单纯形的相邻关系的矩形数组，庞加莱就可以描述单纯复形。这样，贝蒂数和挠系数的计算就被转化成了一套纯粹的固定流程。

有了多面体的这种高维推广，我们自然会思考欧拉数是否能推广到高维流形上。事实上，与柯西和施拉夫利的做法相似，庞加莱通过计算 k- 单纯形数量的交错和推广了欧拉数。具体来说，如果流形 M 可以作为一个单纯复形被剖分，且得到的 k 维单纯形数为 a_k，他就把欧拉数定义为

$$\chi(M)=a_0-a_1+a_2-\cdots \pm a_n$$

这种 n 维空间中的广义欧拉数（或欧拉示性数）被称为 M 的欧拉 - 庞加莱示性数。

例如，实心环是一种有边界的 3- 流形（它的边界是环面，一个 2- 流形）。在图 23.6 中，我们展示了如何把它作为单纯复形来剖分。剖分完成后，它有 12 个顶点（0- 单纯形），36 条棱（1- 单纯形），36 个面（2- 单纯形）和 12 个三角金字塔

（3-单纯形）。因此，$a_0=12$，$a_1=36$，$a_2=36$，$a_3=12$，欧拉 - 庞加莱示性数为 χ(实心环)$=12-36+36-12=0$。

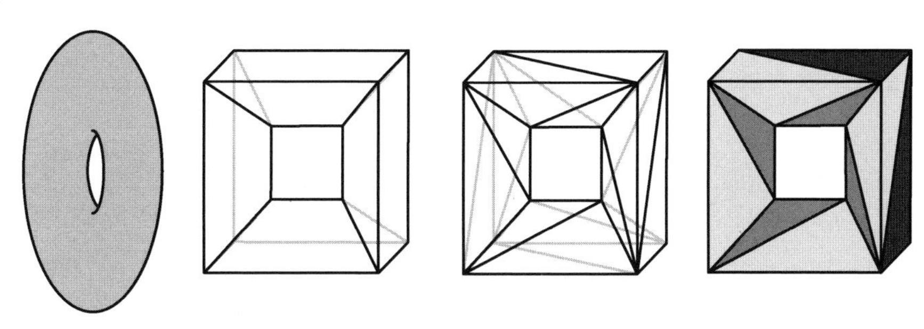

图 23.6　实心环对应的单纯复形

就像欧拉数是曲面的拓扑不变量那样，欧拉 - 庞加莱示性数也是 n-流形的拓扑不变量。在证明这一点时，庞加莱得出了一个有趣得多的结论。他证明，如果把第 k 个贝蒂数记为 b_k，则

$$\chi(M)=b_0-b_1+b_2-\cdots\pm b_n$$

也就是说，为了计算欧拉 - 庞加莱示性数，我们可以抛开挠系数，只对贝蒂数计算交错和！在表 23.1 中，我们看到这个等式对曲面的贝蒂数是成立的。因为每个 b_k 都是拓扑不变量，所以它们的交错和也不例外。因此，欧拉 - 庞加莱示性数是一个拓扑不变量。

1895 年，庞加莱发现贝蒂数之间存在着一种漂亮的对称性。作为例子，表 23.2 列出了几种流形的贝蒂数序列。庞加莱注意到，贝蒂数是成对出现的，最前面的那些贝蒂数等于最后面的那些贝蒂数：$b_0=b_n$，$b_1=b_{n-1}$，等等。这就是著名的庞加莱对偶定理。

表 23.2　贝蒂数的对称性

流形	贝蒂数：$b_0, b_1, b_2,\cdots,b_n$
S^1	1,1
S^2	1,0,1
S^n	1,0,$\cdots$,0,1
环面	1,2,1
双环面	1,4,1
g洞环面	1,2g,1

> **庞加莱对偶定理**
>
> 如果 $b_0, b_1, \cdots, b_n$ 是一个可定向闭 n–流形的贝蒂数，那么对所有的 i，有 $b_i=b_{n-i}$ 成立。

我们之前接触过对偶性，那是在讨论开普勒为柏拉图立体配对的时候（第六章）。当时我们也像在这里一样用到了术语“对偶性”，这并非巧合，因为开普勒的观察结果本质上就是庞加莱对偶性。庞加莱对偶性宣称，计算流形的贝蒂数时，我们可以随意互换 i 维单纯形和 $(n-i)$ 维单纯形的角色。柏拉图立体的对偶性体现的正是这种性质。例如，正二十面体为我们提供了一种把球面划分成顶点、棱和面的方式。当我们利用开普勒的对偶性概念把正二十面体的每个顶点和面互换之后，我们就得到了正十二面体，即球面的另一种划分。

在《位置分析学》里，庞加莱写道：“我相信，这个定理还没有被人陈述过；然而，很多人都知道它，甚至找到了它的用武之地。”我们不知道庞加莱提到的这些人是谁，也不知道他们是如何使用这个定理的，但我们却知道庞加莱用它证明了一个惊人的事实——任何奇数维可定向闭流形的欧拉－庞加莱示性数都等于 0！

考虑 3–环面，即黏合图 23.7 中左侧立方体的面而得到的 3–流形。它的贝蒂数 $b_0=1$，$b_1=3$，$b_2=3$，$b_3=1$（证明从略），因此它的欧拉－庞加莱示性数为

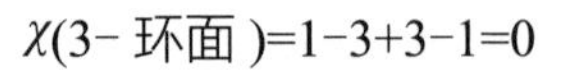

$$\chi(3\text{- 环面})=1-3+3-1=0$$

图 23.7　3–环面和一种不可定向 3–流形

一般地，假设 M 是任意一个 n 维（n 是奇数）可定向闭流形。利用庞加莱对偶性和欧拉－庞加莱示性数中的交错和，我们可以把贝蒂数成对写出，使得其中每一

对的正负号都相反。这样，它们的和就恰好等于 0：

$$\begin{aligned}\chi(M)&=b_0-b_1+b_2-\cdots-b_{n-2}+b_{n-1}-b_n\\&=(b_0-b_n)-(b_1-b_{n-1})+\cdots\pm(b_{(n-1)/2}-b_{(n+1)/2})\\&=0-0+0-\cdots\pm0\\&=0\end{aligned}$$

事实上，任何奇数维不可定向闭流形的欧拉－庞加莱示性数也等于 0。我们略去烦琐的论证过程，只用一个例子来说明。黏合图 23.7 中右侧立方体的面，可以得到一种不可定向的 3-流形。它的贝蒂数 $b_0=1$，$b_1=2$，$b_2=1$，$b_3=0$（它也有 1 维和 2 维的挠系数）。可以看到，庞加莱对偶性不成立，但欧拉－庞加莱示性数仍然等于 0：

$$\chi(M)=1-2+1-0=0$$

我们应该指出，奇数维有边界流形的欧拉－庞加莱示性数不一定等于 0。例如，对所有的 n 来说，n-球 B^n 的欧拉－庞加莱示性数都是 1。

二十世纪的前三十年，拓扑学从一门基于直觉论证的学科转变成了一门基于严格证明的学科。换句话说，正是在这个时期，拓扑学家们才从庞加莱的出色成果中去除了缺口、漏洞、不合理的假设和错误。

例如，考虑庞加莱做过的如下两个假设。首先，他断言每个流形都能被表示为一个单纯复形，或者更确切地说，每个流形都能被三角剖分。其次，他假设“主猜想”对任意流形都成立（请回想，“主猜想”说的是，通过添加单纯形，一个流形的任意两种划分可以在拓扑学意义上变得相同）。事实上，一般来说，这两个猜想都无法对所有流形成立。然而，数学家们后来却证明，庞加莱的那些结论仍然是正确的。

德国数学家埃米 • 诺特（1882—1935）对庞加莱的想法作出了重要改善。诺特，一位数学家的女儿，以战胜了她被迫面对的偏见而著称。身为女性，她进入了一个男性主导的领域。1904 年，埃朗根大学开始允许女性入学，但在那之前，诺特只能旁听课程。她在 1907 年拿到了博士学位。1915 年，当她作为一流数学家的名声传播开来之后，克莱因和大卫 • 希尔伯特（1862—1943）把她带到了格丁根，希望能让她在数学学院就职。但直到 1919 年，她才获得了这个职位；与此同时，她教的课程都是以希尔伯特的名义来宣传的，而她则被列为助手。纳粹掌权后，许多德国人的生活都发生了变化。1933 年，诺特因其犹太人的身份不得不离开格丁根，去往美国的布林莫尔学院。两年后，她在那里与世长辞。

她最著名的成就是在抽象代数领域的开创性工作。概括地说，抽象代数研究的是带有一种或多种二元运算（例如加法和乘法，以及它们的逆运算减法和除法）的集合。

直到二十世纪二十年代中期，人们都还在借助贝蒂数和挠系数来描述同调。但代数学家诺特却发现关于同调的数学结构还有很多。她察觉到，同调的基本特征便是对闭链做加法和减法的能力。重点观察这些运算后，她看出了同调是一种叫作“群”的代数实体的特例，而“贝蒂群”，或者我们如今所称的“同调群”，才是看待同调的正确方式。在自传中，帕维尔·亚历山德罗夫写道：“我记得，为了向诺特致敬，布劳威尔曾在自己家中邀请大家共进晚餐。席间，诺特解释了如何定义单纯复形的贝蒂群。这个定义很快传开，并彻底改变了整个拓扑学。”

转眼间，拓扑学家们就有了一套崭新的工具。所有群论的技巧和定理现在都可以任他们使用了。不需重复劳动，强力的定理也能被证明。显然，贝蒂数和挠系数退出了原有的体系，欧拉 - 庞加莱示性数的不变性则为论证提供了简便方法。在为纪念诺特而作的演讲中，亚历山德罗夫说：

“如今，除了借助……群论，没人想用其他方式来构建组合拓扑学；因此，我们就更有理由说埃米·诺特是第一个提出这种构造法的人。与此同时，她也注意到，如果人们系统性地使用贝蒂群的概念，那么欧拉 - 庞加莱公式的证明就会变得十分简洁明了。”

我们又一次见识了不同数学分支的融合所产生的巨大力量。笛卡儿用分析学来理解几何学。黎曼和庞加莱用拓扑学来理解分析学。高斯和博内用拓扑学来理解几何学。而现在，拓扑学家们可以无拘无束地用代数学来理解拓扑学。这种学科交叉孕育出了极为丰硕的成果。

将代数学引入拓扑学是一个重要事件，它使得相关的整个领域——几乎包括我们在本书中所讨论的全部拓扑学——如今有了代数拓扑学这个名字。庞加莱发表其工作后的数十年间，代数拓扑学没有局限于同调群，而是吸纳了许多其他的代数结构。今天，大部分拓扑学家都已是代数拓扑学家了。

后记：悬赏百万美元的数学问题

恰当地说，数学所包含的不仅有真理，还有至高无上的美——一种如雕塑般冷峻的美。这种美对我们天性中的弱点全无吸引力，也不似绘画或音乐那般身着华冠丽服，但却纯粹之至，透着最伟大的艺术才能呈现出的绝对完美。

——伯特兰·罗素，《数学研究》

到了二十世纪，拓扑学成了数学的支柱之一，与代数学和分析学分庭抗礼。许多数学家并不自视为拓扑学家，却每天都在使用拓扑学。它的地位不容忽视。如今，大部分数学专业的研一学生都得修完一整年的拓扑学课程。

要衡量某个学术领域的重要性，一种方法就是看它所属学科的颁奖情况。诺贝尔奖里不设数学奖，与之同等重要的数学奖项则是菲尔兹奖。从 1936 年起，菲尔兹奖每四年颁发一次（除了第二次世界大战期间）。在每届大会上，最多有四名四十岁以下的数学家被授予菲尔兹奖章，他们必须为数学做出过杰出贡献。历届获奖者共有四十八人[1]，其中大约三分之一是因为拓扑学成果而得奖，还有一些则是因为在和拓扑学密切相关的领域中有贡献。

有一个拓扑问题决定了三届菲尔兹奖的归属。它是二十世纪最著名的未解决问题之一——它如此重要和困难，以至于第一个攻克它的数学家有资格获得一百万美元。这个难题的名字叫作庞加莱猜想。

曲面分类定理是数学中最优雅的定理之一。它断言，每张曲面都被其可定向性、

[1] 截至 2023 年，菲尔兹奖获奖者共有六十四人。

欧拉数和边界分量数完全决定。显然，理想的状况是，类似的定理对任意维的流形都成立，但这个要求过于苛刻了。如果这种分类法真的存在，那它也远不足以达成目标，因为每个奇数维闭流形的欧拉－庞加莱示性数都等于 0（见第二十三章）。

庞加莱梦想着给高维流形分类，但他甚至对 3–流形的分类都无能为力。庞加莱猜想只是他在这个分类过程中迈出的第一步。

n–球面 S^n 是最简单的 n–流形。庞加莱一直在寻找一种简便的测试法，以确定某个给定的 n–流形是否同胚于 S^n。1900 年，他认为自己达成了目标。他证明，任何与 S^n 有着相同同调的 n–流形必定同胚于 S^n。n–球面的同调尤为简单。它的 0 维和 n 维贝蒂数均等于 1，其他所有维的贝蒂数都等于 0，且没有挠系数。

四年后，庞加莱意识到自己的证明里有瑕疵。他不仅发现了错误，还为原结论找到了一个奇特的反例。他构造了一个“病态”的 3–流形，它与 S^3 有着相同的同调，却不同胚于 S^3。这个流形的构造方法是，把实心正十二面体的每个面沿顺时针方向扭转 36°，再把相对的面黏合起来。

庞加莱正十二面体空间有一个有趣而惊人的特征，那就是虽然它的第一个贝蒂数等于 0，但它却不是单连通的。也就是说，流形上的每个闭路都是同调中的零元，但其中一些却不能缩成一个点。在图 23.3 中，我们见过一个双环面上的非平凡闭路，它在同调中是零元；但在正十二面体空间中，每一个不能缩成点的闭路都是同调里的零元。

从这个奇异的例子中，庞加莱认识到单凭同调不足以刻画 S^n，哪怕是 S^3。因此，他不再思考 n 维情形，转而专注于 3–流形。他猜测，如果一个 3–流形上的所有闭路在拓扑学意义上都是平凡的，那么该流形一定同胚于 S^3。这就是著名的庞加莱猜想。

庞加莱猜想
每个单连通闭 3–流形都同胚于 3–球面。

事实上，上述猜想在庞加莱的论文中并不是一个陈述句，而是一个疑问句。他没有就结论成立与否发表观点。这个定理的证明所需要的远不止是给所有 3–流形分类，但后者确实是重要的一步。

每个人都喜欢有趣的挑战，而庞加莱猜想的挑战性可谓登峰造极。它和另外几个问题——四色问题、费马大定理和黎曼假设——一同获得了传说般的地位。同样地，它也点燃了研究者的热情。无数的年轻数学家加入了这场追逐。一名记者写道："数学家们谈到庞加莱猜想时，就像亚哈在谈论白鲸[1]。"从 1904 年起，很多人都宣称证明了庞加莱猜想。但直到最近，每个证明都有缺陷——有时仅仅是数百页艰深数学中夹杂的一个微小错误。

最终，猜想被推广到了 n-流形上——每个和 n-球面足够相似的 n-流形必定同胚于 S^n。这听起来似乎太过野心勃勃了。如果我们不能证明猜想在 n=3 时成立，我们怎么证明它在 n=100 时成立呢？如果我的卧推成绩达不到 175 磅[2]，那我凭什么觉得自己能举起 500 磅的东西呢？可令人震惊的是，对于较大的 n，猜想反倒更容易证明！其实，低维拓扑往往比高维拓扑更难处理。简单来说，可用维度的增加使我们能在无碰撞的条件下更自由地移动一些东西。

满怀激情的年轻拓扑学家、加州大学伯克利分校的斯蒂芬·斯梅尔率先给出了广义庞加莱猜想的部分证明。1960 年，他对一类重要的 n 维流形（$n \geqslant 5$）——所谓的光滑流形——验证了猜想。

斯梅尔的人生颇为丰富多彩。他直言不讳地反对越南战争，热情洋溢地为言论自由而奔走。他的种种抗议，包括在访问莫斯科时对美国外交政策的指责，为他招来了众议院非美活动调查委员会寄送的传票。后来，他又因美国国家科学基金会赞助的一趟六个月的巴西之旅引发了争议。约翰逊总统的科学顾问写道："这个充满活力的人引导数学家们认真地提出了一条建议，那就是普通纳税人应该意识到里约热内卢海滩上的数学创造需要公共资金的支持。"

推动这条建议的是斯梅尔的一句名言："我最广为人知的工作是在里约热内卢的海滩上完成的。"身处巴西期间，斯梅尔不仅证明了高维情形中的庞加莱猜想，还发现了"斯梅尔马蹄"，即混沌动力系统的一个模板。

斯梅尔的 $n \geqslant 5$ 时的结果问世不到两年就被推广到了不满足光滑假设的流形上。

---

[1] 美国作家赫尔曼·梅尔维尔所著《白鲸》中，捕鲸船长亚哈在世界各地追踪白鲸莫比·迪克，并最终与其同归于尽。
[2] 1 磅 = 0.4536 千克。

看起来，剩下的情形也将很快被证明。然而，这个进程却慢了下来。直到 1982 年，n=4 的情形才被加州大学圣迭戈分校的时年三十岁的迈克尔·弗里德曼证明。随后，情况再次陷入了僵局。每个维度都比上一个维度更棘手。3 维情形，也就是原本的猜想，成了牢不可破的壁垒。错误的证明源源不断，而问题的答案似乎遥不可及。

1998 年，斯梅尔发布了一份清单，列举了十八个最重要的待解数学问题（大卫·希尔伯特大约一个世纪前就做过同样的事），经典的庞加莱猜想榜上有名。

同一年，克莱数学研究所选出了七个最具挑战性的数学难题，并为每一个都开出了一百万美元的奖金。庞加莱猜想也在这份精英名单上。要赢得大奖，数学家们不仅得证明定理，还得让自己的解答在刊登后的两年内经受住数学界的严苛审查。

1982 年，比尔·瑟斯顿宣布了一个计划，意在彻底界定 3-流形的几何性质。他从理论上说明，每一个 3-流形都能被分割成多个区域，其中每个区域的几何结构都属于八种给定结构中的一种。这被称为瑟斯顿几何化猜想。有了这八种组成模块，我们就有可能理解所有 3-流形的几何和拓扑。特别地，这个猜想暗示了 3-球面是唯一的单连通闭 3-流形，进而也就能证明庞加莱猜想。

同一年，康奈尔大学的数学家理查德·汉密尔顿开启了一个他认为能证明瑟斯顿几何化猜想的项目。他提出了一种方法，可以像吹气球一样把任何 3-流形连续变形为某种在他看来显然符合瑟斯顿模型的形态。在这个方向上，他取得了重大进展。大多数专家都看好这一技巧，但他和其他学者无法排除或妥善处理一些异常情况——流形的某些部分没有变化得更好，反倒变成了更糟糕的结构。

2002 年，一位谦逊的俄罗斯数学家，圣彼得堡斯捷克洛夫研究所的格里戈里·“格里沙”·佩雷尔曼，在互联网上发表了三篇同主题文章中的第一篇，震惊了数学界。这些文章短小精悍，加起来不过六十八页，却宣称完成了汉密尔顿那个已有二十年历史的研究项目。在文中，佩雷尔曼证明，某些异常情况绝不会出现，余下的那些则可以被小心地排除。作为一个整体，这三篇文章证明了几何化猜想，从而也证明了经典的庞加莱猜想。

一开始，数学界持怀疑态度——他们以前也见过类似的公告和细节不详的论文——但也保有谨慎的乐观，因为佩雷尔曼是一位受尊敬的数学家，他实施的也是备受好评的汉密尔顿计划。

佩雷尔曼的证明省略了很多内容。即使是最顶尖的几何学家和拓扑学家，也很难判断它是否正确。于是，三组数学家各自独立地钻研他的论证过程，补充那些缺失的细节，并都写出了平均长度超过三百页的分析报告。最后，他们没有发现任何重大错误。

2006 年底，人们已经普遍相信佩雷尔曼的证明是正确的了。那一年，《科学》将他的证明称作“年度突破”。与之前的斯梅尔和弗里德曼相似，四十岁的佩雷尔曼也由于对庞加莱猜想的贡献而成为菲尔兹奖的候选人（事实上，瑟斯顿也获得了菲尔兹奖，因为他的工作间接促成了最终证明的诞生）。一百万美元大奖的颁发也已经进入了倒计时（有些人还想知道佩雷尔曼和汉密尔顿是否会共同获奖）。

又一座宏伟的数学高峰被登上了，如同十年前的费马大定理。旗帜已被牢牢插在了峰顶。人们也许会认为，这项成就为一个数学领域敲响了丧钟。然而，事实绝非如此。从峰顶远眺，数学家们将一众前所未见的奇峰尽收眼底，其中的每一座都在等待着探险者。和费马大定理的情形相似，那些在解题过程中被开拓出的大片数学领域也许比定理本身更加重要。

伟大的数学常常一脉相承。欧拉对哥尼斯堡七桥问题的解法和他对多面体公式的证明开启了一趟发现之旅，它带着我们游历层出不穷的数学美景，最终抵达了拓扑学。庞加莱猜想不过是这次精彩旅途中的一处歇脚地。拓扑学仍然是一块生机勃勃的研究领域。

上面的故事虽然美妙，却有一段怪诞而不幸的后记，那就是佩雷尔曼的证明如何影响了他的人生。起初，一切顺利。2003 年 4 月，他作了一系列的巡回演讲。安德鲁・怀尔斯、约翰・福布斯・纳什（好莱坞传记电影《美丽心灵》的主人公原型）、约翰・康韦等知名数学家都出席了他的讲座。但当他回到俄罗斯之后，数学界开始严肃地审查他的论文，一些想和他共享荣誉的数学家也开始发声，这些都让他感受到了伤害。

一向孤独的佩雷尔曼变得更加遁世绝俗了。他不愿为自己的成果添加解释，也不想加入审查过程。最后，对数学界的幻灭感使他不堪重负。他辞去了自己的学术职位，停止了与同行的通信，乃至——根据各种说法——完全离开了数学。他还拒绝领取菲尔兹奖章，以空前的方式震撼了科学界。

2006 年夏末，佩雷尔曼处于失业状态，和母亲一起住在圣彼得堡的一栋小公寓里，依靠她微薄的养老金生活。当被问到是否会接受克莱数学研究所提供的奖金时，他回答："等到他们颁奖的时候，我才会决定要不要接受。"

佩雷尔曼拒绝了菲尔兹奖，并且可能拒绝百万美元的奖金，这令很多人惊愕不已。但对他本人来说，攻克难题才是最高奖励，名誉和金钱则无足轻重。他说："如果我的证明无误，那我就不需要任何其他形式的认可。"每个研究者都能理解佩雷尔曼对自己的课题怀着多么纯粹的爱，以及一项突破性的发现会带来多么巨大的满足感。而我们也可以想象，外界的过度关注会给个人成就蒙上阴影。

毫无疑问，正是这份倾注给数学的纤尘不染的爱激励了毕达哥拉斯、开普勒、欧拉、黎曼、高斯、庞加莱等人，使他们经年累月地为完美的定理和完美的证明而苦思冥想。我们只能凭想象去体会佩雷尔曼意识到自己证明了庞加莱猜想时的欢欣，或是欧拉发现 $V-E+F=2$ 时的喜悦。

正如庞加莱的雄文所写："科学家研究大自然并不是因为'有用'；他的研究出于喜爱，他的喜爱则出于美。假若大自然不是美的，则它不值一探；而假若大自然不值一探，则人生也不值一过。"

致谢

虽然只有我的名字被印在封面上，但如果没有很多人的帮助，这本书就无法成形。我想借这个机会向他们表达感谢。

首先也最重要的是，我必须感谢我的编辑薇姬·卡恩。她的安抚和鼓励对我写成人生中的第一本书大有裨益。我与她和普林斯顿大学出版社的全体工作人员合作得很愉快。

如果不能准确地知道欧拉本人写过什么，我就绝不可能完成这本书。因此，我对克里斯·弗兰切塞不胜感激，他帮我把欧拉的论文从拉丁语翻译成了英语。此外，安妮·马亚莱、托尼·米塞尔、桑德拉·阿尔弗斯、沃尔夫冈·米勒和露希尔·迪佩龙也帮我确保了其他一些翻译的正确性。

我感谢里奇·克莱因、埃德·桑迪弗、保罗·纳辛、克劳斯·彼得斯、卡尔·奎尔斯、我的父母盖尔·里奇森和弗兰克·里奇森，以及被出版社选来阅读我的全部或部分书稿的匿名读者。这些专业和非专业人士提出了深思熟虑的意见，让这本书变得更好。我也必须感谢我的文字编辑莱曼·莱昂斯，他仔细地校订了稿件，给了我许多提升写作水平的建议。

最后，我想感谢我的妻子贝姬，以及两个孩子本和诺拉，他们容忍我在这本书上投入了如此之多的额外时间。

附录 A　自制多面体和其他曲面

认识多面体和拓扑曲面的一个好办法就是去亲手制作它们。接下来的几页包含了一些模板，可以用于制作五种柏拉图立体、环面、圆柱面、默比乌斯带、克莱因瓶和射影平面。

下面是几条纸质模型的制作建议。

1. 把模板从书上复印下来。更大的模型可以通过放大版的复印件来得到。

2. 把模板复制到厚纸或卡片上，或者先把模板复制到一张有黏性的纸上，再把它贴到纸板上。

3. 用锋利的小刀和直尺小心地割下模板。

4. 用钝刀划过折叠时的对称轴，以得到精美、尖锐的折痕。

5. 如果你想用胶水来黏合模型，请使用模板中的条状部分；如果要用胶带，请先去掉这些条状部分。

正四面体

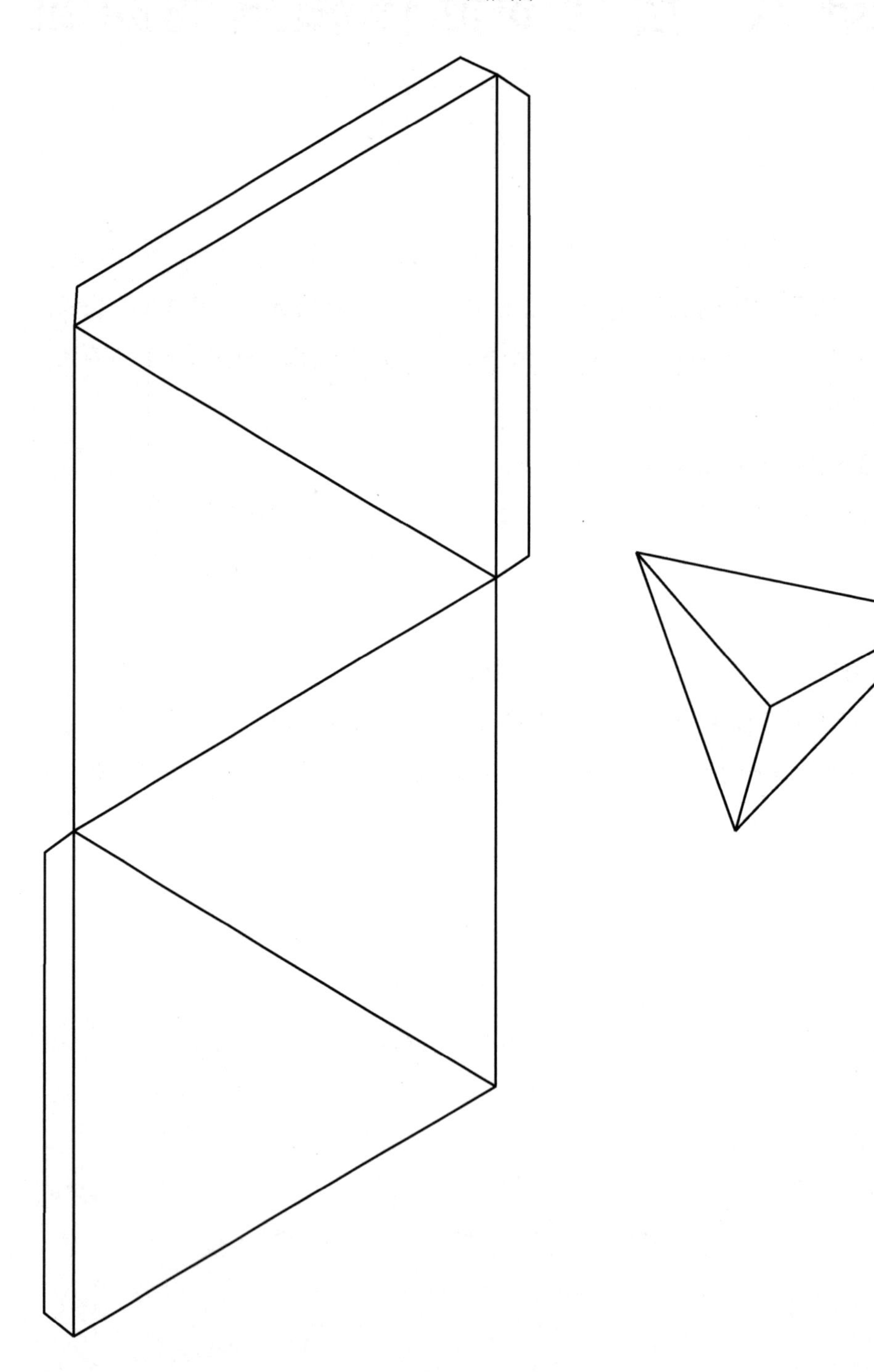

立方体

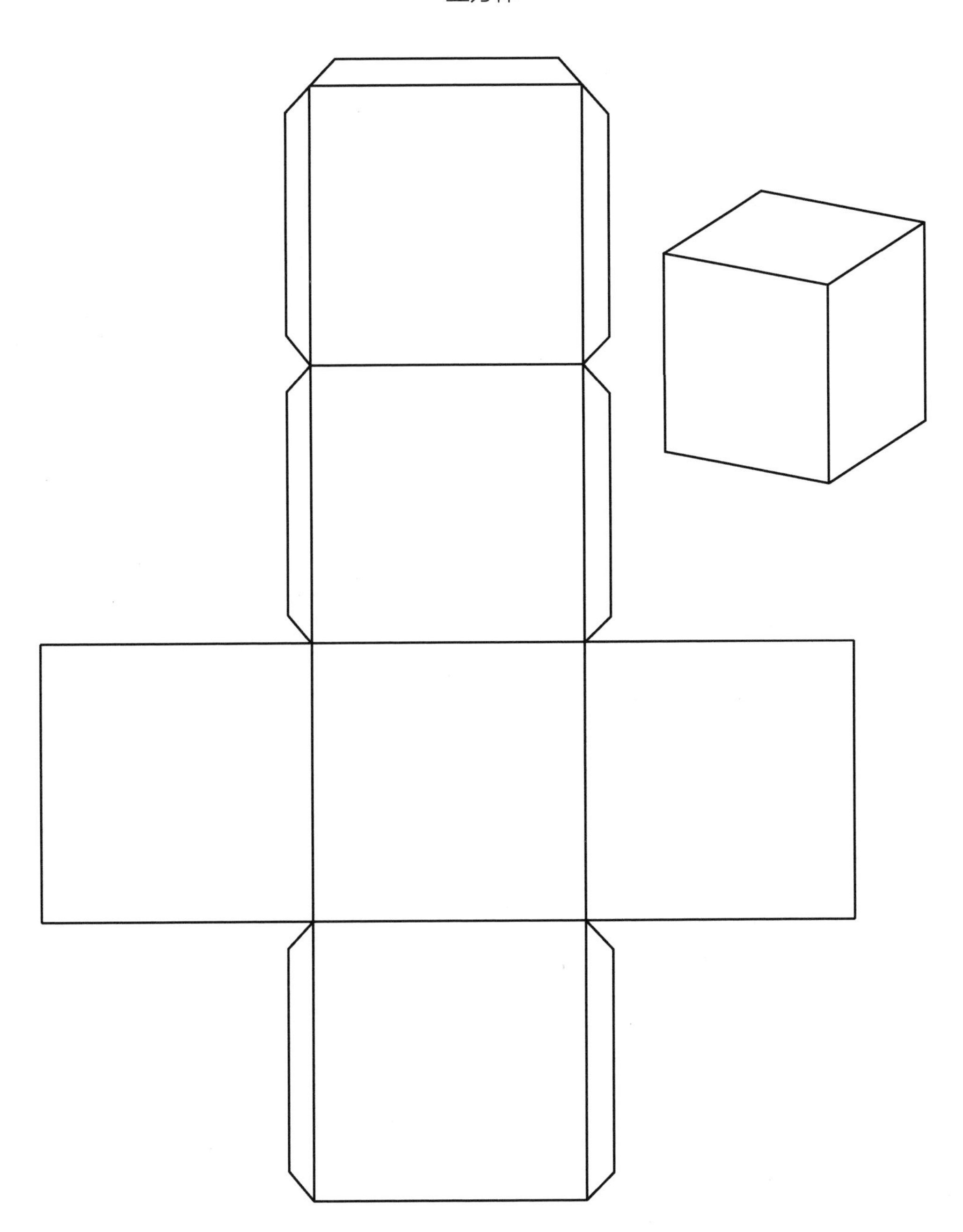

正八面体

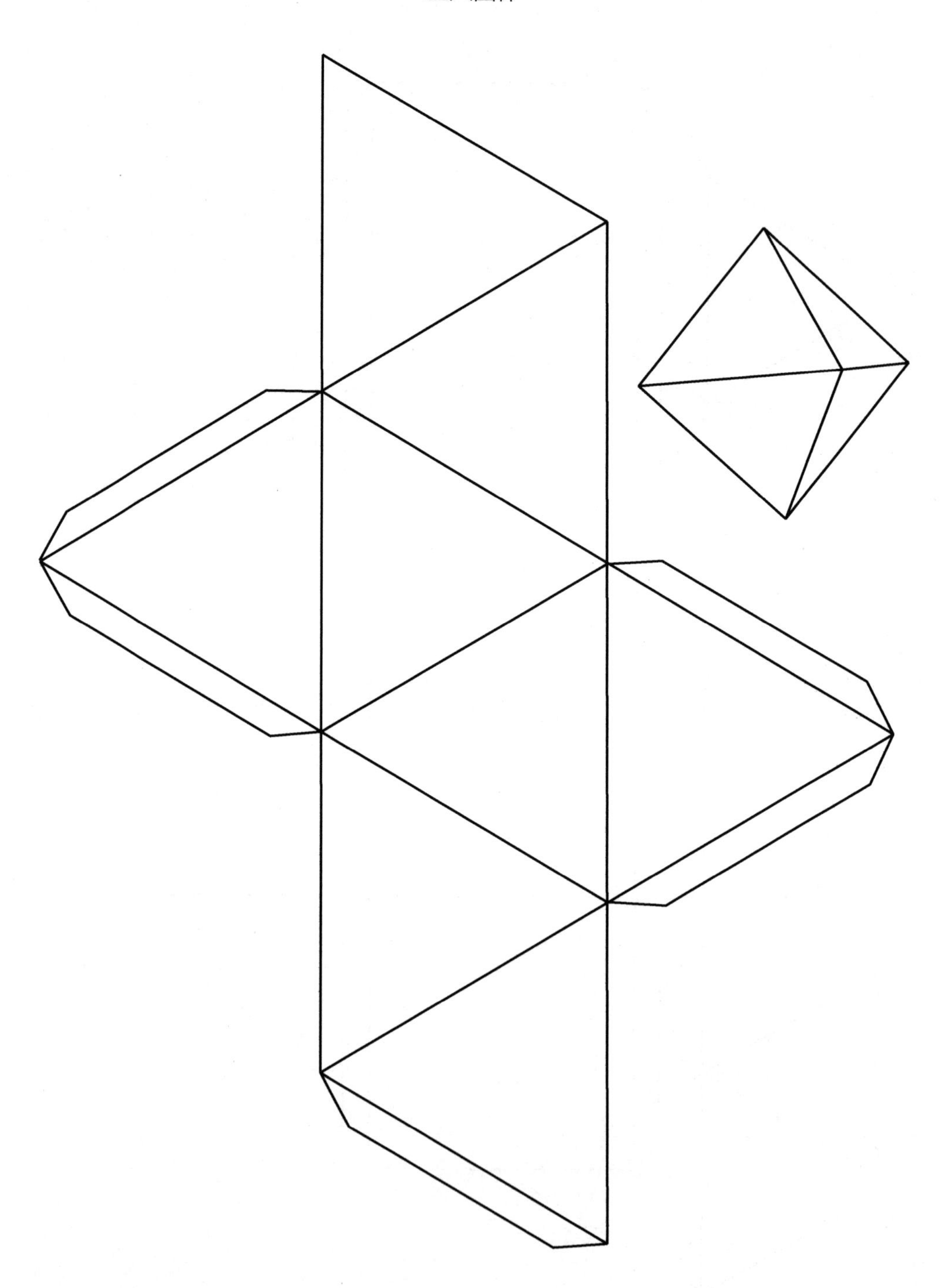

正二十面体

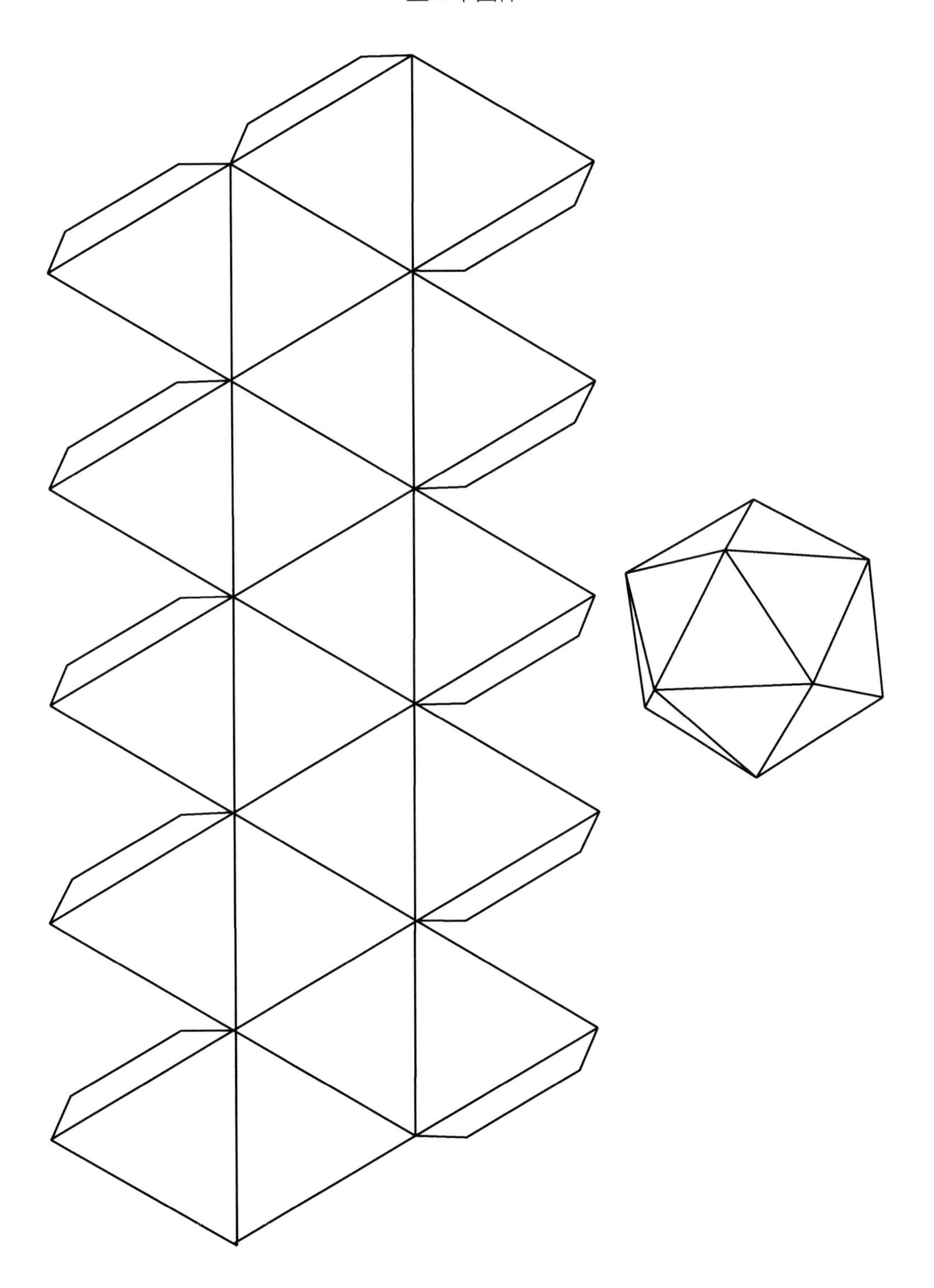

正十二面体

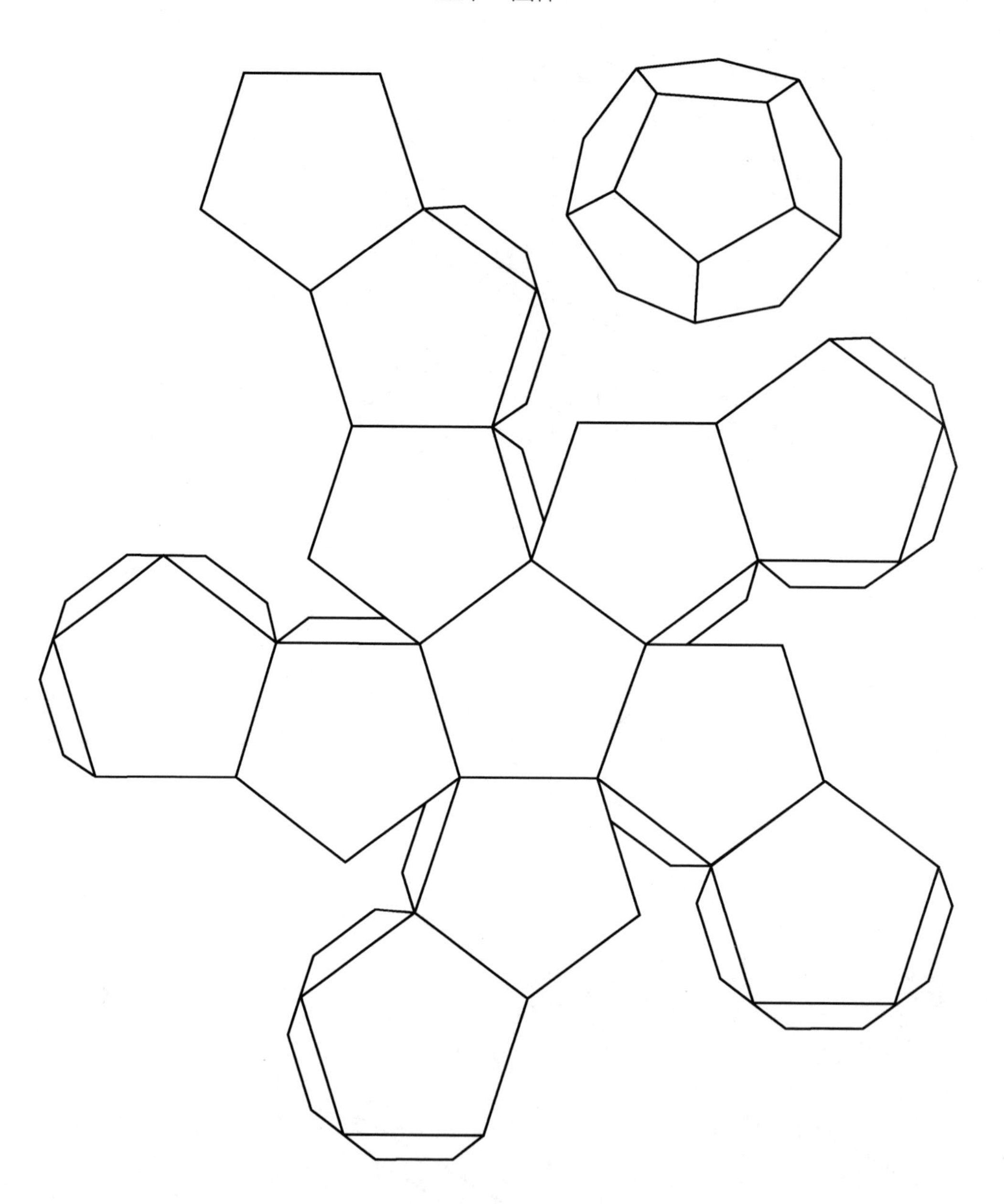

环面

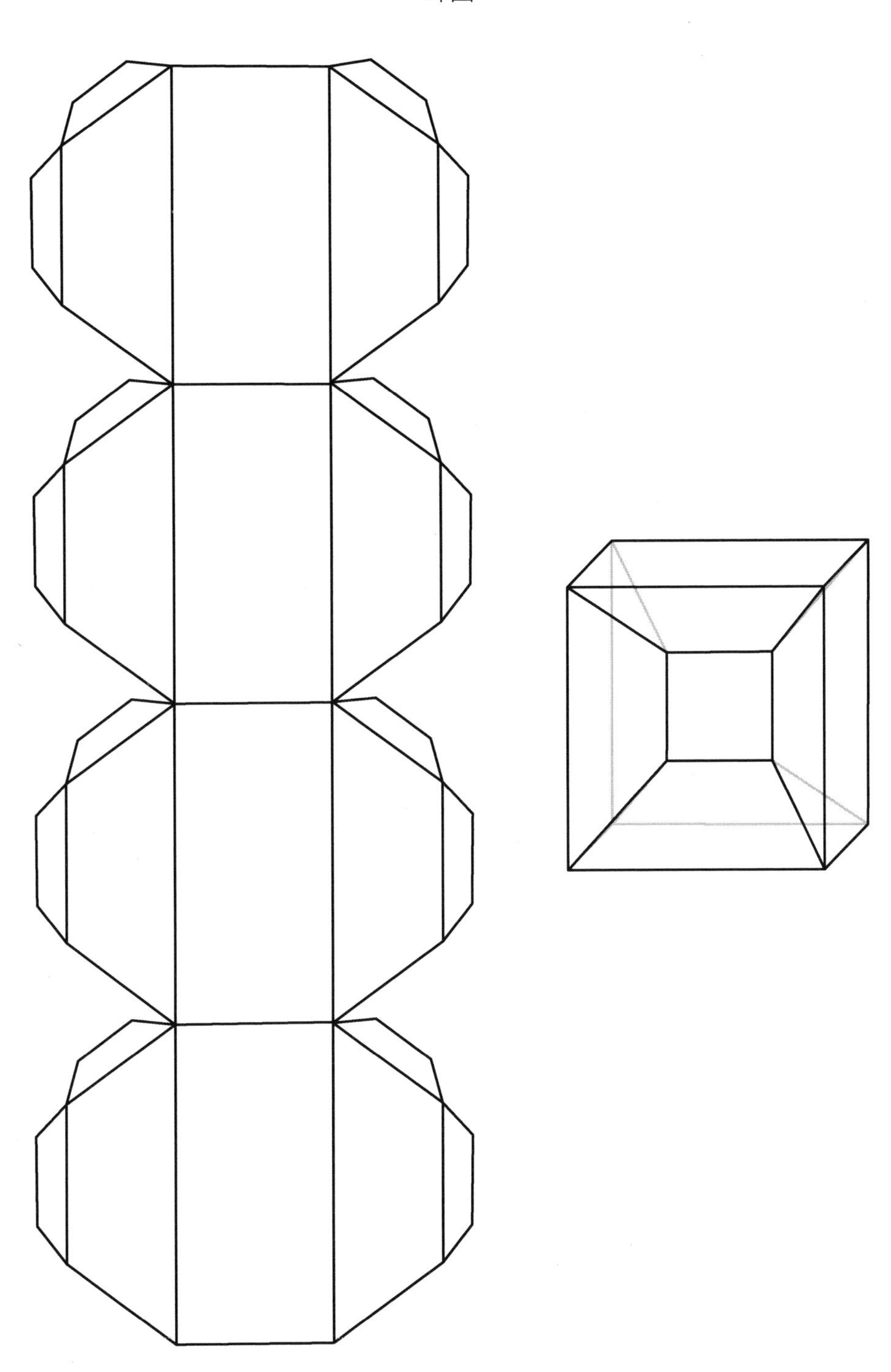

默比乌斯带（或圆柱面）

克莱因瓶

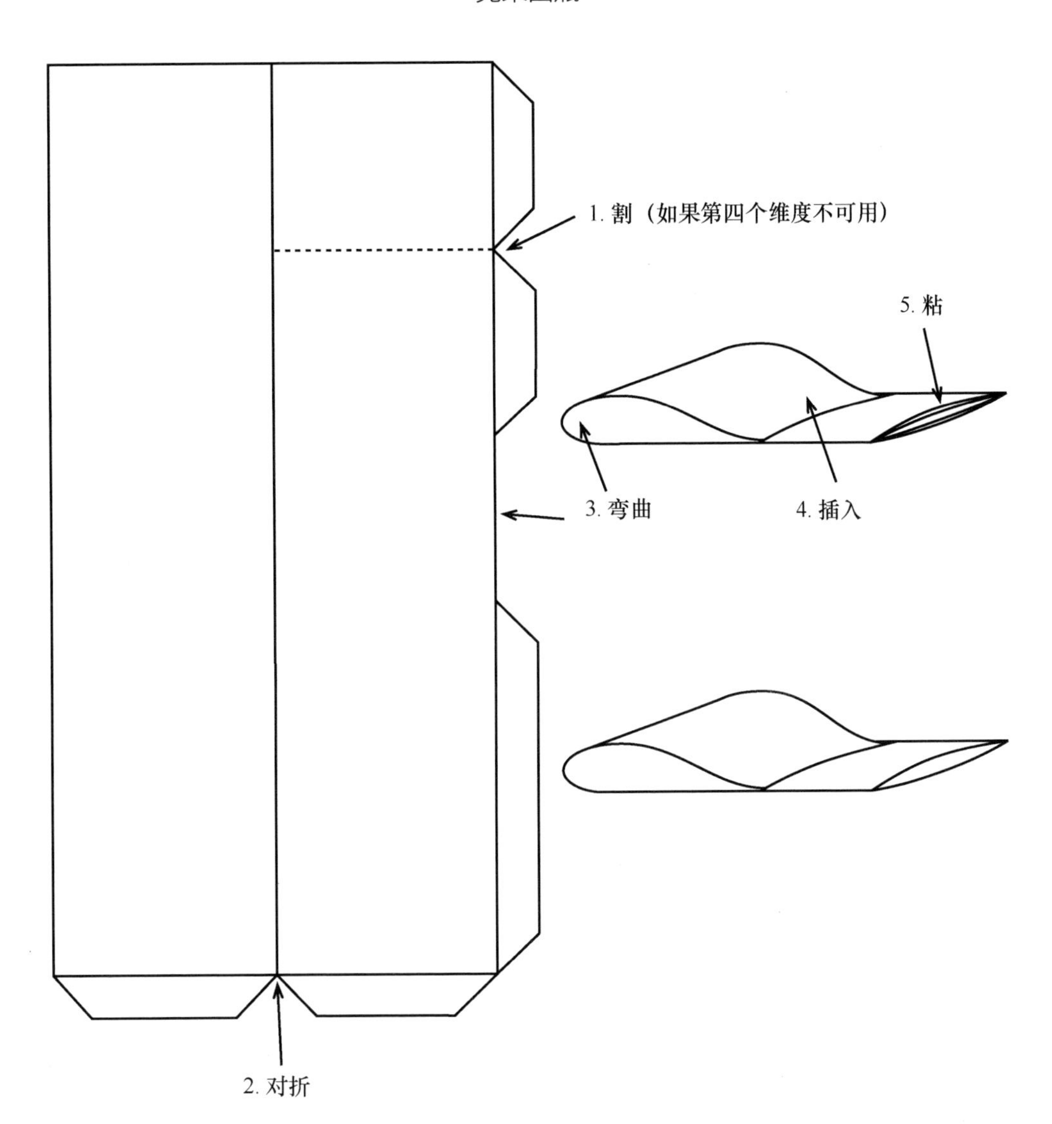

射影平面

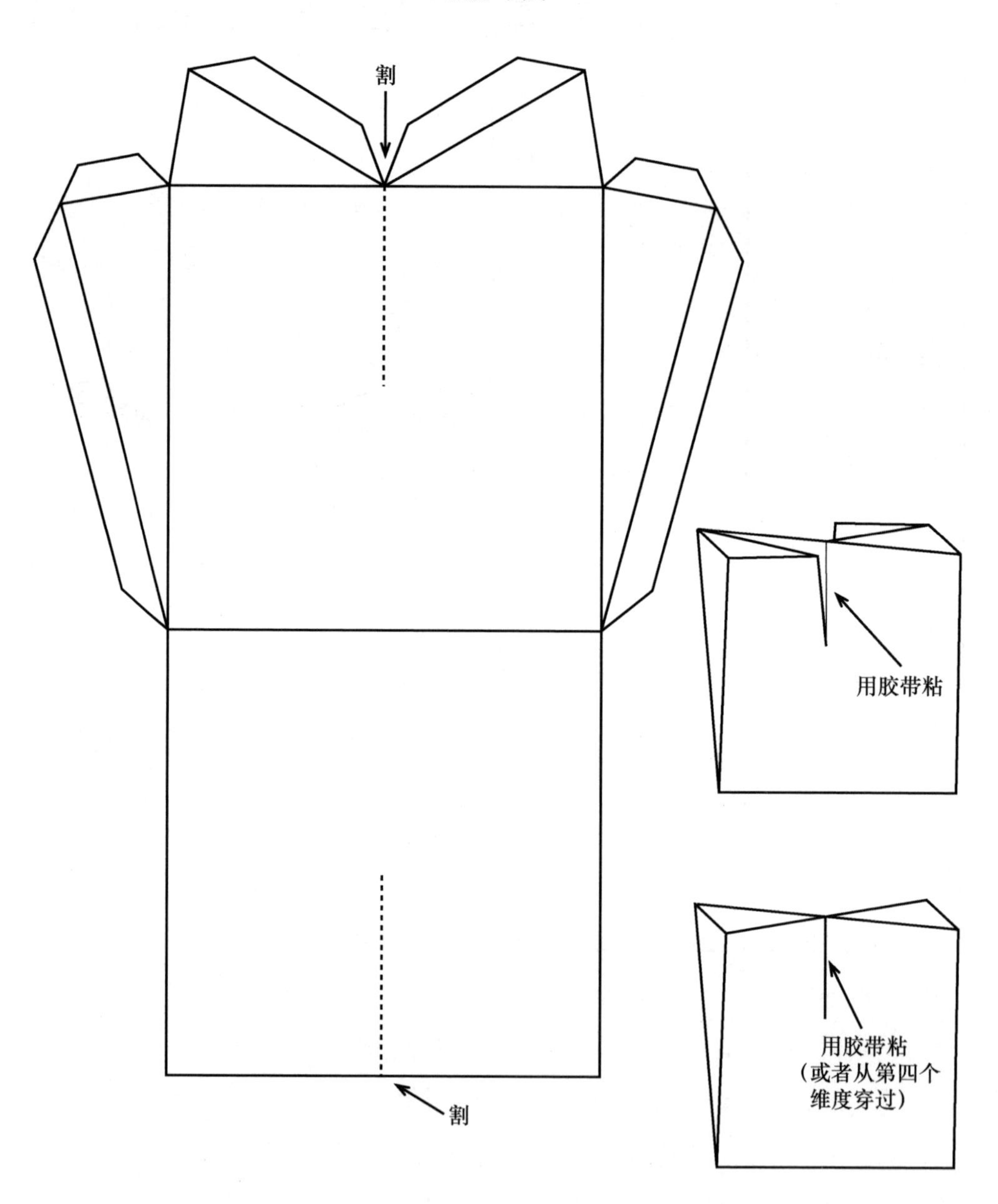

附录 B　推荐阅读材料

在这篇附录里，我想着重介绍一些书籍和文章，以便感兴趣的读者能深入挖掘本书所涉及的主题。

关于数学史，有很多优秀的参考书。我首先翻开的是卡尔·博耶（Carl Boyer）和乌塔·默茨巴赫（Uta Merzbach）的《数学史》（*A History of Mathematics*）。在传记方面，我推荐十八卷的巨著《科学传记大辞典》（*Dictionary of Scientific Biography*），你们可以在图书馆的参考文献区找到它。它所收录的均是各领域专家所写的高质量传记。如果你追求趣味性而非准确无误的人物传记，请读一读出版于 1937 年的经典著作，埃里克·坦普尔·贝尔（Eric Temple Bell）的《数学大师》（*Men of Mathematics*）。此外，还有一个非常好用的线上资源，那就是约翰·奥康纳（John O'Connor）和埃德蒙·罗伯逊（Edmund Robertson）创建的 MacTutor 数学史档案馆（*MacTutor History of Mathematics Archive*）。在这个网站上，你可以搜到大量的传记，以及其他有价值的历史资料。

有很多关于欧拉的优质资源，包括不少在 2007 年（即“欧拉年”）问世的新作。我推荐其中的两本，一本是威廉·邓纳姆（William Dunham）主编的《天才欧拉：对其人生与工作的回顾》（*The Genius of Euler: Reflections on His Life and Work*），另一本则是由罗伯特·布拉德利（Robert Bradley）和爱德华·桑迪弗（Edward Sandifer）主编的《莱昂哈德·欧拉：他的生活、工作和遗产》（*Leonhard Euler: Life, Work and Legacy*）。欧拉本人的全部成果都被收入了七十六卷的《欧拉全集》（*Opera Omnia*）中，它的大部分内容可以在多米尼克·克利夫（Dominic Klyve）和李·斯捷姆科斯基（Lee Stemkoski）创立的在线欧拉档案馆（*Euler Archive*）里找到。欧拉所写的《对平坦面所围成立体的某些重要性质的论证》（*Demonstratio nonnullarum insignium proprietatum quibus solida hedris planis inclusa sunt praedita*）的英译版也在这个档案馆中，它是由克里斯·弗兰切塞（Chris Francese）和我共同翻译的。

如果你想更好地了解多面体，请参阅彼得·克伦威尔（Peter Cromwell）的《多面体》(*Polyhedra*)。它涵盖了本书中的很多主题。在这本精彩的书中，克伦威尔既呈现了多面体的历史，又介绍了多面体的理论。

伊姆雷·拉卡托斯（Imre Lakatos）的《证明与反驳：数学发现的逻辑》(*Proofs and Refutations: The Logic of Mathematical Discovery*）近乎完美地探讨了发现欧拉公式的过程。在这部经典著作里，数学哲学家拉卡托斯利用欧拉公式、多个证明、反例和推广展现了他对数学发现的看法。当我研读这本书时，书中详尽的脚注给了我极大的帮助。

对于遗失的笛卡儿手稿《立体的基础理论》(*The Elements of Solids*)，如果你想进一步研究其历史和内容，请阅读帕斯奎尔·约瑟夫·费德里科（P. J. Federico）的《笛卡儿的多面体研究：审视 < 立体的基础理论 >》(*Descartes on Polyhedra: A Study of the De Solidorum Elementis*)。书中不仅有评注，还有莱布尼茨誊抄的笛卡儿笔记及其英译版。

就图论的各个主题而言，罗宾·威尔逊（Robin Wilson）与其合作者所写的书籍和文章是最好的选择。关于图论的历史，请读一读诺曼·比格斯（Norman Biggs）、基思·劳埃德（Keith Lloyd）和罗宾·威尔逊合著的《图论，1736—1936》(*Graph Theory*, 1736—1936)。它不仅写得很棒，还包含了很多重要文章的英译版。若是想看到对哥尼斯堡七桥问题的另类阐释，请参考布赖恩·霍普金斯（Brian Hopkins）和罗宾·威尔逊的文章《哥尼斯堡的真相》(*The Truth about Königsberg*)。至于对四色定理的证明的迷人讲解，则请翻阅威尔逊的《四种颜色就够了：一个数学故事》(*Four Colors Suffice: How the Map Problems Was Solved*)。

关于拓扑学的历史，有两本绝佳的参考书。一本是长篇巨著（超过 1000 页）《拓扑学的历史》(*History of Topology*)，由约安·麦肯齐·詹姆斯（I. M. James）主编。另一本是篇幅稍短的《代数拓扑与微分拓扑史：1900—1960》(*A History of Algebraic and Differential Topology: 1900—1960*)，作者是让·迪厄多内（Jean Dieudonne)。这

两本高水平著作都是写给职业数学家的。

在欧拉数、组合拓扑学、几何学和高维流形领域，可读的著作包括邓肯・麦克拉伦・扬・萨默维尔（D. M. Y. Sommerville）的《*n* 维几何学引论》（*An Introduction to the Geometry of n Dimensions*），大卫・希尔伯特（David Hilbert）与斯特凡・科恩–福森（Stephan Cohn-Vossen）合著的《几何学与想象力》（*Geometry and the Imagination*），莫里斯・弗雷歇（Maurice Frechet）与樊畿（Ky Fan）合著的《组合拓扑学初步》（*Initiation to Combinatorial Topology*），以及杰弗里・威克斯（Jeffrey Weeks）的《宇宙的形状》（*The Shape of Space*）。对懂法语的读者，我推荐让–克劳德・蓬（Jean-Claude Pont）的《代数拓扑学——从起源到庞加莱》（*La topologie algebrique des origines a Poincare*）。

对于喜欢用纸张制作拓扑曲面并想尝试其他活动的读者，我推荐斯蒂芬・巴尔（Stephen Barr）的《拓扑学实验》（*Experiments in Topology*）。此外，每个数学爱好者都应该读一读马丁・加德纳（Martin Gardner）的多种非凡著作，它们都镶满了璀璨夺目的数学宝石。美国数学协会最近还把他的十五本书制成了一张光盘，名叫《马丁・加德纳的数学游戏：他在<科学美国人>的个人专栏全集》（*Martin Gardner's Mathematical Games: The Entire Collection of his Scientific American Columns*）。

马丁・艾格纳（Martin Aigner）和金特・齐格勒（Gunter Ziegler）的《数学天书中的证明》（*Proofs from The Book*）介绍了欧拉公式的另外几种巧妙应用。他们还给出了柯西刚性定理的一种初等证明。关于曲面分类定理，如果你想读到一种优雅而可视的证明，请参考乔治・弗朗西斯（George Francis）和杰弗里・威克斯（Jeffrey Weeks）的《康韦的零枝节证明》（*Conway's ZIP proof*）。如果你想在阅读社会讽刺小说的同时学习数学中的维度概念，那么只需翻开埃德温・阿博特（Edwin Abbott）1884 年的经典小说《平面国：一个多维的传奇故事》（*Flatland: A Romance of Many Dimensions*）就够了。

如果你想初步了解纽结理论，请读一读科林・亚当（Colin Adam）的《纽结之书：浅谈纽结的数学理论》（*The Knot Book: An Elementary Introduction to the Mathematical Theory of Knots*）。它可以被用作教材，但读起来也像一本通俗数学书。

西尔维娅·纳萨尔（Sylvia Nasar）和大卫·格雷伯（David Gruber）曾为《纽约客》（*The New Yorker*）写过一篇文章，名为《多样的命运：一个传奇问题及其解决者之争》（Manifold Destiny: A Legendary Problem and the Battle Over Who Solved it）。在文中，他们详细讲述了一些争论，均是围绕着庞加莱猜想和瑟斯顿几何化猜想的证明的。

经过投票，数学家们把欧拉多面体公式选为数学中第二优美的定理。我们也已经见过十佳定理中的好几个：正多面体有且仅有五种（第4），布劳威尔不动点定理（第6），$\sqrt{2}$是无理数（第7），四色定理（第9）。如果你想看到完整的榜单，请查阅大卫·韦尔（David Well）的文章《这些是最优美的定理吗？》（*Are These the Most Beautiful?*）。